高职高专"十二五"规划教材

21世纪全国高职高专土建系列技能型规划教材

U0246395

建筑工程测量

（第 2 版）

主　编　张敬伟

副主编　王　伟　　刘晓宁

参　编　马书英　　魏华洁　　马华宇

　　　　田九玲　　张文明　　武安状

北京大学出版社

PEKING UNIVERSITY PRESS

内容简介

本书是"21世纪全国高职高专土建系列技能型规划教材"之一，依据中华人民共和国住房和城乡建设部印发的对本门课程的教学基本要求编写。全书共分11个项目，包括测量基本知识、水准测量、角度测量、距离测量与直线定向、测量误差基本知识、小地区控制测量、民用建筑施工测量、工业建筑施工测量、变形观测及竣工测量、线路工程测量，以及地形图的知识与应用。各个项目后均附有习题，可供读者练习。

本书具有较强的实用性和通用性，可作为建筑工程、建筑学、建筑装饰、村镇规划、工程监理、隧道工程、市政工程、给水与排水、供热与通风、工程管理等专业的教学用书，也可作为建筑工程测量等相关专业技术人员的参考资料。

图书在版编目(CIP)数据

建筑工程测量/张敬伟主编. —2版. —北京：北京大学出版社，2013.1
(21世纪全国高职高专土建系列技能型规划教材)
ISBN 978-7-301-22002-3

Ⅰ.①建… Ⅱ.①张… Ⅲ.①建筑测量—高等职业教育—教材 Ⅳ.①TU198

中国版本图书馆 CIP 数据核字(2013)第 016355 号

书　　　　名：建筑工程测量(第2版)
著作责任者：张敬伟　主编
策划编辑：赖　青　杨星璐
责任编辑：姜晓楠
标准书号：ISBN 978-7-301-22002-3/TU·0306
出版发行：北京大学出版社
地　　　址：北京市海淀区成府路 205 号　　　100871
网　　　址：http://www.pup.cn　新浪官方微博:@北京大学出版社
电子信箱：pup_6@163.com
电　　　话：邮购部 62752015　发行部 62750672　编辑部 62750667　出版部 62754962
印　刷　者：北京鑫海金澳胶印有限公司
经　销　者：新华书店
　　　　　　787 毫米×1092 毫米　16 开本　19.25 印张　444 千字
　　　　　　2009 年 8 月第 1 版
　　　　　　2013 年 1 月第 2 版　　2017 年 7 月第 8 次印刷(总第 16 次印刷)
定　　　价：37.00 元

北大版·高职高专土建系列规划教材
专家编审指导委员会

第2版 前言

本书第 1 版自 2009 年 8 月出版以来,得到了广大读者的好评,教师和学生使用后普遍反映内容丰富、实用;并于 2011 年 8 月荣获"北京大学出版社 2011 年度高职高专土建类优秀教材评比"一等奖。

为了精益求精,查缺补漏,针对第 1 版中的疏漏之处,编者在第 1 版的基础上进行了修订工作。

本书根据高等职业院校土木工程专业的培养目标与教学大纲,以及最新的国家标准及规范进行编写和修订。编写上,本书充分总结了作者的教学与实践经验,对基本理论的讲授以应用为目的,教学内容以"必需、够用为度",突出实训、实例教学,紧跟时代和行业发展步伐,力求体现高职高专及应用型教育注重职业能力培养的特点;内容上,本书注重测量基本计算和测绘仪器的基本操作,使学生学完本书后能够理论联系实际,学会分析和解决建筑工程测量中的实际问题。

本书介绍了建筑工程测量中普遍采用的水准仪、经纬仪和钢尺等常规测绘技术,还详细介绍了电子经纬仪、光电测距仪、全站仪和 GPS 定位等现代测绘技术。同时,在编写过程中收集了大量的优秀教材和测量规范,吸取了它们的精华,在总结近几年高职院校课堂教学和综合实训经验的基础上,结合我国实际情况,按高职高专土木工程专业的特点编写成本书。

本书在第 1 版基础上增加了部分章节和补充了相关知识点,例如,在项目 2 中增加了"闭合水准路线计算案例"和"支水准路线计算案例";在项目 6 中增加了"坐标转换公式";在项目 7 中增加了第 2 节"测设的基本工作"等。此外,还对一些小问题进行了删减和修正工作。

本书教学时数建议按 64 学时安排,其中 20 学时为实训和习题课。各校可根据实际情况及不同专业灵活安排。

本书由河南建筑职业技术学院张敬伟任主编,河南建筑职业技术学院王伟和河南工业职业技术学院刘晓宁任副主编,河南建筑职业技术学院魏华洁、马华宇、张文明,河南工业职业技术学院马书英、田九玲,以及河南省地质测绘总院武安状参编。具体编写工作分工如下:项目 1、6 由张敬伟编写,项目 2 由魏华洁编写,项目 3、9 由王伟编写,项目 4 由武安状编写,项目 5、8 由刘晓宁编写,项目 7 由马书英编写,项目 10 由田九玲编写,项目 11 由马华宇和张文明编写。全书由张敬伟统稿。

由于时间较紧,加之编者水平有限,书中难免存在疏漏和不妥之处,恳请读者批评指正。如有意见或建议请发邮件至 13523080572@139.com,QQ:1021126352。

编 者
2012 年 10 月

CONTENTS

目 录

项目 1

测量基本知识

🔖 学习目标

　　本项目主要介绍测量学的基本概念，重点讲述测量学的研究内容和任务，简述地球表面特征及研究方法，介绍测量常用的坐标系统及地球表面点位置的确定方法和测量原理，分析用水平面代替水准面的限度，介绍测量工作的原则和程序。

🔖 学习要求

能 力 目 标	知 识 要 点	权　　重	自测分数
了解测量学的基本概念	测量学的基本内容和任务	20%	
掌握测量学的基准面和基准线	测量学的基准面和基准线	20%	
学会测量常用的坐标系统及地球表面点位置的确定方法和测量原理	测量常用的坐标系统及地球表面点位置的确定方法和测量原理	30%	
分析用水平面代替水准面的限度	用水平面代替水准面的限度	10%	
理解测量工作的原则和程序	测量工作的原则和程序	20%	

🔖 学习重点

　　测量学的基本概念、地面点位的确定方法、测量工作原则

🔖 最新标准

　　《工程测量规范》（GB 50026—2007）；《建筑变形测量规范》（JGJ 8—2007）

测量工作与人们的日常生活很紧密。人们居住的房子、外出行走的道路，使用的地图等，这些都需要测量人员事先做好。在本项目里，先给大家介绍一些测量工作的基础知识和基本概念。

1.1 建筑工程测量的任务

1.1.1 测量学的定义、研究内容与作用

测量学是研究地球的形状、大小以及确定地面点空间位置的科学。它包括测定和测设两部分。测定是指使用测量仪器和工具，通过测量和计算，得到一系列测量数据，再把地球表面的形状缩绘成地形图，供经济建设、国防建设及科学研究使用。测设（放样）是指用一定的测量方法和精度，把图纸上规划设计好的建（构）筑物的位置标定在实地上，作为施工的依据。

测量学是一门历史悠久的科学。早在几千年前，由于当时社会生产发展的需要，中国、埃及和希腊等国家的劳动人民就开始创造与运用测量工具进行测量了。我国在古代就发明了指南针、浑天仪等测量仪器，为天文、航海及测绘地图做出了重要的贡献。随着人类社会的需求和近代科学技术的发展，测量技术已由常规的大地测量发展到空间卫星大地测量，由航空摄影测量发展到应用航天遥感技术测量；测量对象由地球表面扩展到空间星球，由静态发展到动态；测量仪器已广泛趋向于精密化、电子化和自动化。新中国成立60多年来，我国测绘事业取得了蓬勃发展，在天文大地测量、人造卫星大地测量、航空摄影与遥感、精密工程测量、近代平差计算、测量仪器研制、地球南北极科学考察以及测绘人才培养等方面，都取得了令人鼓舞的成就。我国的测绘科学技术已跃居世界先进行列。

测量技术是了解自然、改造自然的重要手段，也是国民经济建设中一项基础性、前期和超前期的信息性工作。在当前信息社会中，测绘资料是重要的基础信息之一，测绘成果也是信息产业的重要内容。测量技术及成果的应用面很广，对于国民经济建设、国防建设和科学研究有着十分重要的作用。国民经济建设发展的总体规划，城市建设与改造，工矿企业建设，公路、铁路的修建，各种水利工程和输电线路的兴建，农业规划和管理，森林资源的保护和利用，以及矿产资源的勘探和开采等都需要测量资料。在国防建设中，测量技术对国防工程建设、作战战役部署和现代化诸兵种协同作战都起着重要的作用。测量技术对于空间技术研究、地壳形变、地震预报及地球动力学等科学研究方面都是不可缺少的工具。

1.1.2 测量学的分类

测量学按照研究对象及采用技术的不同，分为多个学科分支，如：大地测量学、摄影（遥感）测量学、普通测量学、海洋测量学、工程测量学及地图制图学等。

（1）大地测量学——研究地球的形状和大小，解决大范围的控制测量和地球重力场问题。近年来，随着空间技术的发展，大地测量正在向空间大地测量和卫星大地测量方向发展和普及。

（2）摄影测量学——研究利用摄影或遥感技术获取被测物体的信息，以确定物体的形状、大小和空间位置的理论和方法。由于获得相片的方式不同，摄影测量又分为航空摄影测量、水下摄影测量、地面摄影测量和航空遥感测量等。

（3）普通测量学——研究小范围地球表面形状的测量问题，是不考虑地球曲率的影响，把地球局部表面当做平面看待来解决测量问题的理论方法。

（4）海洋测量学——以海洋和陆地水域为研究对象，研究港口、码头、航道及水下地形测量的理论和方法。

（5）工程测量学——研究各种工程在规划设计、施工放样、竣工验收和运营中测量的理论和方法。

（6）地图制图学——研究各种地图的制作理论、原理、工艺技术和应用的学科。研究内容主要包括：地图编制、地图投影学、地图整饰及印刷等。现代地图制图学已发展到了制图自动化、电子地图制作以及地理信息系统 GIS 阶段。

1.1.3 建筑工程测量的任务和作用

建筑工程测量是面向土木建筑类工程的勘测、规划、设计、施工与管理等专业的测量学，属于普通测量学和工程测量学范畴，其主要任务如下。

（1）研究测绘大比例尺地形图的理论和方法。大比例尺地形图是工程勘察、规划及设计的依据。测量学是研究确定地面局部区域建筑物、构筑物、天然地物和地貌的空间三维坐标的原理和方法，研究局部地区地图投影理论以及将测绘资料按比例绘制成地形图或电子地图的原理和方法。

（2）研究在地形图上进行规划、设计的基本原理和方法。在地形图上进行土地平整、土方计算、道路选线、房屋设计和区域规划的基本原理和方法。

（3）研究建(构)筑物施工放样及施工质量检验的技术和方法。研究将规划设计在图纸上的建筑物、构筑物准确地放样和标定在地面上的技术和方法。研究施工过程中的监测技术，以保证施工的质量和安全。

（4）对大型建(构)筑物的安全性进行位移和变形监测。在大型建筑物施工过程中或竣工后，为确保工程施工和使用的安全，应对建筑物进行位移和变形监测。主要讲述位移和变形监测的技术和方法。

测量工作贯穿于工程建设的整个过程中。离开了测绘资料，就难以进行科学合理的规划和设计；离开了施工测量，就不能安全、优质地施工；离开了位移和变形观测，就不能有效地研究规划设计和施工的技术质量，不能及时采取有效的安全措施，也不能为研究新的科学设计理论和方法提供依据。从事土木建筑类专业的技术人员和相关的管理人员，必须掌握测量的基本知识和技能。

1.2 地球的表面特征

1.2.1 地球的自然形状和大小

测量工作是在地球的自然表面上进行的，而地球自然表面是极不平坦和不规则的。它上面有高山、平原、江河和湖泊，有位于我国西藏高原上高于海平面 8844.43m 的珠穆朗玛峰(原发布的数字为 8848.13m)，有位于太平洋西部低于海平面 11022m 的马里亚纳海沟，形状十分复杂。但是这样的高低差距与地球平均半径 6371km 相比起来很微小，所以仍可以将地球作为球体看待。地球自然表面大部分是海洋，面积占地球表面的 71%，陆地仅占29％。人们设想将静止的海水面向整个陆地延伸，用所形成的封闭曲面代替地球表面，这个曲面称为大地水准面。大地水准面所包含的形体，称为大地体，它代表了地球的自然形状和大小。

1.2.2 基准线与基准面

地球是太阳系中的一颗行星，它围绕着太阳公转，又绕着自身的旋转轴自转。地球上的各种物体都受到地心引力、地球自转的离心力及太阳、月亮等星体的引力作用。这里主

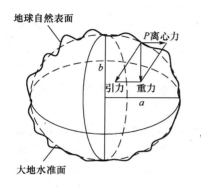

图1.1 地球重力线

要考虑地心引力和离心力作用，这两个力的合力称为重力，如图1.1所示。一条细绳系一个垂球，细绳在重力作用下形成的下垂线，称为铅垂线。铅垂线方向即重力的方向，铅垂线是测量工作的基准线。

水是均质流体，而地球表面的水受重力的作用，其表面就形成了一个处处与重力方向垂直的连续曲面，称为水准面。水准面是重力等位面，是一个曲面，而与水准面相切的平面称为水平面。自由、静止的海洋和湖泊等的水面都是水准面。水准面因其高度不同而有无穷多个，但水准面之间因高度不同而不会相交。

大地水准面是水准面中的一个特殊水准面，即在海洋中与静止的海水面重合。静止的海水面是难以找到的，所以，测量中便将与平均海水面相吻合，并延伸穿过大陆岛屿而形成封闭曲面，作为大地水准面。它最接近地球的真实形态和大小。通常以大地水准面作为测量工作的基准面。

1.2.3 大地体的形状表达式及其元素值

由于地球内部物质构造分布的不均匀，地球表面起伏不平，所以大地水准面各处重力线方向是不规则的，地球重力场是不均匀的。重力方向会偏离低密度物体，偏向高密度物体，为此大地水准面是一个起伏变化的不规则曲面。这样的曲面很难在其上面进行测量数据的处理，如图1.2所示。

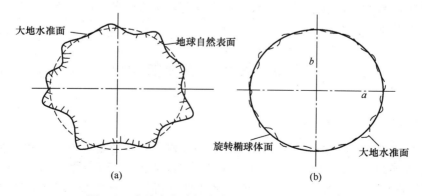

图1.2 大地水准面与地球旋转椭球体面示意图

为了正确地计算测量成果，准确表示地面点的位置，测量中选用一个大小和形状接近大地体的旋转椭球体作为地球的参考形状和大小。这个旋转椭球体称为参考椭球体，它是一个规则的曲面体，可以用数学公式来表示，即

$$\frac{X^2}{a^2}+\frac{Y^2}{a^2}+\frac{Z^2}{b^2}=1 \tag{1-1}$$

式中，a、b分别为参考椭球体的几何参数。a为长半径，b为短半径。参考椭球体扁率α应满足下式

$$\alpha=\frac{a-b}{a} \tag{1-2}$$

我国采用的参考椭球体几何参数为1980年国家大地坐标系，采用国际大地测量协会与地球物理联合会在1975年推荐的IUGG—75地球椭球。其参数为

$a=6378140\text{m}$，　$b=6356755.3\text{m}$，　$\alpha=1/298.257$

旋转椭球体参数值见表1-1。

表 1-1　旋转椭球体参数值

坐标系名称	椭球体名称	长半轴 a/m	参考椭球体扁率 α	推算年代和国家
1954 北京坐标系	克拉索夫斯基	6378245	1：298.3	1940 年苏联（参心）
1980 西安坐标系	IUGG—75	6378140	1：298.257	1975 年国际大地测量与地球物理联合会（参心）
2000 国家大地坐标系(GPS)	CGCS2000	6378137	1：298.257223563	2008 年中国（地心）
WGS—84 坐标系（GPS）	WGS—84	6378137	1：298.257223563	1984 年美国（地心）

由于参考椭球体扁率很小，所以在测量精度要求不高的情况下，可以近似地把地球当作圆球体，其平均半径$R=\frac{1}{3}(2a+b)$，R的近似值可取6371km。

特别提示

2000 国家大地坐标系已于 2008 年 7 月 1 日开始使用。到 2020 年所有 1954 北京坐标系和 1980 西安坐标系，将全部转成 2000 国家大地坐标系。

1.3　地面点位置的确定

1.3.1　测量工作的实质与基本问题

测量中，无论测图还是放样，都必须确定出所测对象的特征点的位置。只要将代表其地物地貌特征的点的位置确定了，则其他各点、线、面及形的位置也就容易确定了。因此，测量的实质就是确定地物地貌特征点的位置。要研究地球表面形状和大小，以及地物地貌的位置问题，就必须从寻找基本规律开始，研究其实质性的东西，抓住其主要矛盾，其他问题便迎刃而解了。如果我们能找到确定地面上任意一点位置的方法，那么就可以确定所有地物地貌特征点的位置。因此，研究任意一点位置的确定问题，是测量学的基本问题。

1.3.2 确定地面点位的基本方法

确定地面点位的基本方法是数学（几何）方法，用空间三维坐标表示。以参考椭球体表示的为"参心"坐标，以地球质心为坐标系中心的为"地心"坐标。

地面点的空间位置与一定的坐标系相对应。在测量上常用的坐标系有空间直角坐标系、地理坐标系、高斯投影平面直角坐标系及平面独立直角坐标系等。地面点位的三维在空间直角坐标系中用 X、Y、Z 表示，在地理坐标系和高斯投影平面直角坐标系中，两个量为平面坐标，它表示地面点沿着基准线投影到基准面上后在基准面上的位置。基准线可以是铅垂线，也可以是法线。基准面是大地水准面、平面或椭球体面。第三个量是高程，表示地面点沿基准线到基准面的距离，因此又称为球面坐标。

1.3.3 地面点位的确定

1. 高程系统

新中国成立以来，我国曾以青岛验潮站 1950—1956 年的观测资料求得的黄海平均海水面位置，作为我国的大地水准面（高程基准面），由此建立了"1956 年黄海高程系"，并于 1954 年在青岛市观象山上建立了国家水准基点，其基点高程 $H=72.289\text{m}$。以后，根据 1953—1979 年 26 年验潮站观测资料的计算，更加精确地确定了黄海平均海水面，于是在 1987 年启用"1985 国家高程基准"，此时测定的国家水准基点高程 $H=72.260\text{m}$。根据国家测绘总局国测发〔1987〕198 号文件通告，此后全国都应以"1985 国家高程基准"作为统一的国家高程系统。现在仍在使用的"1956 年黄海高程系统"及其他高程系统的，均应统一到"1985 国家高程基准"的高程系统上。在实际测量中，应根据业务性质执行相应的规范标准。

所谓地面点的高程（绝对高程或海拔）就是地面点到大地水准面的铅垂距离，一般用 H 表示，如图 1.3 所示。图中地面点 A、B 的高程分别为 H_A、H_B。

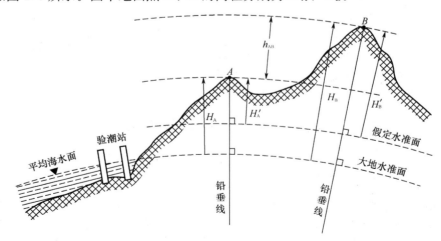

图 1.3 高程和高差

在个别的局部测区，若远离已知国家高程控制点或为便于施工，也可以假设一个高程起算面（即假定水准面），这时地面点到假定水准面的铅垂距离，称为该点的假定高程或相对高程。如图 1.3 所示 A、B 两点的相对高程为 H'_A、H'_B。

地面上两点间的高程之差称为高差，一般用 h 表示。图 1.3 中 A、B 两点高差 h_{AB} 为

$$h_{AB} = H_B - H_A = H'_B - H'_A \qquad (1-3)$$

式中，h_{AB} 有正有负，下标 AB 表示该高差是从 A 点至 B 点方向的高差。式(1-3)也表明两点之间的高差与高程起算面无关。

2. 坐标系统

1) 地理坐标

地面点在球面上的位置用经度和纬度表示的，称为地理坐标。按照基准面和基准线及求算坐标方法的不同，地理坐标又可分为天文地理坐标和大地地理坐标两种。天文地理坐标如图 1.4(a)所示，其基准是铅垂线和大地水准面，它表示地面点 A 在大地水准面上的位置，用天文经度 λ 和天文纬度 φ 表示。天文经、纬度是用天文测量的方法直接测定的。

大地地理坐标的基准是法线和参考椭球面，是表示地面点在地球椭球面上的位置，用大地经度 L 和大地纬度 B 表示。大地经、纬度是根据大地测量所得数据推算得到的。

如图 1.4(b)所示为以 O 为球心的参考椭球体，N 为北极、S 为南极，NS 为短袖。过中心 O 并与短轴垂直且与椭球相交的平面为赤道面，P 为地面点，含有短轴的平面为子午面。过 P 点沿法线 PK_P 投影到椭球体面上，得到 P' 点。$NP'S$ 是过 P 点子午面在椭球体面上投影的子午线。过格林尼治天文台的子午线称为本初子午线或首子午线。$NP'S$ 子午面与本初子午面所夹的两面角 L_P 称为 P 点的大地经度。法线 PK_P 与赤道平面的交角 B_P 称为 P 点的大地纬度。P 点沿法线到椭球体面的距离 PP' 称为 P 点的大地高 H_P。

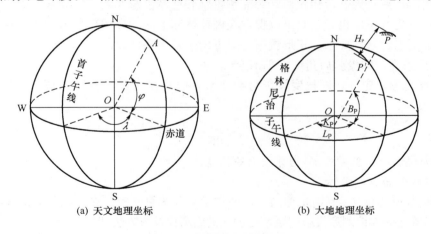

(a) 天文地理坐标   (b) 大地地理坐标

图 1.4 地理坐标示意图

国际规定，过格林尼治天文台的子午面为零子午面，经度为 0°，以东为东经、以西为西经，其值域均为 0°～180°；纬度以赤道面为基准面，以北为北纬，以南为南纬，其值均为 0°～90°。椭球体面上的大地高为零。沿法线在椭球体面外为正，在椭球体面内为负。我国处于东经 74°～135°，北纬 3°～54°。如北京位于北纬 40°、东经 116°，用 $B=40°N$，$L=116°E$ 表示。

地面点位也用空间直角坐标(x, y, z)表示，如 GPS 中使用的 WGS—84 系统，如图 1.5 所示。WGS 即 World Geodetic System 的缩写，它是美国国防局为进行 GPS 导航定

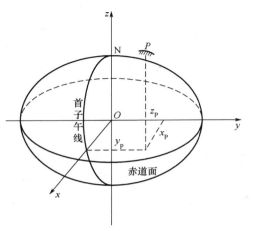

图 1.5　空间直角坐标

位于 1984 年建立的地心坐标系。该坐标系统以地心 O 为坐标原点，ON 即旋转轴为 z 轴方向；格林尼治子午线与赤道面交点与 O 的连线为 x 轴方向；过 O 点与 xOz 面垂直，并与 x、z 构成右手坐标系者为 y 轴方向。点 P 的空间直角坐标为 $(x_P，y_P，z_P)$，它与大地坐标 B、L、H 之间可用公式转换。

2）高斯平面直角坐标

（1）测量问题的提出。大地坐标系是大地测量的基本坐标。常用于大地问题的解算、研究地球形状和大小、编制地图、火箭和卫星发射及军事方面的定位及运算，若将其直接用于工程建设规划、设计和施工等很不方便。所以要将球面上的大地坐标按一定数学法则归算到平面上，即采用地图投影的理论绘制地形图，才能用于规划建设。

上述地理坐标只能确定地面点在大地水准面或地球椭球面上的位置，不能直接用来测图。测量上的计算最好在平面上进行。

（2）解决问题的方案。椭球体面是一个不可直接展开的曲面。故将椭球体面上的元素按一定条件投影到平面上，总会产生变形。测量上常以投影变形不影响工程要求为条件选择投影方法。地图投影有等角投影、等面积投影和任意投影 3 种，一般常采用等角投影。

等角投影又称正形投影，它可以保证在椭球体面上的微分图形投影到平面后将保持相似。这是地形图的基本要求。正形投影有以下两个基本条件。

① 保角条件，即投影后角度大小不变。

② 长度变形固定性，即长度投影后会变形，但是在一点上各个方向的微分线段变形比 m 是常数 k

$$m=\frac{\mathrm{d}s}{\mathrm{d}S}=k \tag{1-4}$$

式中，$\mathrm{d}s$ 为投影后的长度；$\mathrm{d}S$ 为球面上的长度。

（3）高斯平面直角坐标。

① 高斯投影的概念。高斯是德国杰出的数学家和测量学家。在 1820—1830 年间，为解决德国汉诺威地区大地测量投影问题，提出了横椭圆柱投影方法（即正形投影方法）。1912 年起，德国学者克吕格将高斯投影公式加以整理和扩充并导出了实用的计算公式，所以，该方法又称为高斯-克吕格正形投影。它是将一个横椭圆柱面套在地球椭球体上，如图 1.6 所示。椭球体中心 O 在椭圆柱中心轴上，椭球体南北极与椭圆柱相切，并使某一子午线与椭圆柱相切。此子午线称为中央子午线。然后将椭球体面上的点、线按正形投影条件投影到椭圆柱面上（假想在地心置一个点光源，向周围放射，则地球表面上与椭圆柱面相关的点，均可投影到椭圆柱面上），再沿椭圆柱 N、S 点的母线割开，并展成平面，即成为高斯投影平面。

在高斯投影平面上，中央子午线是直线，其长度不变形，离开中央子午线的其他子午线是弧形，凹向中央子午线。离开中央子午线越远，变形越大。

投影后赤道是一条直线，赤道与中央子午线保持正交。

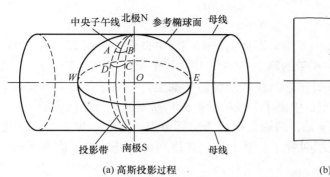
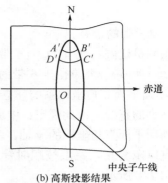

(a) 高斯投影过程   (b) 高斯投影结果

图 1.6　高斯投影

离开赤道的纬线是弧线，凸向赤道。

高斯投影可以将椭球面变成平面，但是离开中央子午线越远变形越大，这种变形将会影响测图和施工精度。为了对长度变形加以控制，测量中采用了限制投影宽度的方法，即将投影区域限制在靠近中央子午线的两侧狭长地带。这种方法称为分带投影。投影带宽度是以相邻两个子午线的径差 δ 来划分，有 6°带、3°带、1.5°带等。6°带投影是从英国格林尼治子午线开始，自西向东，每隔 6° 投影一次。这样将椭球分成 60 个带，编号为 1～60 带，如图 1.7 所示。各带中央子午线经度(L_0^6)可用式(1-5)计算

$$L_0^6 = 6N - 3 \tag{1-5}$$

式中，N 为 6°带的带号。已知某点大地经度 L，可按式(1-6)、(1-7)计算该点所属的带号。

6°带

$$N = \frac{L}{6}(\text{取整}) + 1(\text{有余数时}) \tag{1-6}$$

3°带

$$n = \frac{L}{3}(\text{四舍五入}) \tag{1-7}$$

图 1.7　6°带和 3°带投影

3°带是在 6°带基础上划分的，其中央子午线在奇数带时与 6°带中央子午线重合，每隔 3°为一带，共 120 带，各带中央子午线经度为

$$L_0^3 = 3n \qquad\qquad (1-8)$$

式中，n 为 3°带的带号。

我国幅员辽阔，含有 11 个 6°带，即从 13～23 带（中央子午线从 75°～135°），21 个 3°带，从 25～45 带。北京位于 6°带的第 20 号带，中央子午线经度为 117°。

② 高斯平面直角坐标系的建立。在高斯投影平面上，中央子午线和赤道的投影是两条相互垂直的直线。因此规定：中央子午线的投影为高斯平面直角坐标系的 x 轴，赤道的投影为高斯平面直角坐标的 y 轴，两轴交点 O 为坐标原点，并令 x 轴上原点以北为正，y 轴上原点以东为正，象限按顺时针 Ⅰ、Ⅱ、Ⅲ、Ⅳ 排列，由此建立了高斯平面直角坐标系，如图 1.8 所示。

由于我国国土全部位于北半球（赤道以北），故我国国土上全部点位的 x 坐标值均为正值，而 y 坐标值则有正有负。为了避免 y 坐标值出现负值，我国规定将每个带的坐标原点向西移 500km。由于各投影带上的坐标系是采用相对独立的高斯平面直角坐标系，为了能正确区分某点所处投影带的位置，规定在横坐标 y 值前面冠以投影带的带号。例如，图 1.8 中 B 点位于高斯投影 6°带第 20 号带内（$n=20$），其真正横坐标 $y_b = -113424.690$m，按照上述规定 y 值应改写为 $y_b = 20(-113424.690 + 500000) = 20386575.310$。反之，从这个 y_b 值中可以知道，该点是位于第 20 号 6°带，其真正横坐标 $y_b = (386575.310 - 500000)$m $= -113424.690$m。

高斯投影是正形投影，一般只需将椭球面上的方向、角度及距离等观测值经高斯投影的方向改化和距离改化后，归化为高斯投影平面上的相应观测值，然后在高斯平面坐标系内进行平差计算，从而求得地面点位在高斯平面直角坐标系内的坐标。

③ 高斯平面直角坐标系与数学中的笛卡儿坐标系不同，如图 1.9 所示。高斯直角坐标系纵坐标为 x 轴，横坐标为 y 轴。坐标象限为顺时针方向编号。角度起算是从 x 轴的北方向开始，顺时针计算。这些定义都与数学中的定义不同，目的是为了定向方便，并能将数学上的几何公式直接应用到测量计算中，而无需做任何变更。

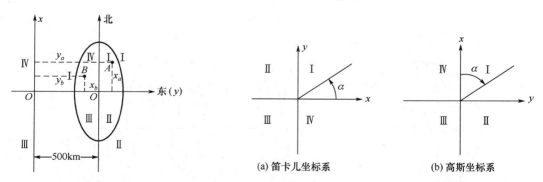

图 1.8　高斯平面直角坐标　　　　　　图 1.9　笛卡儿坐标和高斯直角坐标

3）独立（假定）平面直角坐标

《城市测量规范》（CJJ/T 8—2011）规定，面积小于 25km² 的城镇，可不经投影采用假定平面直角坐标系统在平面上直接进行计算。

实际测量中，一般将坐标原点选在测区的西南角，使测区内的点位坐标均为正值（第一象限），与高斯平面直角坐标系的特点一样，将该测区的子午线的投影为 x 轴，向北为正，与之相垂直的为 y 轴，向东为正，象限顺时针编号，由此便建立了该测区的独立平面直角坐标系，如图1.10所示。

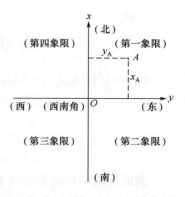

上述 3 种坐标系统之间也是相互联系的。例如，地理坐标与高斯平面直角坐标之间可以互相换算，独立平面直角坐标也可与高斯平面直角坐标（国家统一坐标系）之间联测和换算。它们都是以不同的方式来表示地面点的平面位置。

我国选择陕西泾阳县永乐镇某点为大地原点，进行大地定位。利用高斯平面直角坐标的方法建立了全国统一坐标系，即现在使用的"1980 年国家大地坐标系"，简称"80 系"或"西安系"。以前使用的是"1954 年北京坐标系"，其原点位于苏联列宁格勒天文台中央，为与苏联 1940 年普尔科夫坐标系联测，经东北传递过来的坐标。自 2008 年 7 月 1 日起启用 2000 国家大地坐标系。

图 1.10　独立平面直角坐标

综上所述，通过测量与计算，求得表示地面点位置的 3 个量，即 x、y、H，那么地面点的空间位置也就可以确定了。

1.4　用水平面代替水准面的限度

普通测量是将大地水准面近似地看做圆球面，将地面点投影到圆球上，然后再描绘到平面图纸上，显然这是一项很复杂的工作。在实际测量工作中，在一定的精度要求和测区面积不大的情况下，往往以测区中心的切平面代替水准面，直接将地面点沿铅垂线方向投影到测区中心的水平面上来决定其位置，这样可以简化计算和绘图工作。

从理论上讲，即使是将极小部分的水准面（曲面）当做水平面也是要产生变形的，这也必然给测量观测值（如距离、高差等）带来影响。但是由于测量和制图本身会有不可避免的误差，如当上述这种影响不超过测量和制图本身的误差范围时，认为用水平面代替水准面是可行的，而且是合理的。本节主要讨论用水平面代替水准面对距离和高差的影响（或称地球曲率的影响），以便给出限制水平面代替水准面的限度。

1.4.1　对距离的影响

如图 1.11 所示，设球面（水准面）P 与水平面 P' 在 A 点相切，A、B 两点在球面上弧长为 D，在水平面上的距离（水平距离）为 D'，即

$$D = R\theta, \quad D' = R\tan\theta \qquad (1-9)$$

式中，R 为球面 P 的半径；θ 为弧长 D 所对的圆心角。

以 ΔD 表示用水平面的距离 D' 代替球面上弧长 D 后所产生的误差，则

$$\Delta D = D' - D = R(\tan\theta - \theta) \qquad (1-10)$$

将式（1-10）中 $\tan\theta$ 按级数展开，并略去高次项，得

$$\tan\theta = \theta + \frac{1}{3}\theta^3 + \frac{2}{15}\theta^5 + \cdots \qquad (1-11)$$

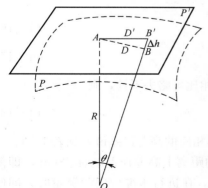

图 1.11　水平面代替水准面的影响

因此

$$\Delta D = R\left[\left(\theta + \frac{1}{3}\theta^3 + \frac{2}{15}\theta^5 + \cdots\right) - \theta\right] = R \cdot \frac{1}{3}\theta^3 \qquad (1-12)$$

以 $\theta = \dfrac{D}{R}$ 代入式（1-12），得

$$\Delta D = \frac{D^3}{3R^2} \qquad (1-13)$$

$$\frac{\Delta D}{D} = \frac{1}{3}\left(\frac{D}{R}\right)^2 \qquad (1-14)$$

若取地球平均曲率半径 $R=6371\mathrm{km}$，并以不同的 D 值代入式（1-13）或式（1-14），则可得出距离误差 ΔD 和相应相对误差 $\Delta D/D$，见表 1-2。

表 1-2　水平面代替水准面的距离误差和相对误差

距离 D/km	距离误差 ΔD/mm	相对误差 $\Delta D/D$
10	8	1/1220000
25	128	1/200000
50	1026	1/49000
100	8212	1/12000

由表 1-2 可知，当距离为 10km 时，用水平面代替水准面（球面）所产生的距离相对误差为 1/1220000，这么小的距离误差与常规量距的允许误差 1/150000～1/3000 相比是微不足道的，即使是在地面上进行最精密的距离测量也是允许的。可以认为在半径为 10km 的范围内（相当面积为 320km²），用水平面代替水准面所产生的距离误差可忽略不计，也就是可不考虑地球曲率对距离的影响。当精度要求较低时，还可以将测量范围的半径扩大到 25km。

1.4.2　对高差的影响

图 1.11 中，A、B 两点在同一球面（水准面）上，其高程应相等（即高差为零）。B 点投影到水平面上得 B' 点。则 BB' 即为水平面代替水准面产生的高差误差。设 $BB' = \Delta h$，则

$$(R+\Delta h)^2 = R^2 + D'^2 \qquad (1-15)$$

即

$$2R\Delta h + \Delta h^2 = D'^2 \qquad (1-16)$$

$$\Delta h = \frac{D'^2}{2R+\Delta h} \qquad (1-17)$$

式（1-17）中，可以用 D 代替 D'，同时 Δh 与 $2R$ 相比可略去不计，则

$$\Delta h = \frac{D^2}{2R} \qquad (1-18)$$

以不同的 D 代入式（1-18），取 $R=6371\mathrm{km}$，则得相应的高差误差值，见表 1-3。

由表 1-3 可知，用水平面代替水准面，在 1km 的距离上高差误差就有 78mm，即使距离为 0.1km（100m）时，高差误差也有 0.8mm。显然，在进行水准（高程）测量时，即使很短的距离都应考虑地球曲率对高差的影响，即应当用水准面作为高程测量的基准面。

表 1-3　水平面代替水准面的高差误差

距离 D/km	0.1	0.2	0.3	0.4	0.5	1	2	5	10
Δh/mm	0.8	3	7	13	20	78	14	1962	7848

1.4.3　对水平角测量的影响

从球面三角测量中可知(如图 1.12 所示)，球面上多边形内角之和比平面上多边形内角之和多一个球面角超 ε，其值可用多边形面积求得

$$\varepsilon = \rho \frac{P}{R^2} \qquad (1-19)$$

式中，P 为球面多边形面积；R 为地球半径；ρ 为一弧度相应的秒值，$\rho = 206265''$。

以不同面积代入式(1-19)，可求出球面角超，见表 1-4。

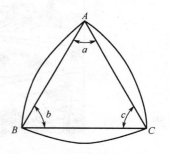

图 1.12　球、平面三角形

表 1-4　球面角超计算表

P/km²	10	50	100	300	2000
ε('')	0.05	0.25	0.51	1.52	10.16

当测区面积为 300km² 时，用水平面代替水准面，对角度影响最大仅为 1.52″，所以在这样的测区进行测量，其误差影响很小。

综上所述，当测区半径小于 10km 时，用水平面代替水准面，对距离和角度的影响都很小，可以忽略不计；而对于高程的影响却很大，所以不可以用水平面代替水准面。

1.5　测量工作概述

1.5.1　测量的工作过程简述

测量工作的主要任务是测绘地形图和施工放样。地球表面的形状简称地形，其千姿百态、错综复杂。地形分为地物和地貌两类：地物是指地面上的固定性物体，如房屋、道路、河流和湖泊等；地貌是指地球表面高低起伏的形态，如山岭、河谷、坡地和悬崖等。

地形图测量实际是在地物和地貌上选择一些有其特征代表性的点进行测量，再将测量点投影到平面上，然后用点、折线、曲线连接起来成为地物和地貌的形状图，如房屋，用房屋底面轮廓折线围成的图形表示，如图 1.13 所示。测绘该房屋时，可在此房屋附近与房屋通视且坐标已知的点(如 A 点)上安置测量仪器，选择另一坐标已知的点(如 B 点)作为定向方向，即可利用这些点之间的几何关系，测量出这栋房屋角点的坐标。地貌形态虽然复杂，但仍可以将其看做是由许多不同坡度、不同方向的面组成的，如图 1.13 所示。只要选择坡度变化点、山顶、鞍部及坡脚等能表现地貌特征的点进行测量，然后投影到平面上，将同等高度的线用曲线连起来，就可将地貌的形态表现出来。这些能表现地物和地

貌特征的点称为特征点。特征点的测量方法有卫星定位和几何测量定位两种方法，如图 1.14、图 1.15 所示。

(a) 现状地貌情况

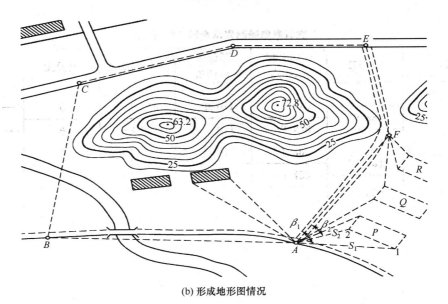

(b) 形成地形图情况

图 1.13　地形图测绘方法

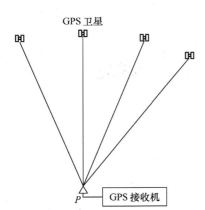

图 1.14　卫星定位原理

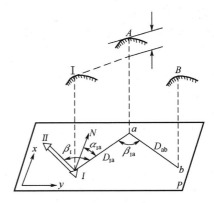

图 1.15　平面坐标几何测量方法

　　放样则是先计算好放样地物特征点的平面坐标与高程作为放样数据，然后，根据放样数据即可用卫星定位和几何测量定位的方法测出点位，用放样标志在地面上表示出来，再根据地物的形状和细部尺寸，在实地上画线或拉线，即可进行施工。

1.5.2　几何测量的基本要素

　　地形测量中，常用几何测量法。如图 1.15 所示，地面点 A、B 在投影面上的位置是 a 和 b，Ⅰ、Ⅱ点是已知点。实际测量时，并不能直接测出 A、B 的高程和坐标，而是通过观测相关的水平角 β_{I}、β_a，水平距离 $D_{\mathrm{I}a}$、D_{ab}，以及高差 $h_{\mathrm{I}a}$，再根据已知点 I 的平面坐标、方向和高程 H_{I}，推算出 A、B 的平面坐标和高程，以确定它们的点位。

　　测量的实践说明，不论测图还是放样，地面点间的位置关系是以其相对的水平距离、水平角和高差来确定的。距离测量、角度测量和高差测量是测量的 3 项基本工作，而角度、距离和高差是确定地面点位的 3 个基本要素。测量人员应当掌握这 3 项测量的基本功。

1.5.3　测量工作的程序和原则

　　1）程序

　　测量中，仪器要经过多次迁移才能完成测量任务。为了使测量成果坐标一致，减小累积误差，应先在测区内选择若干有控制作用的点组成控制网，如图 1.13 所示。先确定这些点的坐标(称为控制测量，所确定的点为控制点)，再以控制点坐标为依据，在控制点上安置仪器进行地物、地貌测量(称为碎部测量)。控制点测量精度高，又经过统一的严密数据处理，在测量中起着控制误差积累的作用。有了控制点，就可以将大范围的测区工作进行分幅、分组测量。测量工作的程序是"先控制后碎部"，即先做控制测量，再在控制点上进行碎部测量。

　　2）原则

　　为了保证测量工作的质量，必须遵守以下原则。

　　(1)在布局上——"从整体到碎部"。在进行测量前制订方案时，必须站在整体和全局的角度，科学分析实际情况，制订切实可行的施测方案。

　　(2)在精度上——"由高级到低级"。测图工作是根据控制点进行的，控制点测量的精度必须符合使用的要求。为保证测量成果的质量，等级高、控制范围大的控制点的精度必须更高。只有当处于施工放样时，才会出现放样碎部点的精度有时更高的情况。

　　(3)在程序上——"先控制后碎部"。由上述可知，违反程序进行的测量不仅误差难以控制，还会使工作量加大、效率降低，甚至会使成果失去价值，造成返工现象。

　　(4)在管理上——"严格检核"。测量中要严格进行检核工作，即对测量的每项成果必须检核，保证前一步工作无误后，方可进行下一步工作，以确保成果的正确性。

　　测量的原则和程序不仅是测量工作质量的保证，而且对于人生的成长和工作、事业，都有宝贵的参考价值。

本项目小结

　　本项目主要内容包括建筑工程测量的任务、地球表面特征、地面点位的确定、用水平面代替水准面的限度和测量工作的概述。

　　本项目的教学目标是使学生了解测量学的基本概念，了解测量学的基本原理和方法，掌握测量学的基准面和基准线，学会测量常用坐标系统和高程系统，掌握地面点位的确定方法，了解用水平面代替水准面的限度，掌握和理解测量工作的原则和程序。

习题

一、名词解释

1. 测量学
2. 绝对高程
3. 地形测量
4. 工程测量
5. 直线比例尺
6. 水准面
7. 大地水准面
8. 地理坐标
9. 大地测量
10. 相对高程

二、填空题

1. 测量工作的基本内容有_____、_____和_____。

2. 我国位于北半球，x 坐标均为_____，y 坐标则有_____。为了避免出现负值，将每带的坐标原点向_____km。

三、简答题

1. 测定与测设有何区别？
2. 何为大地水准面？它有什么特点和作用？
3. 何为绝对高程、相对高程及高差？
4. 为什么高差测量（水准测量）必须考虑地球曲率的影响？
5. 测量上的平面直角坐标系和数学上的平面直角坐标系有什么区别？
6. 高斯平面直角坐标系是怎样建立的？

四、计算题

1. 已知某点位于高斯投影 6°带第 20 号带，若该点在该投影带高斯平面直角坐标系中的横坐标 $y = -306579.210$m，写出该点不包含负值且含有带号的横坐标 y 及该带的中央

子午线经度 L_0。

2. 某宾馆首层室内地面 ±0.000 的绝对高程为 45.300m，室外地面设计标高为 −1.500m，女儿墙设计标高为 ＋88.200m，则室外地面和女儿墙的绝对高程分别为多少？

项目 2

水 准 测 量

学习目标

了解测定地面点高程的几种方法和原理，理解在建筑工程测量中被广泛应用的水准测量方法，水准点和测站的意义。掌握微倾式水准仪的操作方法、读数方法、记录计算和水准路线的几种作业形式，掌握各项检验校正操作方法，水准测量误差来源及注意事项。

学习要求

能力目标	知识要点	权　　重	自测分数
了解微倾式光学水准仪	水准测量原理、DS_3 型水准仪构造及使用	30%	
掌握水准仪的测量方法	水准测量路线外业实施及内业处理	40%	
学会检验和校正水准仪	水准仪的检验和校正方法	20%	
水准测量误差分析	误差来源及注意事项	10%	

学习重点

水准测量原理、DS_3 型水准仪构造及使用、水准测量路线外业实施及内业计算、水准仪的检验和校正

最新标准

《工程测量规范》（GB 50026—2007）；　《国家三、四等水准测量规范》（GB/T 12898—2009）

引 例

　　项目 1 介绍了测量的 3 项基本工作，其中之一就是高差测量。高差测量按使用的仪器和观测方法的不同，又分为水准测量、三角高程测量和气压高程测量。水准测量是精确测定地面两点之间高差的一种方法，得到高差就可以求出地面点的高程。本项目主要介绍用水准测量的方法来求两点之间的高差，然后计算出所要得到的待求点的高程。

2.1　水准测量原理

　　水准测量的原理是利用水准仪提供的水平视线，借助水准尺读数来测定地面点之间的高差，从而由已知点的高程推算出待测点的高程。

　　如图 2.1 所示，欲测定 A、B 两点间的高差 h_{AB}，可在 A、B 两点分别竖立水准尺，在 A、B 之间安置水准仪。利用水准仪提供的水平视线，分别读取 A 点水准尺上的读数 a 和 B 点水准尺上的读数 b，则 A、B 两点高差为

$$h_{AB}=a-b \tag{2-1}$$

　　水准测量方向是由已知高程点开始向待测点方向行进的。在图 2.1 中，A 为已知高程点，B 为待测点，则 A 尺上的读数 a 称为后视读数，B 尺上的读数 b 称为前视读数。由此可见，两点之间的高差一定是"后视读数"减"前视读数"。如果 $a>b$，测高差 h_{AB} 为正，表示 B 点比 A 点高；如果 $a<b$，则高差 h_{AB} 为负，表示 B 点比 A 点低。

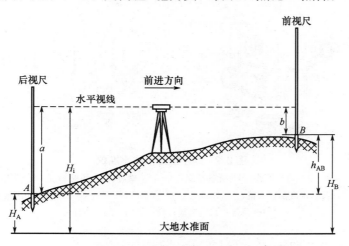

图 2.1　水准测量原理图

　　在计算高差 h_{AB} 时，一定要注意 h_{AB} 下标的写法：h_{AB} 表示 A 点至 B 点的高差，h_{BA} 则表示 B 点至 A 点的高差，两个高差应该是绝对值相同而符号相反，即

$$h_{AB}=-h_{BA} \tag{2-2}$$

　　测得 A、B 两点间的高差 h_{AB} 后，则未知点 B 的高程 H_B 为

$$H_B=H_A+h_{AB}=H_A+(a-b) \tag{2-3}$$

　　由图 2.1 可以看出，B 点高程也可以通过水准仪的视线高程 H_i（也称为仪器高程）来计算，视线高程 H_i 等于 A 点的高程加 A 点水准尺上的后视读数 a，即

$$H_i=H_A+a \tag{2-4}$$

则

$$H_B = (H_A + a) - b = H_i - b \qquad (2-5)$$

一般情况下，用式(2-3)计算未知点 B 的高程 H_B，称为高差法(或中间水准法)。当安置一次水准仪需要同时求出若干个未知点的高程时，则用式(2-5)计算较为方便，这种方法称为视线高程法。此法是在每一个测站上测定一个视线高程作为该测站的常数，分别减去各待测点上的前视读数，即可求得各未知点的高程，这在土建工程施工中经常用到。

2.2 DS₃ 型 水 准 仪 及 其 操 作

水准测量使用的仪器为水准仪，按仪器精度分，有 DS₀₅、DS₁、DS₃、DS₁₀ 四种型号的仪器，见表 2-1。D、S 分别为"大地测量"和"水准仪"的汉语拼音第一个字母；数字 05、1、3、10 表示该仪器的精度。如 DS₃ 型水准仪，表示该型号仪器进行水准测量每千米往、返测高差精度可达±3mm。DS₃ 水准仪是土木工程测量中常用的仪器。图 2.2 是我国生产的 DS₃ 型水准仪。

表2-1 常用水准仪系列及精度

水准仪系列型号	S₀₅	S₁	S₃	S₁₀
每千米往返测高差中数的中误差	≤0.5mm	≤1mm	≤3mm	≤10mm

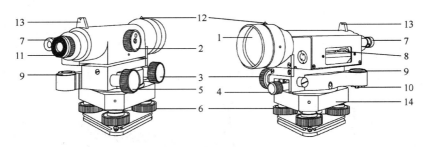

图2.2 DS₃ 型微倾式水准仪

1—物镜；2—对光螺旋；3—微动螺旋；4—制动螺旋；5—微倾螺旋；6—脚螺旋；
7—符合水准器放大镜；8—水准管；9—圆水准器；10—圆水准器交正螺旋；
11—目镜；12—准星；13—照门；14—基座

2.2.1 DS₃ 型水准仪的构造

DS₃ 型微倾式水准仪主要由望远镜、水准器和基座 3 部分组成。

1. 望远镜

望远镜的作用是能使我们看清不同距离的目标，并提供一条照准目标的视线。

图 2.3 是 DS₃ 型水准仪望远镜的构造图，主要由物镜、镜筒、调焦透镜、十字丝分划板、目镜等部件构成。物镜、调焦透镜和目镜多采用复合透镜组。物镜固定在物镜筒前端，调焦透镜通过调焦螺旋可沿光轴在镜筒内前后移动。十字丝分划板是安装在物镜与目镜之间的一块平板玻璃，上面刻有两条相互垂直的细线，称为十字丝。中间横的一条称为中丝(或横丝)。与中丝平行的上、下两短丝称为视距丝，用来测距离。十字丝分划板通过

压环安装在分划板座上，套入物镜筒后再通过校正螺钉与镜筒固连。

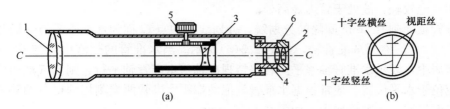

(a)   (b)

图 2.3　DS₃ 型水准仪望远镜构造

1—物镜；2—目镜；3—对光凹透镜；4—十字丝分划板；5—物镜对光螺旋；6—目镜对光螺旋

物镜光心与十字丝中丝交点的连线称为视准轴（图 2.3 中的 $C-C$）。视准轴是水准测量中用来读数的视线。

物镜和目镜采用多块透镜组合而成，调焦透镜由单块透镜或多块透镜组合而成。望远镜成像原理如图 2.4 所示，望远镜所瞄准的目标 AB 经过物镜的作用形成一个倒立而缩小的实像 ab，调节物镜对光螺旋即可带动调焦透镜在望远镜筒内前后移动，从而将不同距离的目标都能清晰地成像在十字丝平面上。调节目镜对光螺旋可使十字丝像清晰，再通过目镜，便可看到同时放大了的十字丝和目标影像 $a'b'$。通过目镜所看到的目标影像的视角 β 与未通过望远镜直接观察目标的视角 α 之比，称为望远镜的放大率，即放大率 $V=\beta/\alpha$。DS₃ 型水准仪望远镜放大率为 28 倍。

由于物镜调焦螺旋调焦不完善，可能使目标形成的实像 ab 与十字丝分划板平面不完全重合，此时当观测者眼睛在目镜端略作上、下少量移动时，就会发现目标的实像 ab 与十字丝平面之间有相对移动，这种现象称为视差。

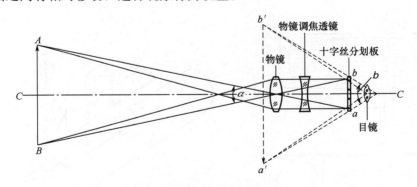

图 2.4　望远镜成像原理

在检查视差是否存在时，观测者眼睛应处于松弛状态，不宜紧张，且眼睛在目镜上下移动量不宜大，仅做很少量移动，否则会引起错觉而误认为视差存在。

2. 水准器

水准器是水准仪上的重要部件，它是利用液体受重力作用后使气泡居为最高处的特性，指示水准器的水准轴位于水平或竖直位置的一种装置，从而使水准仪获得一条水平视线。水准器分管水准器和圆水准器两种。

1）管水准器

管水准器是由玻璃管制成的，又称"水准管"，其纵向内壁研磨成具有一定半径的圆弧（圆弧半径一般为 7～20m），内装酒精和乙醚的混合液，加热密封冷却后形成一个小长气泡，因气泡较轻，故处于管内最高处。

水准管顶面刻有 2mm 间隔的分划线，分划线的中点 O 称为水准管零点，通过零点 O 的圆弧切线 LL，称为水准管轴，如图 2.5(a) 所示。当水准管的气泡中点与零点重合时，称为气泡居中，表示水准管轴水平。若保持视准轴与水准管轴平行，则当气泡居中时，视准轴也应位于水平位置。通常根据水准管气泡两端距水准管两端刻划的格数相等的方法来判断水准管气泡是否精确居中，如图 2.5(b) 所示。

水准管上两相邻分划线间的圆弧（弧长为 2mm）所对的圆心角，称为水准管分划值 τ。用公式表示为

$$\tau'' = \frac{2}{R}\rho'' \tag{2-6}$$

式中，$\rho'' = 206265''$；R 为水准管圆弧半径，单位：mm。

式(2-6)说明分划值 τ'' 与水准管圆弧半径 R 成反比。R 越大，τ'' 越小，水准管灵敏度越高，则定平仪器的精度也越高，反之定平精度就低。DS$_3$ 型水准仪水准管的分划值一般为 20''/2mm，表明气泡移动一格（2mm），水准管轴倾斜 20''。

为了提高水准管气泡居中精度，DS$_3$ 型水准仪的水准管上方安装有一组符合棱镜，如图 2.6 所示。通过附合棱镜的反射作用，把水准管气泡两端的影像反射在望远镜旁的水准管气泡观察窗内，当气泡两端的两个半像附合成一个圆弧时，就表示水准管气泡居中；若两个半像错开，则表示水准管气泡不居中，此时可转动位于目镜下方的微倾螺旋，使气泡两端的半像严密吻合（即居中），达到仪器的精确置平。这种配有符合棱镜的水准器称为符合水准器。它不仅便于观察，同时可以使气泡居中精度提高一倍。

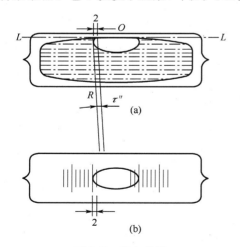

图 2.5 管水准管

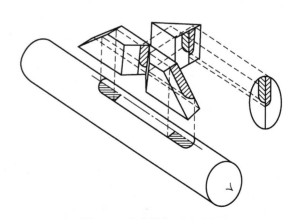

图 2.6 水准管与附合棱镜

2) 圆水准器

圆水准器是一个圆柱形的玻璃盒子，如图 2.7 所示。圆水准器顶面的内壁磨成圆球面，顶面中央刻有一个小圆圈，其圆心 O 称为圆水准器的零点，过零点 O 的法线 $L'L'$，称为圆水准器轴。由于它与仪器的旋转轴（竖轴）平行，所以当圆气泡居中时，圆水准器轴处于竖直（铅垂）位置，表示水准仪的竖轴也大致处于竖直位置了。DS$_3$ 水准仪圆水准器分

划值一般为 $8'\sim10'$，由于分划值较大，则灵敏度较低，只能用于水准仪的粗略整平，为仪器精确置平创造条件。

3. 基座

基座主要由轴座、脚螺旋和连接板构成。仪器上部通过竖轴插入轴座内，由基座托承。整个仪器用连接螺旋与三脚架联结。

2.2.2 水准尺、尺垫和三脚架

水准尺是水准测量时使用的标尺，其质量的好坏直接影响水准测量的精度，因此水准尺是用不易变形且干燥的优良木材或玻璃钢制成的，要求尺长稳定，刻划准确，长度从2m 至 5m 不等。

根据它们的构造，常用的水准尺可分为直尺(整体尺)和塔尺两种，如图 2.8 所示。直尺中又有单面分划尺和双面(红黑面)分划尺。

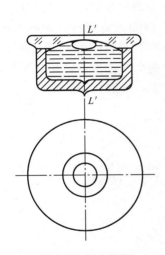

图 2.7　圆水准器

(a)直尺　　(b)折尺　　(c)塔尺

图 2.8　水准尺

水准尺尺面每隔 1cm 涂有黑白或红白相间的分格，每分米处注有数字，数字一般是倒写的，以便观测时从望远镜中看到的是正像字。

双面水准尺的两面均有刻划，一面为黑白分划，称为"黑面尺"(也称主尺)，另一面为红白分划，称为"红面尺"。通常用两根尺组成一对进行水准测量，两根尺的黑白尺尺底读数均从零开始，而红面尺尺底，一根从固定数值 4.687m 开始，另一根从固定数值4.787m 开始，此数值称为零点差(或红黑面常数差)。水平视线在同一根水准尺上的黑面与红面的读数之差称为尺底的零点差，可作为水准测量时读数的检核。

塔尺是由 3 节小尺套接而成的，不用时套在最下一节之内，长度仅 2m。如把 3 节全部拉出可达 5m。塔尺携带方便，但应注意塔尺的连接处，务使套接准确稳固，塔尺一般用于地形起伏较大，精度要求较低的水准测量。

如图 2.9 所示，尺垫一般由三角形的铸铁制成，下面有3 个尖脚，便于使用时将尺垫踩入土中，使之稳固。上面有

图 2.9　尺垫

一个凸起的半球体，水准尺竖立于球顶最高点。在精度要求较高的水准测量中，转点处应放置尺垫，以防止观测过程中水准尺下沉或位置发生变化而影响读数。

三脚架是水准仪的附件，用以安置水准仪，由木质（或金属）制成，脚架一般可伸缩，便于携带及调整仪器高度，使用时用中心连接螺旋与仪器固紧。

2.2.3　水准仪的使用

水准仪的操作包括安置仪器、粗略整平、瞄准水准尺、精确置平和读数等步骤。

1. 安置仪器

在测站上安置三脚架，调节架脚使高度适中，目估使架头大致水平，检查脚架伸缩螺旋是否拧紧。然后用连接螺旋把水准仪安置在三脚架头上，应用手扶住仪器，以防仪器从架头滑落。

2. 粗略整平（粗平）

粗平即初步整平仪器，通过调节3个脚螺旋使圆水准器气泡居中，从而使仪器的竖轴大致铅垂。具体做法是：如图2.10(a)所示，外围3个圆圈为脚螺旋，中间为圆水准器，虚线圆圈代表气泡所在位置，首先用双手按箭头所指方向转动脚螺旋1、2，使圆气泡移到这两个脚螺旋连线方向的中间，然后再按图2.10(b)中箭头所指方向，用左手转动脚螺旋3，使圆气泡居中（即位于黑圆圈中央）。在整平的过程中，气泡移动的方向与左手大拇指转动脚螺旋时的移动方向一致。

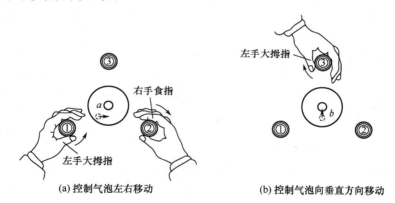

(a) 控制气泡左右移动　　　　　　　(b) 控制气泡向垂直方向移动

图2.10　圆水准器气泡整平

3. 瞄准水准尺

先将望远镜对着明亮背景，转动目镜调焦螺旋使十字丝成像清晰。再松开制动螺旋，转动望远镜，用望远镜筒上部的准星和照门大致对准水准尺后，拧紧制动螺旋。然后从望远镜内观察目标，调节物镜调焦螺旋，使水准尺成像清晰。最后用微动螺旋转动望远镜，使十字丝竖丝对准水准尺的中间稍偏一点，以便读数。瞄准时应注意消除视差。

产生视差的原因是目标通过物镜所成的像没有与十字丝平面重合。视差的存在将影响观测结果的准确性，应予以消除。消除视差的方法是仔细地反复进行目镜和物镜调焦，如图2.11所示。

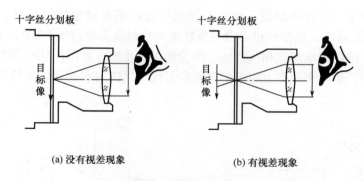

(a) 没有视差现象　　　　　(b) 有视差现象

图 2.11　视差现象

4. 精确整平(精平)

精确整平是调节微倾螺旋,使目镜左边观察窗内的附合水准器的气泡两个半边影像完全吻合,这时视准轴处于精确水平位置。由于气泡移动有一个惯性,所以转动微倾螺旋的速度不能太快。只有附合气泡两端影像完全吻合而又稳定不动后气泡才居中。

5. 读数

附合水准器气泡居中后,即可读取十字丝中丝截在水准尺上的读数。直接读出米、分米和厘米,估读出毫米(图 2.12)。读数时应从小数向大数读。观测者应先估读水准尺上毫米数(小于一格的估值),然后读出米、分米及厘米值,一般应读出 4 位数。读数应迅速、果断、准确,读数后应立即重新检视符合水准气泡是否仍旧居中,如仍居中,则读数有效,否则应重新使附合水准气泡居中后再读数。

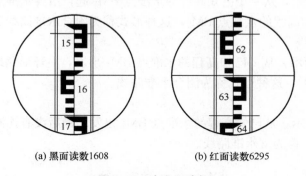

(a) 黑面读数1608　　　　　(b) 红面读数6295

图 2.12　水准尺读数

2.3　水准测量外业与检核

2.3.1　水准点与水准路线

1. 水准点

用水准测量方法测定的高程控制点称为水准点(Bench Make,BM)。水准点的位置应选在土质坚实、便于长期保存和使用方便的地方。水准点按其精度分为不同的等级。国家水准点分为 4 个等级,即一、二、三、四等水准点,按国家规范要求埋设永久性标石标志。地面水准点按一定规格埋设，在标石顶部设置有不易腐蚀的材料制成的半球状标志（图2.13a）；墙上水准点应按规格要求设置在永久性建筑物的墙脚上（图2.13b）。

地形测量中的图根水准点和一些施工测量使用的水准点常采用临时性标志，可用木桩或道钉打入地面，也可在地面上突出的坚硬岩石或房屋四周水泥面、台阶等处用油漆作出标志。

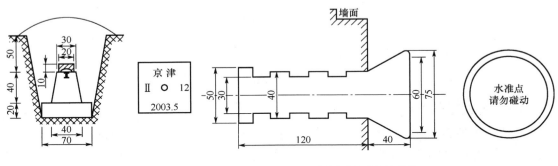

(a) 混凝土普通水准标石(单位：cm)　　　　　　(b) 墙角水准标志埋设(单位：mm)

图2.13　二、三等水准点标石埋设图

2. 水准路线

水准测量是按一定的路线进行的。将若干个水准点按施测前进的方向连接起来，称为水准路线。水准路线有附合路线、闭合路线和支水准路线（往返路线）。

1）附合水准路线

如图2.14(a)所示，从一个已知高程的水准点 BM_1 起，沿各水准点进行水准测量，最后连测到另一个已知高程的水准点 BM_2，这种形式称为附合水准路线。

2）闭合水准路线

如图2.14(b)所示，从一已知高程的水准点 BM_5 出发，沿环形路线进行水准测量，最后测回到水准点 BM_5，这种形式称为闭合水准路线。

3）支水准路线

如图2.14(c)所示，从已知高程的水准点 BM_8 出发，最后没有连测到另一已知水准点上，也未形成闭合，称为支水准路线。

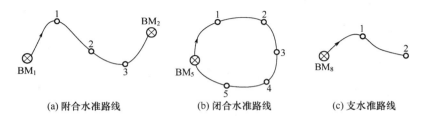

(a)附合水准路线　　　　　　(b)闭合水准路线　　　　　　(c)支水准路线

图2.14　水准路线的布设形式

2.3.2　水准测量实施

当已知水准点与待测高程点的距离较远或两点间高差很大、安置一次仪器无法测到两点高差时，就需要把两点间分成若干测站，连续安置仪器测出每站的高差，然后依次推算高差和高程。

　　如图 2.15 所示，水准点 BM_A 的高程为 158.365m，现拟测定 B 点高程，施测步骤如下所示。

　　在离 A 适当距离处选择点 TP_1，安放尺垫，在 A、1 两点分别竖立水准尺。在距 A 点和 1 点大致等距离处安置水准仪，瞄准后视点 A，精平后读得后视读数 a_1 为 1.568m，记入水准测量手簿(表 2 - 2)。旋转望远镜，瞄准前视点 1，精平后读得前视读数 b_1 为 1.245m，记入手簿。计算出 A、1 两点高差为 +0.323m。此为一个测站的工作。

　　点 1 的水准尺不动，将 A 点水准尺立于点 2 处，水准仪安置在 1、2 点之间，与上述相同的方法测出 1、2 点的高差，依次测至终点 B。

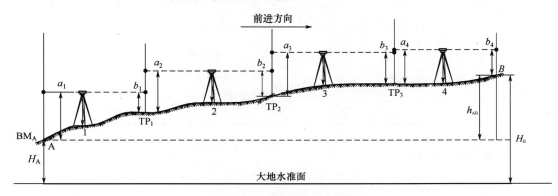

图 2.15　水准测量的实施方法

　　每一测站可测得前、后视两点间的高差，即

$$\left.\begin{array}{l} h_1 = a_1 - b_1 \\ h_2 = a_2 - b_2 \\ h_3 = a_3 - b_3 \\ h_4 = a_4 - b_4 \end{array}\right\} \qquad (2-7)$$

将各式相加，得

$$\sum h_{AB} = \sum h = \sum a - \sum b \qquad (2-8)$$

B 点高程为

$$H_B = H_A + \sum h_{AB} \qquad (2-9)$$

　　在上述施测过程中，点 1、2、3 是临时的立尺点，作为传递高程的过渡点，称为转点 (Turning Point，TP)。转点无固定标志，无须算出高程。

⏰ 特别提示

　　A、B 两点间增设的转点起着传递高程的作用。为了保证高程传递的正确性，在连续水准测量过程中不仅要选择土质稳固的地方作为转点位置(须安放尺垫)，而且在相邻测站的观测过程中要保持转点(尺垫)稳定不动；同时要尽可能保持各测站的前后视视距大致相等；还要通过调节前、后视距离，尽可能保持整条水准路线中的前视视距之和与后视视距之和相等，这样有利于消除(或减弱)地球曲率和某些仪器误差对高差的影响。

　　注意在每站观测时，应尽量保持前后视距相等，视距可由上下丝读数之差乘以 100 求得。每次读数时均应使附合水准气泡严密吻合，每个转点均应安放尺垫，但所有已知水准点和待求高程点上不能放置尺垫。

表 2-2　水准测量手簿

观测	测点	水准尺读数		高差	高程	备注
		后视 a	前视 b			
1	BM$_A$	1.568		+0.323	158.365	已知高程
	TP$_1$		1.245			
2	TP$_1$	1.689		+0.344		
	TP$_2$		1.345			
3	TP$_2$	2.025		+0.527		
	TP$_3$		1.498			
4	TP$_3$	1.258		+0.194	159.753	
	B		1.064			
计算 检核	$\sum$	$\sum a$ 6.540	$\sum b$ 5.152	$\sum h = +1.388$	$H_B - H_A =$ +1.388	
		$\sum a - \sum b = +1.388$				

2.3.3　水准测量的检核

1. 测站检核

在水准测量每一站测量时，任何一个观测数据出现错误都将导致所测高差不正确。为保证观测数据的正确性，通常采用变动仪高法或双面尺法进行测站检核。

1）变动仪高法

在每测站上测出两点高差后，改变仪器高度再测一次高差，两次高差之差不超过容许值（如图根水准测量容许值为±6mm），取其平均值作最后结果；若超过容许值，则需重测。

2）双面尺法

在每测站上，仪器高度不变，分别测出两点的黑面尺高差和红面尺高差。若同一水准尺红面读数与黑面读数之差，以及红面尺高差与黑面尺高差均在容许值范围内，取平均值作最后结果，否则应重测。

2. 计算检核

目的：检核计算高差和高程计算是否正确。

检核条件

$$\sum a - \sum b = \sum h = H_B - H_A$$

由表 2-2 可知

$$\sum a - \sum b = (6.540 - 5.152) = 1.388(\text{m})$$

$$\sum h = 1.388(\text{m})$$

$$H_B - H_A = 159.753 - 158.365 = 1.388(\text{m})$$

以上 3 个等式条件成立，说明本页计算正确，否则应重新计算，直至上述 3 个等式条件成立。

3. 成果检核

测站检核能检查每测站的观测数据是否存在错误，但有些错误，例如在转站时转点的位置被移动，测站检核是查不出来的。此外，每一测站的高差误差如果出现符号一致性，随着测站数的增多，误差积累起来，就有可能使高差总和的误差积累过大。因此，还必须对水准测量进行成果检核，其方法如下所示。

1）附合水准路线的成果检核方法

附合水准路线中各测站实测高差的代数和应等于两已知水准点间的高差。由于实测高差存在误差，使两者之间不完全相等，其差值称为高差闭合差 f_h，即

$$f_h = \sum h_{测} - (H_{终} - H_{始}) \qquad (2-10)$$

式中，$H_{终}$ 为附合路线终点高程；$H_{始}$ 为起点高程。

2）闭合水准路线的成果检核方法

闭合水准路线中各段高差的代数和应为零，但实测高差总和不一定为零，从而产生闭合差 f_h，即

$$f_h = \sum h_{测} \qquad (2-11)$$

3）支水准路线的成果检核方法

支水准路线要进行往、返测，往测高差总和与返测高差总和应大小相等符号相反。但实测值两者之间存在差值，即产生高差闭合差 f_h。

$$f_h = h_{往} + h_{返} \qquad (2-12)$$

往返测量即形成往返路线，其实质已与闭合路线相同，可按闭合路线计算。

高差闭合差是各种因素产生的测量误差，故闭合差的数值应该在容许值范围内，否则应检查原因，返工重测。

图根水准测量高差闭合差容许值为

平地　　　　　　　　$f_{h容} = \pm 40\sqrt{L}$ （mm）

山地　　　　　　　　$f_{h容} = \pm 12\sqrt{n}$ （mm） $\qquad (2-13)$

四等水准测量高差闭合差容许值为

平地　　　　　　　　$f_{h容} = \pm 20\sqrt{L}$ （mm）

山地　　　　　　　　$f_{h容} = \pm 6\sqrt{n}$ （mm） $\qquad (2-14)$

式（2-13）和式（2-14）中，L 为水准路线总长（以 km 为单位）；n 为测站数。

2.4　水准测量内业计算

2.4.1　附合水准路线测量成果计算

水准测量的成果计算首先要算出高差闭合差，它是衡量水准测量精度的重要指标。当高差闭合差在容许值范围内时，再对闭合差进行调整，求出改正后的高差，最后求出待测水准点的高程。下面通过实例介绍内业成果计算的方法与步骤。

【例2-1】　图 2.16 是根据水准测量手簿整理得到的观测数据，各测段高差和测站数如图所示。A、B 为已知高程水准点，1、2、3 点为待求高程的水准点。表 2-3 进行高差

闭合差的调整和高程计算。其步骤如下所示。

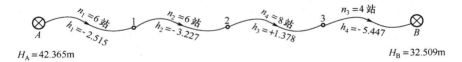

图2.16 附合水准路线计算图

1. 高差闭合差的计算

由式（2-10）得 $f_\mathrm{h} = \sum h_测 - (H_B - H_A) = -9.811 - (32.509 - 42.365) = +0.045(\mathrm{m})$
按山地及图根水准精度计算闭合差容许值为

$$f_\mathrm{h容} = \pm 12\sqrt{n} = \pm 12\sqrt{24} = \pm 58(\mathrm{mm})$$

$|f_\mathrm{h}| < |f_\mathrm{h容}|$，符合图根水准测量技术要求。

表2-3 附合水准路线成果计算

测点	测站数	实测高差/m	高差改正数/m	改正后的高差/m	高程/m	备注
A					42.365	
	6	−2.515	−0.011	−2.526		
1					39.839	
	6	−3.227	−0.011	−3.238		
2					36.601	
	8	+1.378	−0.015	+1.363		
3					37.964	
	4	−5.447	−0.008	−5.455		
B					32.509	
$\sum$	24	−9.811	−0.045	−9.856		
辅助计算	$f_\mathrm{h} = +45\mathrm{mm}$ $f_\mathrm{h容} = \pm 12\sqrt{24} = \pm 58\mathrm{mm}$					

2. 闭合差的调整

一般来说，水准路线越长或测站数越多，测量误差的积累就越大，闭合差也就越大，即误差与路线长度或测站数成正比。因此，高差闭合差的调整的原则和方法是将高差闭合差按测站数（或测段长度）成正比例，并反其符号分配到各相应测段的高差上，得改正后高差。即

$$v_i = \frac{-f_\mathrm{h}}{\sum n}n_i \ 或 \ v_i = \frac{-f_\mathrm{h}}{\sum l}l_i \qquad (2-15)$$

式中，n 为路线总测站数；n_i 为第 i 段测站数；L 为路线总长；l_i 为第 i 段距离。

由式（2-15）算出第1测段（$A-1$）的改正数为

$$V_1 = -\frac{0.045}{24} \times 6 = -0.011(\mathrm{m})$$

其他各测段改正数按式（2-15）算出后列入表2-3中。改正数的总和与高差闭合差大小相等符号相反。每测段实测高差加相应的改正数便得到改正后的高差。

即

$$h_{i\text{改}} = h_{i\text{测}} + V_i \qquad (2-16)$$

3. 计算各点高程

用每段改正后的高差，由已知水准点 A 开始，逐点算出各点高程，见表 2-3。由计算得到的 B 点高程应与 B 点的已知高程相等，以此作为计算检核。

2.4.2 闭合水准路线的成果计算

图 2.17 为顺时针进行方向的图根闭合水准路线，水准点 BM_A 的高程为 72.213m，1、2、3 为待定点，各段高差及测站数均注于图 2.17 中。现以图 2.17 为例说明计算步骤，并将计算成果列于表 2-4 相应栏内。

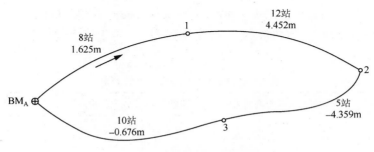

图 2.17 闭合水准测量路线

1. 填写观测数据

将图 2.17 中所注的各点号、测站数、实测高差及已知高程按测量进行方向的顺序依次填入表 2-4 相应栏内。

2. 计算高差闭合差和容许闭合差

$$f_h = \sum h_{\text{测}} = +0.042(\text{m})$$

$$f_{h\text{容}} = \pm 12\sqrt{n} = \pm 12\sqrt{35} = \pm 71(\text{mm})$$

$|f_h| < |f_{h\text{容}}|$，其精度符合要求，可以调整高差闭合差。

3. 高差闭合差的调整

利用式(2-15)计算各测段的高差闭合差的改正数。

$$v_i = \frac{-f_h}{\sum n} n_i$$

即

$$v_1 = -\frac{0.042}{35} \times 8 = -0.010(\text{m})$$

检核：$\sum v = -f_h$，即水准路线的改正数之和应与高差闭合差绝对值相等，符号相反。将各测段高差改正数分别填入表 2-4 相应"改正数"栏内。

4. 计算改正后高差

各测段改正后的高差等于实测高差加上相应的改正数，即

$$h_{i改}=h_{i测}+v_i$$
$$h_{1改}=h_{1测}+v_1=+1.625-0.010=+1.615(\mathrm{m})$$

检核：$\sum h_{改}=0$（闭合水准路线改正后高差总和应等于零）。

将各测段改正数分别填入表 2-4 中相应栏内。

5. 计算待定点的高程

从已知水准点 BM_A 的高程开始，逐一加上各测段改正后高差，即得各待定点高程，并填入表 2-4 相应栏内。例如

$$H_1=H_A+h_{1改}=72.213+1.615=73.828(\mathrm{m})$$
$$H_2=H_1+h_{2改}=73.828+3.438=77.266(\mathrm{m})$$
$$H_3=H_2+h_{3改}=77.266+(-4.365)=72.901(\mathrm{m})$$
$$H_A=H_3+h_{4改}=72.901+(-0.688)=72.213(\mathrm{m})$$

检核：$H_{A(推算)}=H_{A(已知)}$（推算的 A 点的高程 H_A 应等于该点的已知高程，若不相等，则说明高程计算有误）。

表 2-4　闭合水准路线成果计算表

测段编号	点号	测站数	实测高差/m	改正数/m	改正后的高差/m	高程/m	备注
1	2	3	4	5	6	7	
1	BM_A	8	+1.625	−0.010	+1.615	72.213	已知
2	1	12	+3.452	−0.014	+3.438	73.828	
3	2	5	−4.359	−0.006	−4.365	77.266	
4	3	10	−0.676	−0.012	−0.688	72.901	
Σ	BM_A	35	+0.042	−0.042	0	72.213	与已知高程相等
辅助计算	$f_h=\sum h_{测}=+0.042\mathrm{m}$ $f_{h容}=\pm12\sqrt{n}=\pm12\sqrt{35}=\pm71\mathrm{mm}$，每站的改正数$=-f_h/\sum n=-1.2\mathrm{mm}$ $\|f_h\|<\|f_{h容}\|$，精度合格　$\sum V=-42\mathrm{mm}$						

2.4.3　支水准路线的成果计算

图 2.18 为一支线水准路线，已知水准点 BM_A 的高程为 105.432m，1 为待测点，往、返测站总和为 16 站。

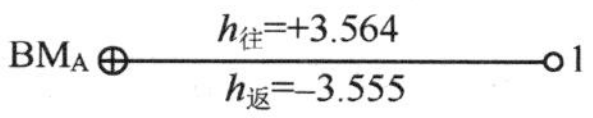

$$BM_A \oplus \xrightarrow[h_{返}=-3.555]{h_{往}=+3.564} \circ 1$$

图 2.18　支水准路线

1. 计算高差闭合差和容许闭合差

按式(2-12)计算高差闭合差为

$$f_h = \sum h_{往} + \sum h_{返} = 3.564 - 3.555 = +0.009(\text{m})$$

$$f_{h容} = \pm 12\sqrt{n} = \pm 12\sqrt{16} = \pm 48(\text{mm})$$

$|f_h| \leqslant |f_{h容}|$，其精度符合要求。

2. 计算平均高差

取往测和返测高差绝对值的平均值，作为 A、1 两点间的高差，其符号与往测符号相同，即

$$h_{A1} = \frac{3.564 + 3.555}{2} = 3.560(\text{m})$$

3. 计算待定点高程

$$H_1 = H_A + h_{A1} = 105.432 + 3.560 = 108.992(\text{m})$$

2.5　微倾式水准仪的检验与校正

水准仪检验就是查明仪器各轴线是否满足应有的几何条件，只有这样水准仪才能真正提供一条水平视线，正确地测定两点间的高差。如果不满足几何条件，且超出规定的范围，则应进行仪器校正，所以校正的目的是使仪器各轴线满足应有的几何条件。

2.5.1　水准仪的轴线及其应满足的几何条件

如图 2.19 所示，水准仪的轴线主要有：视准轴 CC，水准管轴 LL，圆水准轴 $L'L'$，仪器竖轴 VV。

根据水准测量原理，水准仪必须提供一条水平视线(即视准轴水平)，而视线是否水平是根据水准管气泡是否居中来判断的，如果水准管气泡居中，而视线不水平，则不符合水准测量原理。因此水准仪在轴线构造上应满足水准管轴平行于视准轴这个主要的几何条件。

此外，为了便于迅速有效地用微倾螺旋使符合气泡精确置平，应先用脚螺旋使圆水准器气泡居中，使仪器粗略整平，仪器竖轴基本处于铅垂位置，故水准仪还应满足圆水准器轴平行于仪器竖轴的几何条件；为了准确地用中丝(横丝)进行读数，当水准仪的竖轴铅垂时，中丝应当水平。

综上所述，水准仪轴线应满足的几何条件如下。

(1) 圆水准器轴应平行于仪器竖轴($L'L' /\!/ VV$)。

(2) 十字丝中丝应垂直于仪器竖轴(即中丝应水平)。

(3) 水准管轴应平行于视准轴($LL /\!/ CC$)。

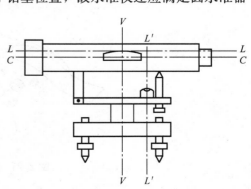

图 2.19　水准仪的轴线

2.5.2 水准仪的检验与校正

1. 圆水准器轴平行于仪器竖轴的检验校正

1）检验

安置仪器后，用脚螺旋调节圆水准器气泡居中，然后将望远镜绕竖轴旋转180°，若气泡仍居中，表示此项条件满足要求；若气泡不再居中，则应进行校正。

检验原理如图 2.20 所示。当圆水准器气泡居中时，圆水准器轴处于铅垂位置，若圆水准器轴与竖轴不平行，使竖轴与铅垂线之间出现倾角 δ（图 2.20(a)）。当望远镜绕倾斜的竖轴旋转180°后，仪器的竖轴位置并没有改变，而圆水准器轴却转到了竖轴的另一侧。这时，圆水准器轴与铅垂线夹角 2δ，则圆气泡偏离零点，其偏离零点的弧长所对的圆心角为 2δ（图 2.20(b)）。

2）校正

根据上述检验原理，校正时，用脚螺旋使气泡向零点方向移动偏离长度的一半，这时竖轴处于铅垂位置（图 2.20(c)）。然后再用校正针调整圆水准器下面的 3 个校正螺钉，使气泡居中。这时，圆水准器轴便平行于仪器竖轴（图 2.20(d)）。

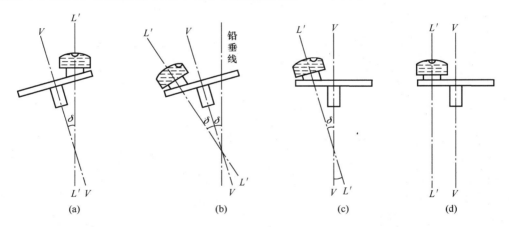

图 2.20 圆水准器检验校正原理

圆水准器下面的校正螺钉构造如图 2.21 所示。校正时，一般要反复进行数次，直到仪器旋转到任何位置圆水准器气泡都居中为止。

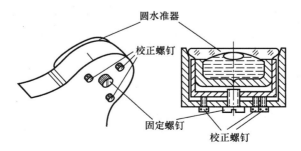

图 2.21 圆水准器的校正螺钉

2. 十字丝横丝垂直仪器竖轴的检验与校正

1) 检验

水准仪整平后，先用十字丝横丝的一端对准一个点状目标，如图 2.22(a)的 P 点，拧紧制动螺旋，然后用微动螺旋缓缓地转动望远镜。若 P 点始终在横丝上移动(图 2.22(b))，说明此条件满足；若 P 点移动的轨迹离开了横丝(图 2.22(c)、(d))，则条件不满足，需要校正。

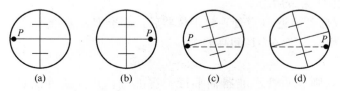

图 2.22   圆水准器十字丝检验校正原理

2) 校正

校正方法因十字丝分划板座安置的形式不同而异。其中一种十字丝分划板的安置将其固定在目镜筒内，目镜筒插入物镜筒后，再由 3 个固定螺钉与物镜筒连接。校正时，用螺丝刀放松 3 个固定螺钉，然后转动目镜筒，使横丝水平(图 2.23)。最后将 3 个固定螺钉拧紧。

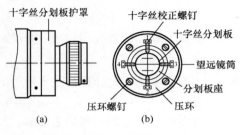

图 2.23   十字丝的校正

3. 水准管轴平行于视准轴的检验与校正

1) 检验原理与方法

设水准管轴不平行于视准轴，它们在竖直面内投影之夹角为 i，如图 2.24 所示。当水准管气泡居中时，视准轴相对于水平线方向向上(有时向下)倾斜了 i 角，则视线(视准轴)在尺上读数偏差 x，当前、后视相等时，则所求高差不受影响。前、后视距的差距增大，则 i 角误差对高差的影响也会随之增大。基于这种分析，提出以下检验方法。

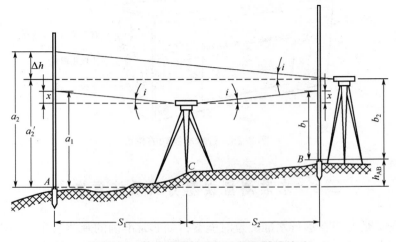

图 2.24   管水准器轴平行于视准轴的检验

（1）在平坦地区选择相距约80m的A、B两点（可打下木桩或安放尺垫），并在A、B两点中间处选择一点C，且使$S_1=S_2$。

（2）将水准仪安置于C点处，分别在A、B两点上竖立水准尺，读数为a_1和b_1，因$S_1=S_2$，故A、B两点处x值相等，则A、B两点间正确高差为

$$h_{AB}=(a_1-x)-(b_1-x)=a_1-b_1 \qquad (2-17)$$

为了确保观测的正确性也可用两次仪高法测定高差h_{AB}，若两次测得高差之差不超过3mm，则取平均值作为最后结果。

（3）将水准仪搬到靠近B点处，整平仪器后，瞄准B点水准尺，读数为b_2，再瞄准A点水准尺，读数为a_2，则A、B间高差h'_{AB}为

$$h'_{AB}=a_2-b_2 \qquad (2-18)$$

若$h'_{AB}=h_{AB}$，则表明管水准器轴平行于视准轴，几何条件满足。若$h'_{AB}\neq h_{AB}$，则计算

$$i''=\frac{h'_{AB}-h_{AB}}{D_{AB}}\rho'' \qquad (2-19)$$

如果i角大于$20''$，则需要进行校正。其中$\rho''=206265''$。

2）校正方法

水准仪不动，先计算视线水平时A尺（远尺）上应有的正确读数a'_2，即

$$a'_2=b_2+h_{AB}=b_2+(a_1-b_1) \qquad (2-20)$$

若$a_2>a'_2$，说明视线向上倾斜；反之向下倾斜。瞄准A尺，旋转微倾螺旋，使十字丝中丝对准A尺上的正确读数a'_2，此时符合水准气泡就不再居中了，但视线已处于水平位置。用校正针拨动位于目镜端的水准管上、下两个校正螺丝，如图2.25所示，使符合水准气泡严密居中。此时，水准管轴也处于水平位置，达到了水准管轴平行于视准轴的要求。

校正时，应先松动左右两个校正螺丝，再根据气泡偏离情况，遵循"先松后紧"规则，拨动上、下两个校正螺丝，使符合气泡居中，校正完毕后，再重新固紧左右两个校正螺丝。

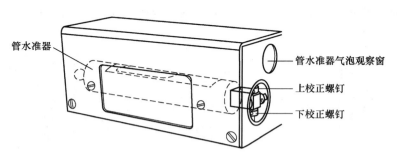

图2.25 管水准器轴的校正

2.6 水准测量误差分析及注意事项

测量人员总是希望在进行水准测量时能够得到非常准确的观测数据，但由于使用的水准仪不可能完美无缺，观测人员的感官也有一定的局限，再加上野外观测必定要受到外界环境的影响，使水准测量中不可避免地存在着误差。为了保证应有的观测精度，测量人员

应对水准测量误差产生的原因以及如何将误差控制在最小范围内的方法有所了解。尤其要避免读数错误、听错、错记、碰动脚架或尺垫等观测错误。

水准测量误差按其来源可分为：仪器误差、观测与操作者的误差以及外界环境的影响3个方面。

2.6.1　仪器误差

1. 仪器校正后的残余误差

水准仪经过校正后，不可能绝对满足水准管轴平行视准轴的条件，因而使读数产生误差。此项误差与仪器至立尺点距离成正比。在测量中，使前、后视距离相等，在高差计算中就可消除该项误差的影响。

2. 水准尺误差

该项误差包括水准尺长度变化、刻划误差和零点误差等。此项误差主要会影响水准测量的精度，因此，不同精度等级的水准测量对水准尺有不同的要求。精密水准测量应对水准尺进行检定，并对读数进行尺长误差改正。零点误差在成对使用水准尺时可采取设置偶数测站的方法来消除，也可在前、后视中使用同一根水准尺来消除。

2.6.2　观测误差

1. 水准尺读数误差

此项误差主要由观测者瞄准误差、符合水准气泡居中误差以及估读误差等综合影响所致，这是一项不可避免的偶然误差。对于 S_3 型水准仪，望远镜放大率 V 一般为 28 倍，水准管分划值 $\tau = 20''/2\text{mm}$，当视距 $D = 100\text{m}$ 时，其照准误差 m_1 和符合水准气泡居中误差 m_2 可由下式计算。

$$m_1 = \pm\frac{60''}{V} \cdot \frac{D}{\rho''} = \pm\frac{60''}{28} \times \frac{100 \times 10^3}{206265''} = \pm 1.04(\text{mm})$$

$$m_2 = \pm\frac{0.15\tau}{2\rho}D = \pm\frac{0.15 \times 20''}{2 \times 206265''} \times 100 \times 10^3 = 0.73(\text{mm})$$

若取估读误差 $m_3 = \pm 1.5\text{mm}$，则水准尺上读数误差为

$$m = \sqrt{m_1^2 + m_2^2 + m_3^2} = \pm 2(\text{mm})$$

因此观测者应认真读数与操作，以尽量减少此项误差的影响。

2. 水准尺竖立不直(倾斜)的误差

根据水准测量的原理，水准尺必须竖直立在点上，否则总会使水准尺上读数增大。这种影响随着视线的抬高(即读数增大)，其影响也随之增大。例如，当水准尺竖立不直，倾斜角 $\alpha = 3°$，视线离开尺底(即尺上读数)为 2m 时，则对读数影响为

$$\delta = 2\text{m} \times (1 - \cos\alpha) \approx 2.7\text{mm}$$

因此，一般在水准尺上安装有圆水准器，扶尺者操作时应注意使尺上圆气泡居中，表明水准尺竖直。如果水准尺上没有安装圆水准器，可采用摇尺法，使水准尺缓缓地向前、后倾斜，当观测者读取到最小读数时，即为水准尺竖直时的读数，水准尺左右倾斜可由仪器观测者指挥持尺员纠正。

2.6.3 外界条件影响

1. 仪器下沉

仪器安置在土质松软的地方，在观测过程中会产生下沉。若观测程序是先读后视再读前视，显然前视读数比应读数减小了。用双面尺法进行测站检核时，采用"后、前、前、后"的观测顺序可减小其影响。此外，应选择坚实的地面作测站，并将脚架踏实。

2. 尺垫下沉

仪器搬站时，尺垫下沉会使后视读数比应读数增大。所以转点也应选在坚实地面并将尺垫踏实。

3. 地球曲率的影响

如图 2.26 所示，水准测量时，水平视线在尺上的读数为 b，理论上应改算为相应水准面截于水准尺的读数 b'，两者的差值 c 称为地球曲率差。

$$c = \frac{D^2}{2R} \qquad (2-21)$$

式中，D 为视线长；R 为地球半径，取 6371km。

水准测量中，当前、后视距相等时，通过高差计算可消除该误差对高差的影响。

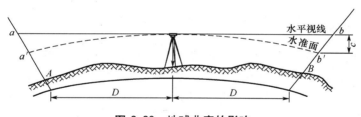

图 2.26 地球曲率的影响

4. 大气折光影响

由于地面上空气密度不均匀，使光线发生折射，因而水准测量中，实际的尺读数不是水平视线的读数，而是一向下弯曲视线的读数。两者之差称为大气折光差，用 γ 表示。在稳定的气象条件下，大气折光差约为地球曲率差的 1/7，即

$$\gamma = \frac{1}{7}c = 0.07\frac{D^2}{R} \qquad (2-22)$$

这项误差对高差的影响也可采用前、后视距相等的方法来消除。精密水准测量还应选择良好的观测时间(一般认为在日出后或日落前 2h 为好)，并控制视线高出地面一定距离，以避免视线发生不规则折射引起的误差。

地球曲率差和大气折光差是同时存在的，两者对读数的共同影响可用式（2-23）计算。

$$f = c - \gamma = 0.43\frac{D^2}{R} \qquad (2-23)$$

5. 温度的影响

温度的变化会引起大气折光变化，造成水准尺影像在望远镜内十字丝面内上、下跳

动，难以读数。烈日直晒仪器会影响水准管气泡居中，造成测量误差。因此水准测量时，应撑伞保护仪器，选择有利的观测时间。

2.6.4　水准测量注意事项

水准测量是一项集观测、记录及扶尺为一体的测量工作，只有全体参加人员认真负责，按规定要求仔细观测与操作，才能取得良好的成果。归纳起来应注意如下几点。

1. 观测

(1) 观测前应认真按要求检校水准仪，检定水准尺。

(2) 仪器应安置在土质坚实处，并踩实三脚架。

(3) 水准仪至前、后视水准尺的视距应尽可能相等。

(4) 每次读数前，注意消除视差，只有当符合水准气泡居中后，才能读数，读数应迅速、果断、准确，特别应认真估读毫米数。

(5) 晴好天气，仪器应打伞防晒，操作时应细心认真，做到"人不离仪器"，使之安全。

(6) 只有当一测站记录计算合格后方能搬站，搬站时先检查仪器连接螺旋是否固紧，一手扶托仪器，一手握住脚架稳步前进。

2. 记录

(1) 认真记录，边记边复报数字，准确无误地记入记录手簿相应栏内，严禁伪造和转抄。

(2) 字体要端正、清楚，不准在原数字上涂改，不准用橡皮擦改，如按规定可以改正时，应在原数字上划线后再在上方重写。

(3) 每站应当场计算，检查符合要求后，才能通知观测者搬站。

3. 扶尺

(1) 扶尺员应认真竖立水准尺，注意保持尺上圆气泡居中。

(2) 转点应选择土质坚实处，并将尺垫踩实。

(3) 水准仪搬站时，要注意保护好原前视点尺垫位置不受碰动。

2.7　精密水准仪简介

测量中将 S_{05} 型（如威特 N_3，蔡司 Ni004）和 S_1 型（如蔡司 Ni007、国产 DS_1）水准仪作为精密水准仪，并配有相应的精密水准尺。精密水准仪用于国家一等、二等水准测量，大型工程建筑物施工及变形测量以及地下建筑测量、城镇与建（构）筑物沉降观测等。

精密水准仪的构造与 DS_3 水准仪基本相同。其主要区别是装有光学测微器。此外，精密水准仪较 DS_3 水准仪有更好的光学和结构性能，如望远镜孔径大于 40mm，放大率达 40 倍，符合水准管分划值为 $(6''\sim10'')/2mm$，同时具有仪器结构坚固，水准管轴与视准轴关系稳定等特点。精密水准仪应与精密水准尺配合使用。图 2.27 所示为徕卡新 N3 型精密水准仪。

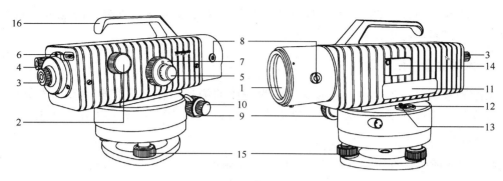

图 2.27　徕卡新 N3 型精密水准仪

1—物镜；2—物镜调焦螺旋；3—目镜；4—测策心尖与管水准器气泡观察窗；5—微倾螺旋；

6—微倾螺旋行程指示器；7—平行玻璃板测位螺旋；8—平行玻璃板旋转轴；9—制动螺旋；10—微动螺旋；

11—管水准器照明窗口；12—圆水准器；13—圆水准器校正螺丝；14—圆水准器观察装置；15—脚螺旋；16—手柄

　　光学测微器的构造如图 2.28 所示。在水准仪物镜前装有一可转动的平行玻璃板 P，其转动的轴线与视准轴垂直相交，平行玻璃板与测微分划尺之间用带有齿条的传动杆连接。当旋转测微螺旋时，传动杆推动平行玻璃板绕其轴 O 前后倾斜，视线通过平行玻璃板产生平行移动，移动的数值由测微分划尺读数反映出来。测微分划尺有 100 个分格，与水准尺上的分划值相对应，若水准尺上的分划值为 1cm，则测微分划尺能直接读到 0.1mm。

　　测微分划尺读数原理如图 2.28 所示。当平板玻璃与水平的视准轴垂直时，视线不受平行玻璃的影响，对准水准尺的 A 处，即读数为 148(cm)$+a$。为了精确读出 a 的值，需转动测微轮使平行玻璃板倾斜一个小角，视线经平行玻璃板的作用而上、下移动，准确对准水准尺上 148cm 分划后，再从读数显微镜中读取 a 值，从而得到水平视线的读数。

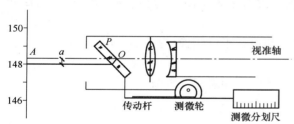

图 2.28　光学测微器的构造及读数

　　图 2.29 为国产 DS$_1$ 型精密水准仪，其望远镜放大率为 40 倍，水准管分划值为 $10''/2mm$，转动水准仪测微螺旋可以使水平视线在 5mm 范围内作平行移动(安有平板玻璃测微器装置)，测微器的分划值为 0.05mm，共有分划 100 格。

图 2.29　DS$_1$ 型精密水准仪

　　望远镜目镜视场中见到的水准尺影像如图 2.30 所示，视场左侧为水准管气泡的影像，目镜右下方为测微器读数显微镜。作业时，先转动微倾螺旋使附合水准气泡居中，再转动测微螺旋用楔形丝精确地夹准水准尺上某一整分划，如在图 2.30 视场中，读出水准尺上整分划读数为 197(197cm)，然后从测微器读数显微镜中读出尾数值为 152(0.152cm)，其末位 2 为估读数(即 0.02mm)，全部读数为 197.152cm。由于国产 DS$_1$ 型水准仪配套是 5mm 分划的水准尺，为了便于读数，尺上注字和观测时的读数值均比实际扩大一倍，因此实际读数应为 197.152÷2＝98.576cm＝0.98576m。在水准测量中，仍可按上述方法读数，把计算得到的高差除以 2，即得真正高差值。

　　图 2.31 是威特 N3 精密水准仪望远镜目镜视场及测微器显微镜视场。N3 水准仪望远镜放大率为 42 倍，水准管分划值为 6″/2mm，转动测微螺旋可使水平视线在 10mm 范围内作平行移动，测微器分划值为 0.1mm，共有 100 个分划格。作业时，也是先转动微倾螺旋使附合气泡居中，如图 2.31 所示，再转动测微螺旋用楔形丝精确夹准水准尺上某一整分划(如基本分划)，其读数为 148(148cm)，再在测微器上读出尾数值为 650(0.650cm)，故基本分划全部读数为 148.650cm。由于 N3 水准仪配套 10mm 分划水准尺，并有基本分划(图 2.31 左侧)和辅助分划(图 2.31 右侧)之分。因此，读得全部读数即为实际读数(基本分划)。同理，也可读得辅助分划的读数。对于 N3 水准仪配套的水准尺，其辅助分划读数与基本分划读数(同一水平视线时)之差为某一常数(301.550cm)。具体操作详见仪器说明书。

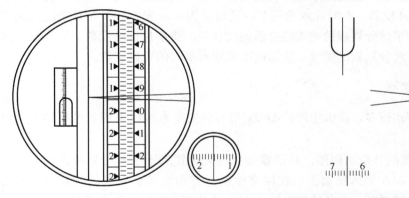

图 2.30　DS$_1$ 型水准仪视场　　　　　图 2.31　N3 水准仪目镜及测微器显微镜视场

　　精密水准尺是在木质或金属尺身槽内置一铟瓦合金带，在带上标有分划线，数字注在周边木尺或金属尺上，尺上两排分划彼此错开，分划宽度有 10mm 和 5mm 两种。图 2.30 所示水准尺属 5mm 分划的水准尺，注记从尺底零开始，直至 4m 或 6m。图 2.31 所示水准尺属 10mm 分划的水准尺，注记左排从尺底零开始，直至 2m 或 3m(称为基本分划)；右排从尺底 3.01550m 开始，直至 5.01550m 或 6.01550m(称为辅助分划)。精密水准尺比一般水准尺准确，同时应注意与所使用的精密水准仪配套。

2.8　自动安平水准仪和激光扫平仪

2.8.1　自动安平水准仪的基本原理

　　自动安平水准仪是用设置在望远镜内的自动补偿器代替水准管，观测时，只需将水准

仪上的圆水准器气泡居中，便可通过中丝读到水平视线在水准尺上的读数。由于仪器不用调节水准管气泡居中，从而简化了操作，提高了观测速度。

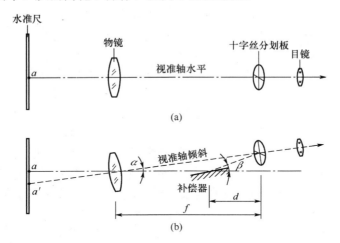

图 2.32　自动安平水准仪原理

自动安平原理如图 2.32 所示。当视准轴水平时，设在水准尺上的正确读数为 a，因为没有管水准器和微倾螺旋，依据圆水准器将仪器粗平后，视准轴相对于水平面将有微小的倾斜角 α。如果没有补偿器，此时在水准尺上的读数设为 a'；当在物镜和目镜之间设置有补偿器后，进入到十字丝分划板的光线将全部偏转 β 角，使来自正确读数 a 的光线经过补偿器后正好通过十字丝分划板的横丝，从而读出视线水平时的正确读数。

2.8.2　自动安平补偿器

补偿器的结构形式较多，我国生产的 DSZ_3 型自动安平水准仪采用悬吊棱镜组借助重力作用达到补偿。

图 2.33 为该仪器的补偿结构图。补偿器装在对光透镜和十字丝分划板之间，其结构是将一个屋脊棱镜固定在望远镜筒上，在屋脊棱镜下方用交叉金属丝悬吊着两块直角棱镜。当望远镜有微小倾斜时，直角棱镜在重力 P 的作用下与望远镜作相反的偏转。空气阻尼器的作用是使悬吊的两块直角棱镜迅速处于静止状态（在 1～2s 内）。

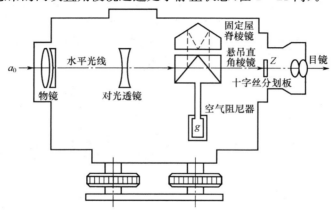

图 2.33　DSZ_3 型自动安平水准仪构造

当仪器处于水平状态、视准轴水平时，水平光线与视准轴重合，不发生任何偏转。如图 2.33 所示，水平光线进入物镜后经第一个直角棱镜反射到屋脊棱镜，在屋脊棱镜内作 3 次反射，到达另一个直角棱镜，又被反射一次，最后水平光线通过十字丝交点 Z，这时可读到视线水平时的读数 a_0。

当望远镜倾斜了一个小角 α 时（图 2.34、图 2.35），屋脊棱镜也随之倾斜 α 角，两个直角棱镜在重力作用下相对望远镜的倾斜方向沿反方向偏转 α 角。这时，经过物镜的水平光线经过第一个直角棱镜后产生 2α 的偏转，再经过屋脊棱镜，在屋脊棱镜内作 3 次反射，到达另一个直角棱镜后又产生 2α 的偏转，水平光线通过补偿器产生两次偏转的和为 $\beta = 4\alpha$。要使能过补偿器偏转后的光线经过十字丝交点 Z，将补偿器安置在距十字丝交点 Z 的 $f/4$ 处，便可使水平视线的读数 a_0 正好落在十字丝交点上，从而达到自动安平的目的。使用自动安平水准仪观测时，在安置好仪器、将圆水准器气泡居中后，即可瞄水准尺，直接读出水准尺读数。

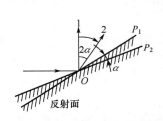

图 2.34　平面镜全反射原理图

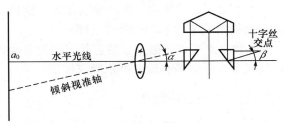

图 2.35　自动安平原理

2.8.3　激光扫平仪

激光扫平仪是一种新型的自动安平平面的定位仪器。这种仪器根据置在仪器内的激光器发射橙红色激光束进行扫描，从而形成一个可见的激光水平面，用专用测尺可测定任意点的标高，特别适用于施工测量，各垫层或层面的抄平工作中。

图 2.36 所示是我国生产的 ZPJP - 771 型自动安平激光扫平仪。氦氖激光管竖直安装在仪器内，用万向支架悬吊在望远镜下面，使之能自由摆动，在重力作用下处于铅垂位置，阻尼器的作用可使激光管尽快静止。当仪器精确整平后，激光束通过非调焦望远镜处于竖直方向，经过扫描头内的五棱镜折射成水平的激光束。五棱镜在电动机驱动下旋转时，便连续地扫描出可见的激光水平面。借助专用标尺可在扫描范围内测出任意点的标高。仪器一经安置好，就无须人工继续操作，提高了工效及整体精度。

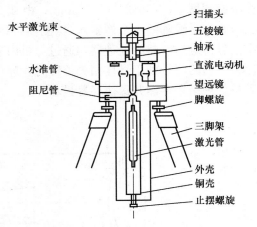

图 2.36　ZPJP - 771 型自动安平激光扫平仪构造

2.9 数字水准仪和条码水准尺

2.9.1 概述

数字水准仪(Digital Level)是在仪器望远镜光路中增加了分光镜和光电探测器(CCD阵列)等部件,采用条形码分划水准尺(Coding Level Staff)和图像处理电子系统构成光、机、电及信息存储与处理的一体化水准测量系统。与光学水准仪相比,数字水准仪有以下特点。

(1)用自动电子读数代替人工读数,不存在读错、记错等问题,没有人为读数误差。

(2)精度高,多条码(等效为多分划)测量,削弱标尺分划误差,自动多次测量,削弱外界环境变化的影响。

(3)速度快、效率高,实现自动记录、检核、处理和存储,可实现水准测量从外业数据采集到最后成果计算的内外业一体化。

(4)数字水准仪一般是设置有补偿器的自动安平水准仪,当采用普通水准尺时,数字水准仪又可当做普通自动安平水准仪使用。

2.9.2 数字水准仪的原理

数字水准仪的关键技术是自动电子读数及数据处理,目前各厂家采用了原理上相差较大的3种数据处理算法方案,如瑞士徕卡 NA 系列采用相关法;德国蔡司 DiNi 系列采用几何法;日本托普康 DL 系列采用相位法,3种方法各有优势。图 2.37 为采用相关法的徕卡 NA3003 数字水准仪的机械光学结构图。当用望远镜照准标尺并调焦后,标尺上的条形码影像入射到分光镜上,分光镜将其分为可见光和红外光两部分,可见光影像成像在分划板上,供目视观测;红外光影像成像在电荷耦合器件(Charge-Coupled Device,CCD)线阵光电探测器上(探测器长约 6.5mm,由 256 个口径为 $25\mu m$ 的光敏二极管组成,一个光敏二极管就是线阵的一个像素),探测器将接收到的光图像先转换成模拟信号,再转换为数字信号传送给仪器的处理器,通过与机内事先存储好的标尺条形码本源数字信息进行相关比较,当两信号处于最佳相关位置时,即可获得水准尺上的水平视线读数和视距读数,最后将处理结果存储并送往屏幕显示。

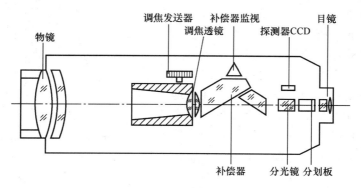

图 2.37　徕卡数字水准仪测量原理

2.9.3　条码水准尺

与数字水准仪配套的条码水准尺一般为因瓦带尺、玻璃钢或铝合金制成的单面或双面尺，形式有直尺和折叠尺两种，规格有1、2、3、4、5m几种，尺子的分划一面为二进制伪随机码分划线（配徕卡仪器）或规则分划线（配蔡司仪器），其外形类似于一般商品外包装上印制的条纹码。图2.38为与徕卡数字水准仪配套的条码水准尺，它用于数字水准测量；双面尺的另一面为长度单位的分划线，用于普通水准测量。

图2.38　条码水准尺

2.9.4　徕卡DNA03中文精密数字水准仪简介

1990年，徕卡在世界上首次推出了第一代精密数字水准仪NA3003，现在又在NA3003的基础上推出了第二代精密数字水准仪DNA03，如图2.39所示。其中销往我国市场的DNA03的显示界面全部为中文，同时内置了适合我国测量规范的观测程序。

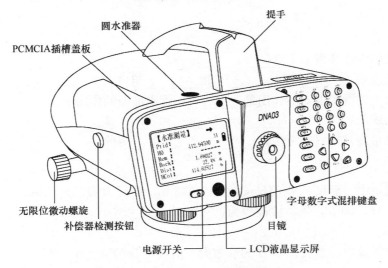

图2.39　徕卡DNA03中文数字水准尺

DNA03的主要技术参数如下所示。

精度：0.3mm/km（采用因瓦水准尺）。最小读数：0.01mm。测距精度：1cm/20m。内存：可以存储1650组测站数据或6000个测量数据。补偿器：磁性阻尼补偿器。补偿范围：$\pm 8'$。补偿精度：$\pm 0.3''$。单次测量时间：3s。GEB电池：连续测量12h。为确保外业观测数据的安全，DNA03上还插有一个PCMCIA闪存卡，全部测量数据同时保存在仪器内存和PCMCIA卡中。

与NA3003比较，DNA03有以下特点。

(1) 280×160像素的大屏幕LCD显示屏，一屏可以显示8行×15列共120个汉字。

(2) 流线型外观设计，降低了风阻的影响。

(3) 新型磁性阻尼补偿器，提高了补偿精度。

（4）在多种测量模式中选择适当的测量模式，可以在不利的外界环境下获得满意的结果。

（5）可选购 Level - Adj 中文水准平差软件，实现外业观测数据的全自动处理。Level - Adj 软件完全根据我国水准网严密平差规则编制，采用 Access 数据库储存和管理数据。

本 项 目 小 结

本项目主要教学任务包括水准测量原理、水准仪的构造及使用、水准测量的施测方法、水准测量成果计算及水准仪的检验与校正、精密水准仪简介、自动安平水准仪和激光扫平仪、数字水准仪和条码水准尺的简介。

本项目的教学目标是了解水准测量的原理，了解水准仪的构造，掌握水准仪的使用方法，学会用水准测量方法求得地面点的高程，掌握水准仪的检验与校正方法，熟悉精密水准仪的作用和实际用途。

习 题

一、填空题

1. 水准仪的操作步骤是_____、_____、_____和_____。

2. 水准仪主要由_____、_____和_____组成。

3. 水准仪上的圆水准器的作用是_____；管水准器的作用是_____。

4. 水准路线的布设形式_____，_____和_____。

5. 水准测量测站检核的方法有_____和_____两种。

二、选择题

1. 水准测量中，后尺 A 点的尺读数是 2.713 m，前尺 B 点的尺读数是 1.401m，已知 A 点的高程为 15.000 m，则视线高程为（　　）m。

A. 13.688　　　　B. 16.312　　　　C. 16.401　　　　D. 17.713

2. 在水准测量中，若后视点 A 的读数大，前视点 B 的读数小，则有（　　）。

A. A 点比 B 点低　　　　　　　　B. A 点比 B 点高

C. A 点与 B 点可能同高　　　　　D. A、B 点的高差取决于仪器高度

3. 水准仪的（　　）应平行于仪器竖轴。

A. 视准轴　　　　　　　　　　　B. 十字丝横丝

C. 圆水准器轴　　　　　　　　　D. 管水准器轴

4. 水准测量时，尺垫应该指在（　　）上。

A. 水准点　　　　　　　　　　　B. 转点

C. 土质松软的水准点上　　　　　D. 需要立尺的所有点上

三、简答题

1. 什么叫后视点、前视点及转点？什么叫后视读数、前视读数？

2. 什么叫视差？产生视差的原因是什么？如何消除视差？

3. 水准仪上的圆水准器与附合水准器各起什么作用? 当圆水准器气泡居中时, 附合水准器的气泡是否也吻合? 为什么?

4. 在一个测站的观测过程中, 当读完后视读数、继续照准前视点读数时, 发现圆水准器气泡偏离零点, 此时能否转动脚螺旋使气泡居中, 继续观测前视点? 为什么?

5. 水准测量中, 要做哪几方面的检核? 并详细说明。

6. 将水准仪安置于距前、后尺大致相等处进行观测, 可以消除哪些误差影响?

7. 水准测量中产生误差的原因有哪几方面? 哪些误差可以通过适当的观测方法或经过计算, 求出改正值加以减弱以至消除?

四、计算题

1. 用水准测量的方法测定 A、B 两点间高差, 已知 A 点高程 $H_A = 75.543$m, A 点水准尺读数为 0.785m, B 点水准尺读数为 1.764m。计算 A、B 两点间高差 h_{AB} 是多少? B 点高程 H_B 是多少? 并绘图说明。

2. 根据表 2-5 水准测量数据, 计算 B 点高程, 并绘图表示地面的起伏情况。

表 2-5　水准测量记录手簿(高差法)

测点	后视读数 /m	前视读数 /m	高差/m		高　程 /m
			+	−	
BM$_1$	1.666				165.000
TP$_1$	1.545	2.006			
TP$_2$	1.512	1.003			
TP$_3$	1.642	0.555			
B		1.747			
Σ					
计算校核					

3. 根据图 2.40 所示的等外附合水准路线的观测成果, 计算各点的高程, 并将计算过程填入表 2-6 中。

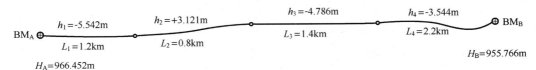

图 2.40　题 3 图

表 2-6　附合水准测量成果计算表

测段编号	测点	距离/m	实测高差/m	改正数/m	改正后高差/m	高程/m	备　注
1	BM$_A$						
2	1						
3	2						
4	3						
Σ	BM$_B$						
辅助计算							

4. 调整图 2.41 所示的等外闭合水准路线的观测成果，并计算各点的高程，并将计算过程填表 2-7 中。

表 2-7　闭合水准测量成果计算表

测段编号	测点	测站数	实测高差/m	改正数/m	改正后高差/m	高程/m	备　注
1	BM$_{12}$					48.672	
2	4						
3	5						
4	6						
5	7						
Σ	BM$_{12}$						
辅助计算							

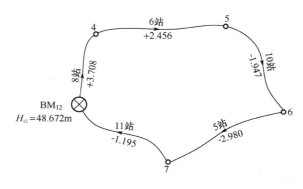

图 2.41　题 4 图

5. 设地面有 A、B 两点相距 80m，仪器在 A、B 两点的中间，测得高差 $h_{AB}=+0.468$m，现将仪器搬到距 B 点 3 m 附近处，测得 A 尺读数为 1.694m，B 尺读数为 1.266m。问：

（1）A、B 两点正确高差为多少？

（2）视准轴与水准管轴的夹角 i 为多少？

（3）如何将视线调水平？

（4）如何使仪器满足水准管轴平行于视准轴？

项目3

角度测量

⊗学习目标

通过学习经纬仪的操作及使用方法，了解经纬仪的结构和测角原理。掌握水平角和竖直角的测量方法，学会检验和校正经纬仪及如何减小测角误差。

⊗学习要求

能 力 目 标	知 识 要 点	权　重	自测分数
了解光学经纬仪构造	经纬仪的结构和水平角、竖直角的测角原理	30％	
掌握水平角和竖直角的测量方法	水平角和竖直角的测量方法及成果处理方法	40％	
学会检验和校正经纬仪	经纬仪的内部结构关系及检验和校正经纬仪方法	30％	

⊗学习重点

水平角和竖直角测量原理、观测、计算方法，经纬仪构造、使用和检验方法

⊗最新标准

《工程测量规范》（GB 50026—2007）

在测量工作中，经常会遇到这种问题，已知地面上两点 A、B 的位置（即坐标和高程），现有一个地面点 C 的位置（坐标和高程）需要确定出来。那么，要解决这个问题，人们必然会想到先把 A、B、C 这 3 点构成三角形，然后，利用在中学学过的三角形和三角函数关系式，通过计算来求得。要计算就需要先知道三角形的内角和边长，那么，内角怎么得到呢？下面就在本项目中，介绍如何进行角度测量，至于边长如何测量将在项目 4 中再介绍。

3.1 角度测量原理

角度测量是测量的三项基本工作之一，包括水平角测量和竖直角测量。水平角测量是用于确定点的平面位置（即坐标），竖直角测量是用于确定两点间的高差或将倾斜距离转化成水平距离。

3.1.1 水平角测量原理

地面上一点到两个目标点的方向线，垂直投影到水平面上所形成的角称为水平角，用 β 表示。也就是说，任意两方向间的水平角，是通过该两方向的竖直面之间的二面角。

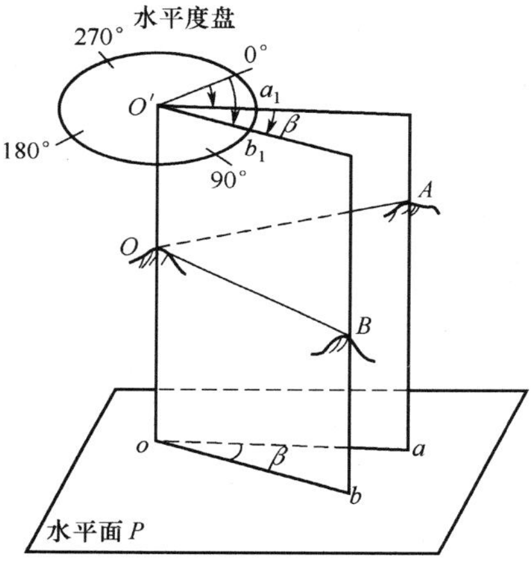

如图 3.1 所示，A、O、B 为地面上任意 3 点，将 A、O、B 这 3 点铅垂线方向投影到水平面 P，得到相应的 a、o、b 这 3 点，则水平投影线 oa 与 ob 的夹角 β，就是地面上 OA、OB 两方向线之间的水平角。

为了测出水平角的大小，可以设想，在过 O 点的铅垂线上水平安置一个刻度盘，刻度盘上有顺时针方向注记的 $0°\sim360°$ 刻度，投影到水平刻度上，得读数 a_1，过 OB 方向线沿竖直面投影倒水平度盘上得读数 b_1，则水平角 β 为两个读数之差。即

$$\beta = b_1 - a_1 \qquad (3-1)$$

水平角的角值范围为 $0°\sim360°$。

图 3.1 水平角测量原理

3.1.2 竖直角测量原理

在一个竖直面内，方向线和水平线的夹角称为该方向线的竖直角，又称倾角，通常用 α 表示，如图 3.2 所示。方向线在水平线上称为仰角，符号为正；方向线在水平线之下称为俯角，符号为负；角值变化范围为 $-90°\sim+90°$。

如果在过 O 点的铅垂面上，安置一个垂直圆盘，并令其中心过 O 点，这个盘称为竖直度盘。当竖直度盘与过 OA 直线的竖直面重合时，则 OA 方向与水平方向线的夹角为 α。竖直角与水平角一样，其角值也是度盘上两个方向的读数之差，不同的是，这两个方向

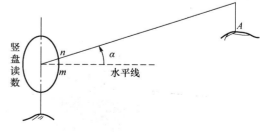

图 3.2 竖直角测量原理

必有一个是水平方向。经纬仪设计时，将提供这一固定方向。即视线水平时，竖盘读数为固定值90°或270°。在竖直角测量时，只需读目标点一个方向值，便可算得竖直角。计算公式为

$$\alpha = 照准目标的读数 - 视线水平的读数 \tag{3-2}$$

根据上述角度测量原理，研制出的能同时完成水平角和竖直角测量的仪器称为经纬仪。经纬仪按不同测角精度又分成多种等级，如 DJ_1、DJ_2、DJ_6、DJ_{10} 等。"D"和"J"为"大地测量"和"经纬仪"的汉语拼音第一个字母。后面的数字代表该仪器测量精度。如 DJ_6 表示一测回方向观测中误差不超过 $\pm 6''$。在工程中常用经纬仪有 $2''$ 和 $6''$。不同厂家生产的经纬仪其构造略有区别，但是基本原理一样。本章重点介绍 $6''$ 级光学经纬仪的构造和使用方法。

3.2 DJ₆型光学经纬仪

3.2.1 DJ₆型光学经纬仪构造

DJ_6 型光学经纬仪适用于各种比例尺的地形图测绘和土木工程施工放样。如图3.3所示是北京光学仪器厂生产的 DJ_6 型光学经纬仪。

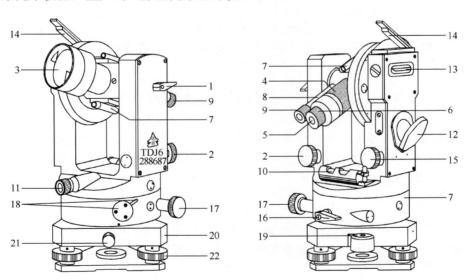

图3.3 DJ₆型光学经纬仪

1—望远镜制动螺旋；2—望远镜微动螺旋；3—物镜；4—物镜调焦螺旋；5—目镜；6—目镜调焦螺旋；

7—光学瞄准器；8—度盘读数显微镜；9—度盘读数显微镜调焦螺旋；10—照准部管水准器；11—光学对中器；

12—度盘照明反光镜；13—竖盘指标管水准器；14—竖盘指标管水准器观察反射镜；15—竖盘指标管水准器微动螺旋；

16—水平方向制动螺旋；17—水平方向微动螺旋；18—水平度盘变换螺旋与保护卡；19—基座圆水准器；

20—基座；21—轴套固定螺旋；22—脚螺旋

DJ_6 型光学经纬仪主要由基座、照准部、度盘3个部分组成，如图3.4所示。

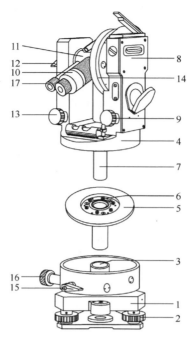

图3.4 基座、照准部、度盘结构图

1—基座；2—脚螺旋；3—竖轴轴套；4—照准部；5—水平度盘；6—度盘轴套；7—旋转轴；
8—支架；9—竖盘管水准器微动螺旋；10—望远镜；11—横轴；12—望远镜制动螺旋；
13—望远镜微动螺旋；14—竖直度盘；15—水平制动螺旋；16—水平微动螺旋；17—光学读数显微镜

1. 基座

基座用于支撑整个仪器，利用中心螺旋使经纬仪照准部紧固在三脚架上。基座上有 3 个脚螺旋，用于整平仪器。基座上固连一个竖轴轴套 3 及轴套固定螺旋。该螺旋拧紧后，可将照准部固定在基座上，使用仪器时切勿随意松动此螺旋，以免照准部与基座分离而坠落。中心螺旋有一个挂钩，用于挂垂球。当垂球尖对准地面测点，水平度盘水平时，水平度盘中心位于测点的铅垂线上。

2. 照准部

照准部是指经纬仪上部的可转动部分，主要包括望远镜、水准器、照准部旋转轴、横轴、支架、光学读数装置及水平和竖直制动和微动装置等。经纬仪望远镜和水准器构造及作用同水准仪。

照准部下部有个旋转轴 7，可插在水平度盘空心轴内，水平度盘空心轴插在基座竖轴轴套内。旋转轴几何中心线称为竖轴。照准部上部有支架 8，望远镜与横轴固连，安置在支架上。望远镜可以绕横轴在竖直面内上、下转动，又能随着支架绕竖轴做水平方向 360° 旋转。利用水平和竖直制动和微动螺旋，可以使望远镜固定在任一位置。望远镜边上设有光学读数显微镜，通过它可以读出水平角和竖直角。

3. 度盘

光学经纬仪有水平度盘和竖直度盘，它们都是由光学玻璃刻制而成。度盘全圆周刻划 0°～360°，最小间隔有 1°、30′、20′ 3 种。水平度盘顺时针注记。在水平角测角过程中，水平度盘固定不动，不随照准部转动。

为了改变水平度盘位置，设置了水平度盘转动装置。这种装置有两种结构：一种是采用水平度盘位置变换手轮，或称转盘手轮。使用时，将手轮推压进去，转动手轮，水平度盘跟着转动。待转到所需位置时，将手松开，手轮退出，水平度盘位置即安置好；另一种结构是复测装置。水平度盘与照准部的关系依靠复测装置控制，如图3.5所示。复测装置的底座固定在照准部外壳6上，随照准部一起转动。当复测扳手拨下时，由于偏心轮的作用，使顶轴4向外移，在簧片2的作用下，使两滚珠之间距离变小，簧片与铆钉的间距缩小，从而把外轴上的复测盘夹紧。此时，

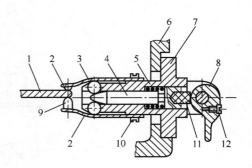

图 3.5　复测装置

1—复测盘；2—簧片；3—滚珠；4—顶轴；
5—弹簧片；6—照准部；7—复测卡座；
8—复测扳手；9—铆钉；10—簧片固定螺钉；
11—垫块；12—复测扳手固定螺钉

照准部转动将带动水平度盘一起转动，度盘读数不变。若将复测扳手拨上时，顶轴往里移，使簧片与铆钉的间距扩大，复测盘与复测装置相互脱离，照准部转动不会带动水平度盘，读数窗中的读数随之改变。所以在测角过程中，复测扳手应始终保持在向上的位置。

3.2.2　读数装置及方法

光学经纬仪的水平度盘和竖直度盘的分划是通过一系列的棱镜和透镜成像在望远镜目镜边的读数显微镜内的。由于度盘尺寸有限，最小分划间隔难以直接刻划到秒。为了实现精密测角，要借助光学测微技术。

1. DJ₆型光学经纬仪读数装置及其读数方法

不同的测微技术读数方法也不同，DJ₆型光学经纬仪常用分微尺测微器和单平板玻璃微器两种方法。

1）分微尺测微器及读数方法

如图3.6所示为DJ₆型光学经纬仪分微尺测微器读数系统的光路图。外来光线经反光镜1反射，经进光镜进入经纬仪内部，一部分光线经折光棱镜3照到竖直度盘上。竖直度盘像经折光棱镜5、显微物镜6放大，再经过折射棱镜7，到达刻有分微尺的读数窗8，再通过转像棱镜9，在读数显微镜内能看到竖直度盘分划及分微尺，如图3.7所示。外来光线另一路经照明棱镜12，折光棱镜13到达水平度盘。水平度盘像经过显微镜组15放大，经过转像棱镜16，进入分微尺，如图3.7所示。由于度盘分划间隔是1°，所以分微尺分划总宽度刚好等于度盘一格的宽度。分微尺有60个小格，一小格代表1'。光路中的6、15显微物镜起放大作用。调节透镜组上、下位置，可以保证分微尺上从0到60的全部分划间隔和度盘上一个分划的间隔相等。角度的整度值可从度盘上直接读出，不到一度的值在分微尺上读取。可估读到0.1'，即6″。图3.7中水平度盘的读数应是214°54′42″。

2）单平板玻璃测微器及其读数方法

由于光线通过不同的介质会产生折射，所以光线以一定的入射角i穿过一定厚度为d的玻璃板时，会产生光线的平移现象，如图3.8所示。当玻璃材料选定后，其折射率n和

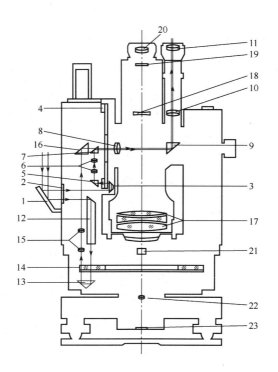

图 3.6　DJ₆型光学经纬仪分微尺测微器读数系统光路图

1—度盘照明反光镜；2—度盘照明进光窗；3—竖盘照明棱镜；4—竖直度盘；5—竖盘照准棱镜；

6—竖盘显微物镜组；7—竖盘转像棱镜；8—测微尺；9—度盘读数转像棱镜；10—读数显微镜物镜；

11—读数显微镜目镜；12—水平度盘照明棱镜；13—水平度盘折光棱镜；14—水平度盘；

15—水平度盘显微物镜组；16—水平度盘转像棱镜；17—望远镜物镜；18—望远镜调焦透镜；

19—十字丝分划板；20—望远镜目镜；21—光学对点反光棱镜；22—光学对中器物镜；23—光学对中器保护玻璃

厚度一定，改变光线的入射角 i，就会改变光线移动量 h。单平板玻璃测微器就是根据这一原理设计的。

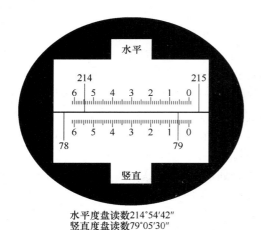

水平度盘读数214°54′42″
竖直度盘读数79°05′30″

图 3.7　读数显微镜内度盘成像

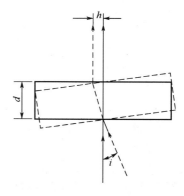

图 3.8　光折射平移原理图

单平板玻璃测微器原理结构如图3.9所示。测微尺7和平板玻璃5连接在一起。转动仪器照准部上的测微手轮2，平板玻璃和测微尺都绕同一轴6旋转。由于平板玻璃的转动，使水平度盘和竖直度盘分划像在读数显微镜的视场内移动。读数窗8刻有双指标线和单指标线。度盘分划线、测微尺分划线都分别呈现在读数窗内。当光线垂直入射到平板玻璃上，测微尺的读数应为零，这时竖盘读数为 $92°+a$。调节测微手轮，平板玻璃转动，度盘像移动，同时测微尺也随之移动，使度盘刻线像移动到刚好被双指标线夹住，此时双线夹住 $92°$，移动量可以从测微尺上读取。其全部读数为 $92°17'34''$。

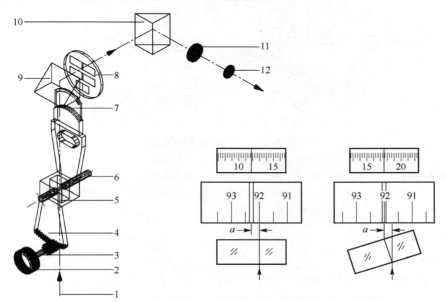

图 3.9　单平板玻璃测微器

1—光线；2—调节测微手轮；3—齿轮；4—扇形齿轮；5—平板玻璃；6—旋转轴；7—测微尺；

8—读数窗；9—转向棱镜；10—反光棱镜；11、12—读数显微镜

2. DJ$_2$型光学经纬仪读数装置及其读数方法

如图3.10所示是我国北京光学仪器厂生产的DJ$_2$型光学经纬仪，DJ$_2$型光学经纬仪的构造与DJ$_6$型光学经纬仪大致相同，主要的差别是读数设备不同。DJ$_2$型光学经纬仪常用于国家三等、四等三角测量、精密导线测量和精度要求较高的工程测量，例如施工平面控制网、建筑物的变形观测等。

为了简化读数，新型的DJ$_2$型光学经纬仪采用数字式读数装置，如图3.11所示。在图3.11(a)中，右下方的小窗为度盘对径分划线重合后的影像，但无注记；右上方的小窗为读数窗，上面的数字为整度值，凸出的小方框中所注数字为整10′数；左下方的小窗为测微尺读数窗，测微尺长度为10′，刻划有600小格，每小格为1″，可估读至0.1″，测微尺读数窗中左边注记数字为分，右边注记为整10″数。观测时读数方法如下。

(1) 转动测微轮，使度盘对径分划线窗中上、下两排分划线重合，如图3.11(a)所示。

(2) 在读数窗中读出度数和10′的整倍数。

(3) 在测微尺读数窗中，以读数窗中间的横线作为测微尺读数指标线，读出分、秒数。

(4) 以上读数之和即为全部读数。如图3.11(a)所示读数为 $74°47'15.7''$；图3.11(b)

中读数为 $25°36'15.4''$。

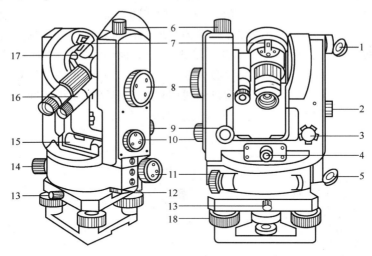

图 3.10   DJ₂ 型光学经纬仪

1—竖盘反光镜；2—竖盘指标管水准器观察镜；3—竖盘指标管水准器微动螺旋；4—光学对中器目镜；5—水平读盘反光镜；
6—望远镜制动螺旋；7—光学瞄准器；8—测微手轮；9—望远镜微动螺旋；10—换像手轮；11—水平微动螺旋；
12—水平度盘变换手轮；13—中心锁紧螺旋；14—水平制动螺旋；15—照准部管水准器；
16—读数显微镜；17—望远镜反光板手轮；18—脚螺旋

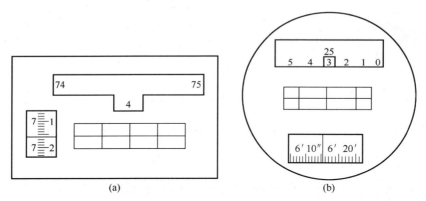

(a)　　　　　　　　　　(b)

图 3.11   DJ₂ 型光学经纬仪读数窗

3.3   经 纬 仪 的 使 用

在进行角度测量时，应将经纬仪安置在测站（角的顶点）上，然后再进行观测。经纬仪的使用包括仪器的安置、调焦与瞄准、读数 3 个步骤。

1. 经纬仪的安置

经纬仪的安置就是把仪器安置于测站点上，使仪器的竖轴与测站点在同一铅垂线上，并使水平度盘成水平位置，包括仪器安装、对中和整平等工作。

1) 仪器安装

首先，伸开三脚架于测站上方，将仪器置于三脚架头中央位置，一只手握住仪器，另一只手将三脚架中心螺旋旋入仪器基座中心螺孔中并固紧。

2）仪器对中

经纬仪对中的目的是使仪器中心与测站点中心位于同一铅垂线上。具体做法是观察光学对点器，分别旋转光学对点器目镜对光螺旋和调焦手轮，使对中圈和测站点标志周边物体同时清晰。如果在视场内看不到测站点标志，则平移三脚架使测站点标志处于仪器对中圈附近，并用脚踏三脚架使其稳固，调节脚螺旋，使地面测站点处于对中圈内居中位置。对中误差一般不大于1mm。

3）仪器整平

整平的目的是使仪器竖轴竖直和水平度盘水平。具体做法分以下两步进行。

（1）粗略调平。观察圆水准器气泡，用左脚踏三脚架的左边脚架，伸缩脚架使圆水准器气泡移动到右边脚架平行线上，再换右脚踏三脚架右边脚架，伸缩脚架使气泡居中，重复进行使气泡居中为止。

（2）精密调平。放松照准部水平制动螺旋使管水准器与一对脚螺旋的连线平行，两手同时向内或向外旋转，使管水准器气泡居中。气泡移动方向和左手大拇指运动方向一致，如图3.12所示，再将照准部旋转90°，调节第三个脚螺旋，使气泡居中。

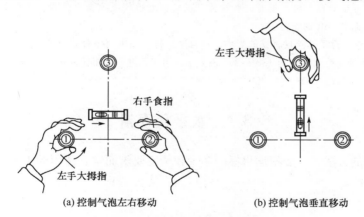

(a) 控制气泡左右移动   (b) 控制气泡垂直移动

图3.12　管水准器气泡调整

重复上述步骤，使气泡在垂直两个方向均居中为止，气泡居中误差不得大于一格。

4）检查对中和整平

重复检查光学对中器是否还对中，如果测站点偏离了对中圆圈中心，则松开中心螺旋，将仪器基座平移，使圆圈中心与测站点重合，旋紧中心螺旋，再检查管水准器气泡。

对中和整平是同时交替进行的，两项工作相互影响，操作过程需要反复进行，直到对中和整平都达到要求为止。

2．调焦与瞄准

调焦与瞄准的方法同水准仪操作，只是测量水平角时应使十字丝纵丝平分或夹准目标，并尽量对准目标底部，如图3.13所示。

3．读数

读数时要先调节反光镜，使读数窗光线充足，旋转读数显微镜调焦螺旋，使数字及刻线清晰，然后读数。测竖直角时注意调节竖盘指标管水准器微动螺旋，使气泡居中后再读数。

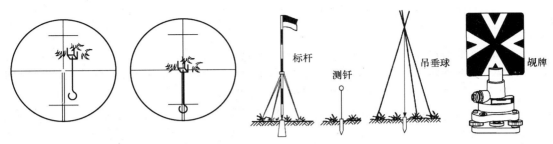

图 3.13　水平角测量瞄准目标方法

望远镜位置设置

经纬仪望远镜可纵转 360°，根据望远镜与竖直度盘的位置关系，望远镜位置可设置为正镜和倒镜两个位置上。

正镜——观测者正对望远镜目镜时，竖盘位于望远镜左边，也称盘左位置。

倒镜——观测者正对望远镜目镜时，竖盘位于望远镜右边，也称盘右位置。即望远镜在正镜位置纵转 180°，再将照准部转 180°的位置。

在水平角观测中，为了消除仪器误差影响，通常用正镜和倒镜两个位置观测。实际上正镜是处于度盘 0°~180°位置上，倒镜是处于度盘的 180°~360°位置上，用不同度盘位置观察同一结果，达到复核的作用。

3.4　水平角观测

水平角观测的方法，一般根据目标的多少和精度要求而定，常用的水平角观测方法有测回法和方向观测法。

3.4.1　测回法

测回法常用于测量两个方向之间的单角，如图 3.14 所示。将仪器安置于 O 点，地面两目标为 A、B，欲测定$\angle AOB$，则可采用测回法观测，具体步骤如下。

1. 上半测回

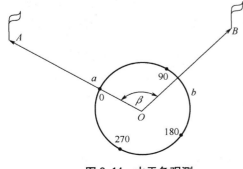

图 3.14　水平角观测

盘左位置观测（正镜），其观测值为上半测回值。

（1）在 O 点安置仪器，整平，对中。

（2）正镜瞄准左目标 A，读取水平度盘读数 $a_{左}$ 为 0°02′30″，随即记入水平角观测手簿（表 3-1）中。

（3）顺时针方向旋转照准部，瞄准右目标 B，读取水平度盘读数 $b_{左}$ 为 95°20′48″，记入表 3-1 中。以上便完成盘左半测回或称上半测回观测，盘左位置观测所得水平角为

$$\beta_{左} = b_{左} - a_{左} = 95°20′48″ - 0°02′30″ = 95°18′18″$$

2. 下半测回

盘右位置观测（倒镜），观测值为下半测回值。

（1）纵转望远镜 180°，旋转照准部 180°成盘右位置。

（2）瞄准右目标 B，读取水平度盘读数 $b_右$ 为 $275°21'12''$，记入表 3 - 1 中。

（3）逆时针方向旋转照准部，瞄准左目标 A，读取水平度盘读数 $a_右$ 为 $180°02'42''$，记入表 3 - 1 中，完成盘右半测回或称下半测回观测。盘右位置观测所得水平角为

$$\beta_右 = b_右 - a_右 = 275°21'12'' - 180°02'42'' = 95°18'30''$$

表 3 - 1　水平角观测手簿

测站	测　回	盘　位	目标	水平度盘读数 ($°$ $'$ $''$)	半测回角值 ($°$ $'$ $''$)	一测回角值 ($°$ $'$ $''$)	各测回平均角值 ($°$ $'$ $''$)	备　注
O	第一测回	盘左	A	0 02 30	95 18 18	95 18 24	95 18 20	
			B	95 20 48				
		盘右	A	180 02 42	95 18 30			
			B	275 21 12				
O	第二测回	盘左	A	90 03 06	95 18 30	95 18 15		
			B	185 21 36				
		盘右	A	270 02 54	95 18 00			
			B	5 20 54				

计算过程中，若右方向读数减左方向读数不够减时，则应先加 360°再减。

3. 计算一测回角值

当盘左、盘右两个半测回角值的差数不超过限差（±40″）时，则取平均值作为一测回的水平角值。即

$$\beta = \frac{1}{2}(\beta_左 + \beta_右) = 95°18'24''$$

特别提示

　　计算角值时始终为终点方向目标读数减初始方向目标读数（由于水平度盘为顺时针刻划）。若终点方向目标读数小于初始方向目标读数，则"终点方向目标读数＋360°－初始方向目标读数"才是结果。例如，在表 3 - 1 中，第二测回盘右的 B 目标读数小于 A 目标读数，这时就应将 B 目标读数加上 360°再减 A 目标读数。

当测角精度要求较高时，可以观测多个测回，取其平均值作为水平角测量的最后结果。为了减小度盘刻划不均匀的误差，各测回间应根据测回数，按照 $180°/n$ 变换水平度盘位置。

例如：

观测两测回——0°、90°。

观测三测回——0°、60°、120°。

观测四测回——0°、45°、90°、135°。

观测六测回——0°、30°、60°、90°、120°、150°。

上例为两测回观测的成果。

当各测回角值互差小于 $\pm 40''$ 时，则取测回角值平均值作为最终结果。若大于 $\pm 40''$ 时，需对角值较大的和较小的测回重测。

3.4.2 方向观测法

1．观测方法与步骤

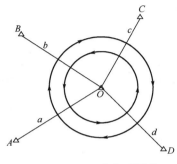

图 3.15 方向观测法

当一个测站上需测量的方向数多于两个时，应采用方向观测法。当方向数多于 3 个时，每半个测回都从一个选定的起始方向（称为零方向）开始观测，在依次观测所需的各个目标之后，再观测起始方向，称为归零。此法也称为全圆方向法或全圆测回法，现以图 3.15 为例进行说明。

（1）首先安置经纬仪于 O 点，成盘左位置，将度盘设置成略大于 $0°$。选择一个明显目标为起始方向 A，读取水平度盘读数，记入表 3-2 中。

表 3-2 方向观测法记录手簿

时间 ___2008 年 4 月 17 日___ 　天气 ___晴___ 　仪器型号 ___DJ$_6$___

观测者 ___×××___ 　记录者 ___×××___ 　测站 ___O___

测站	测回	目标	水平度盘读数		2c=左-右±180°	平均读数=1/2（左+右±180°）	归零后的方向值	各测回归零方向平均值	简图与角度
			盘左	盘右					
			(° ′ ″)	(° ′ ″)	(″)	(° ′ ″)	(° ′ ″)	(° ′ ″)	
1	2	3	4	5	6	7	8	9	10
O	1	A	0 01 06	180 01 06	0	(0 01 09) 0 01 06	0 00 00	0 00 00	
		B	37 43 18	217 43 06	+12	37 43 12	37 42 03	37 42 06	
		C	115 28 06	295 27 54	+12	115 28 00	115 26 51	115 26 54	
		D	156 13 48	336 13 42	+6	156 13 45	156 12 36	156 12 32	
		A	0 01 18	180 01 06	+12	0 01 12			
O	1	A	90 02 30	270 02 24	+6	(90 02 24) 90 02 27	0 00 00		
		B	127 44 36	307 44 28	+8	127 44 32	37 42 08		
		C	205 29 18	25 29 24	−6	205 29 21	115 26 57		
		D	246 14 54	66 14 48	+6	246 14 51	156 12 27		
		A	90 02 24	270 02 18	+6	90 02 21			

（简图与角度栏内容）
A　B
$37°42'06''$
O　$77°44'48''$　C
$40°45'38''$　D

读数估读至 0.1，记录时可写作秒数

（2）松开水平和竖直制动螺旋，顺时针方向依次瞄准 B、C、D 各点，分别读数、记录。为了校核，应再次照准目标 A 读数。A 方向两次读数之差称为半测回归零差。对于 DJ_6 型经纬仪，归零差不应超过 $18''$，否则说明观测过程中仪器度盘位置有变动，应重新观测。上述观测称为上半测回。

（3）倒转望远镜成盘右位置，逆时针方向依次瞄准 A、D、C、B，最后回到 A 点，该操作称为下半测回。如要提高测角精度，需观测多个测回。各测回仍按 $180°/n$ 的角度间隔变换水平度盘的起始位置。

2. 方向观测法的计算

现举例说明方向观测法的记录计算方法、步骤及其限差。

（1）计算上下半测回归零差（即两次瞄准零方向 A 的读数之差）。见表 3-2 第 1 测回上、下半测回归零差分别为 $12''$ 和 $0''$，对于用 DJ$_6$ 型仪器观测，通常归零差的限差为 $18''$，本例归零差均满足限差要求。

（2）计算两倍视准轴误差 $2c$ 值。

$$2c=盘左读数-(盘右读数\pm180°) \tag{3-3}$$

式中，当盘右读数大于 $180°$ 时取"—"号，反之取"＋"号。$2c$ 值的变化范围（同测回各方向的 $2c$ 最大值与最小值之差）是衡量观测质量的一个重要指标。见表 3-2，第 1 测回 B 方向 $2c=37°43'18''-(217°43'06''-180°)=12''$，第 2 测回 C 方向 $2c=205°29'18''-(25°29'24''+180°)=-6''$ 等。由此可以计算各测回内各方向 $2c$ 值的变化范围，如第 1 测回 $2c$ 值变化范围为 $12''-0''=12''$，第 2 测回 $2c$ 值变化范围 $8''-(-6'')=14''$。对于用 J$_6$ 型经纬仪观测，对 $2c$ 值的变化范围不做规定，但对于用 J$_2$ 型以上仪器精密测角时，$2c$ 值的变化范围不应超过 $18''$。

（3）计算各方向的平均读数。

$$平均读数=\frac{1}{2}[盘左读数+(盘右读数\pm180°)] \tag{3-4}$$

由于零方向 A 有两个平均读数，故应再取平均值，填入表 3-2 第 7 栏上方小括号内，如第一测回括号内数值（$0°01'09''$）$=1/2(0°01'06''+0°01'12'')$。各方向的平均读数均填入第 7 栏。

（4）计算各方向归零后的方向值。将各方向的平均读数减去零方向最后平均值（括号内数值），即得各方向归零后的方向值，填入表 3-2 第 8 栏，注意零方向归零后的方向值为 $0°00'00''$。

（5）计算各测回归零方向值的平均值。本例表 3-2 记录了两个测回的测角数据，故取两个测回归零后方向值的平均值作为各方向最后成果，填入表 3-2 第 9 栏。在填入此栏之前应先计算各测回同方向的归零后方向值之差，称为各测回方向差。对于用 J$_6$ 型仪器观测，各测回方向差的限差为 $\pm24''$。本例两测回方向差均满足限差要求。

为了查用角值方便，在表 3-2 第 10 栏绘出方向观测简图、点号，并注出两方向间的角度值。

（6）计算各方向间的水平角。

✎ 特别提示

引例的两种测角方法中，如何选定用测回法还是方向观测法，要看所要观测的角是单角还是多角，规范规定：由两个方向构成的角度，称之为单角，用测回法观测；两个方向以上构成的角度，称之为多角，3 个方向构成的角度，应采用方向观测法观测；3 个以上方向构成的角度，应采用全圆方向观测法观测。

在本项目开始的引例中，三角形的 3 个内角都是由两个方向构成的角度，即单角，应采用测回法，分别测出这 3 个角度。

3.5 竖直角观测

3.5.1 竖盘构造

经纬仪竖盘包括竖直度盘、竖盘指标管水准器和竖盘指标管水准器微动螺旋。竖直度盘固定在横轴一端，可随着望远镜在竖直面内一起转动。竖盘指标是同竖盘管水准器连接在一起，不随望远镜转动而转动，只有通过调节竖盘管水准器微动螺旋，才能使竖盘指标与竖盘管水准器（气泡）一起做微小移动。在正常情况下，当竖盘管水准器气泡居中时，竖盘指标就处于正确的位置。每次竖盘读数前，均应先调节竖盘管水准器气泡居中。

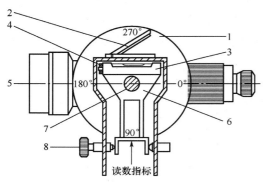

图 3.16　经纬仪竖盘结构

1—竖直度盘；2—管水准器反射镜；3—竖盘指标管水准器；
4—竖盘指标管水准器校正螺钉；5—望远镜视准轴；
6—竖盘指标管水准器支架；7—横轴；
8—竖盘指标管水准器微动螺旋

分微尺的零刻划线是竖盘读数的指标线，可看做与竖盘指标管水准器固连在一起，指标管水准器气泡居中时，指标就处于正确的位置。如果望远镜视线水平，竖盘读数应为90°或270°。当望远镜上下转动瞄准不同高度的目标时，竖盘随着转动，而指标不随着转动，即指标线不动，因而可读得不同位置的竖盘读数，用以计算不同高度目标的竖直角，如图 3.16 所示。

有些 J_6 型光学经纬仪当视线水平且竖盘管水准器气泡居中时，盘左位置竖盘指标正确读数为 0°，盘右位置竖盘指标正确读数为 180°。在使用前应仔细阅读仪器使用说明书。

目前新型的光学经纬仪多采用自动归零装置取代竖盘管水准器的结构与功能，它能自动调整光路，使竖盘及其指标满足正确关系，仪器整平后照准目标可立即读取竖盘读数。

竖盘是由光学玻璃制成，其刻划有顺时针方向和逆时针方向两种，如图 3.17 所示。不同刻划的经纬仪其竖直角公式不同。当望远镜物镜抬高，竖盘读数增加时，竖直角为

$$\alpha = 读数 - 起始读数 = L - 90° \tag{3-5}$$

反之，当物镜抬高，竖盘读数减小时，竖直角为

$$\alpha = 起始读数 - 读数 = 90° - L \tag{3-6}$$

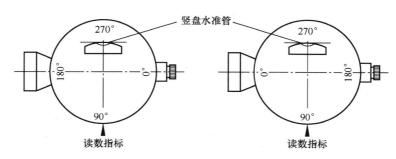

图 3.17　竖盘刻度注记(盘左)

3.5.2　竖直角观测和计算

（1）仪器安置在测站点上，对中、整平。盘左位置瞄准目标点，使十字丝中横丝精确瞄准目标顶端，如图 3.18 所示。调节竖盘指标管水准器微动螺旋，使管水准器气泡居中，读数为 L。

（2）用盘右位置再瞄准目标点，调节竖盘指标管水准器，使气泡居中，读数为 R。

（3）计算竖直角时，需首先判断竖直角计算公式，如图 3.19 所示。

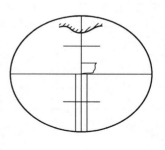

图 3.18　竖直角测量瞄准

盘左位置，抬高望远镜，竖盘指标管水准器气泡居中时，竖盘读数为 L，则盘左竖直角为

$$\alpha_L = 90° - L \tag{3-7}$$

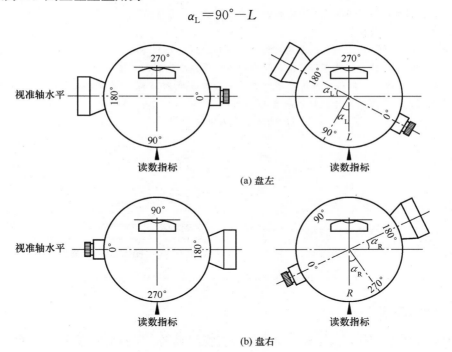

(a) 盘左

(b) 盘右

图 3.19　竖盘讯数与竖直角计算

盘右位置，抬高望远镜，竖盘指标管水准器气泡居中时，竖盘读数为 R，则盘右竖直角为

$$\alpha_R = R - 270° \tag{3-8}$$

一测回角值为

$$\alpha = \frac{\alpha_L + \alpha_R}{2} = \frac{1}{2}(R - L - 180°) \tag{3-9}$$

将各观测数据填入手簿（表 3-3），利用上列各式逐项计算，便得出一测回竖直角。

表 3-3　竖直角观测手簿

测站	目标	竖盘位置	竖盘读数 (° ′ ″)	半测回竖盘角 (° ′ ″)	指标差 (″)	一测回竖直角 (° ′ ″)	备注
O	M	左	71 12 36	+18 47 24	−12	+18 47 12	
		右	288 47 00	+18 47 00			
	N	左	96 18 42	−6 18 42	−9	−6 18 51	
		右	263 41 00	−6 19 00			

知 识 链 接 ••

竖直角应用举例

1. 将斜距化为水平距离

如图 3.20 所示，测得 AB 两点间的斜距 D 及竖直角 α，可将斜距 D′ 化为水平距离 D，其计算公式为

$$D = D'\cos\alpha$$

2. 用三角高程测量法测高程、测高大建(构)筑物、大树等的高度

如图 3.21 所示，欲求某铁塔的高度，可在距离大于铁塔高度的 C 点安置经纬仪，用十字丝横丝切准铁塔顶端 B 点，测得竖直角 α_1，再用十字丝横丝切准铁塔底部 A 点，测得竖直角 α_2，然后用钢尺量取 AC 两点间距离 D，即可计算出铁塔的高度 H。

$$H = h_1 + h_2 = D\tan\alpha_1 + D\tan\alpha_2$$

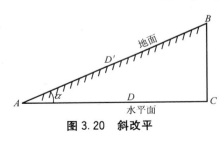

图 3.20　斜改平

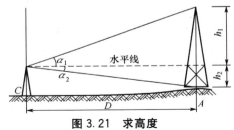

图 3.21　求高度

••

3.5.3　竖盘指标差

经纬仪由于长期使用及运输，会使望远镜视线水平、竖盘管水准器气泡居中时，其指标不恰好在90°或270°，而与正确位置差一个小角度δ，称为竖盘指标差，如图3.22所示。此时进行竖直角测量，盘左读数为90°+δ。正确的竖直角为

$$\alpha = (90° + \delta) - L \qquad (3-10)$$

盘右时，正确的竖直角为

$$\alpha = R - (270° + \delta) \qquad (3-11)$$

将式(3-7)、式(3-8)代入式(3-10)、式(3-11)得

$$\alpha = \alpha_L + \delta \qquad (3-12)$$

$$\alpha = \alpha_R - \delta \qquad (3-13)$$

将式(3-12)、式(3-13)两式相加除以2，得

$$\alpha = \frac{\alpha_L + \alpha_R}{2}$$

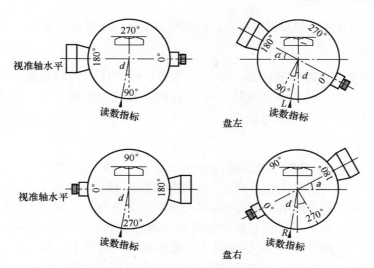

图 3.22 竖盘指标差

式(3-13)与式(3-9)相同，而指标差可用式(3-10)与式(3-11)相减求得

$$\delta = \frac{\alpha_R - \alpha_L}{2} = \frac{1}{2}(R + L - 360°) \qquad (3-14)$$

指标差互差是用于检查竖直角观测质量的。规范规定：DJ$_6$型经纬仪，在同一测站上观测不同目标时的指标差互差或同方向各测回指标差互差，不应超过 25″。此外，在精度要求不高或不便纵转望远镜时，可先测定指标差 δ，在以后观测时只做正镜观测，求得 α_L，然后按式(3-12)求得竖直角。指标差若超出 ±1′ 应校正。

3.6　经纬仪的检验与校正

如图 3.23 所示，经纬仪各部件主要轴线有竖轴 VV、横轴 HH、望远镜视准轴 CC 和照准部管水准器轴 LL。

根据角度测量原理和保证角度观测的精度，经纬仪的主要轴线之间应满足以下条件。

(1) 照准部管水准器轴 LL 应垂直于竖轴 VV。

(2) 十字丝竖丝应垂直于横轴 HH。

(3) 视准轴 CC 应垂直于横轴 HH。

(4) 横轴 HH 应垂直于竖轴 VV。

(5) 竖盘指标差应为零。

由于仪器长期在野外使用，其轴线关系可能被破坏，从而产生测量误差。因此，测量规范要求，正式作业前应对经纬仪进行检验。必要时需对调节部件加以校正，使之满足要求。

3.6.1　照准部管水准器轴垂直于竖轴的检验与校正

该检验的目的是使仪器满足照准部管水准器轴垂直

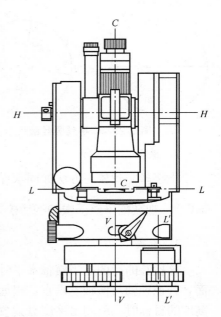

图 3.23　经纬仪的轴线

于仪器竖轴的几何条件，使仪器整平后，保证竖轴铅直，水平度盘水平。

1. 检验方法

将仪器大致整平，转动照准部，使管水准器平行于任一对脚螺旋。调节两脚螺旋，使管水准器气泡居中。将照准部旋转180°，此时，若气泡仍然居中，则说明满足条件。若气泡偏离量超过一格，应进行校正。

2. 校正

如图 3.24(a)所示，若管水准器轴与竖轴不垂直，之间误差角为 α。当管水准器轴水平时竖轴倾斜，竖轴与铅垂线夹角为 α。当照准部旋转180°，如图 3.24(b)所示，基座和竖轴位置不变，但气泡不居中，管水准器轴与水平面夹角为 2α，这个夹角将反映在气泡中心偏离的格值。校正时，可用校正针调整管水准器校正螺丝，使气泡退回偏移量的一半（即 α），如图 3.24(c)所示，再调整脚螺旋使管水准器气泡居中，如图 3.24(d)所示。这时，管水准器轴水平，竖轴处于竖直位置。这项工作要反复检验直到满足要求为止。

图 3.24　照准部管水准器轴检校

3.6.2　十字丝竖丝垂直于横轴

1. 检验

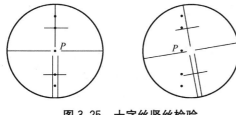

图 3.25　十字丝竖丝检验

该检验的目的是使十字丝竖丝铅直，保证精确瞄准目标。用十字丝中点精确瞄准一个清晰目标点 P，然后锁紧望远镜制动螺旋。慢慢转动望远镜微动螺旋，使望远镜上、下移动。如 P 点沿竖丝移动，则满足条件，否则需校正，如图 3.25所示。

2. 校正

十字丝竖丝校正方法如同水准仪校正。

3.6.3　视准轴垂直于横轴的检校

1. 检验

该检验的目的是当横轴水平时，望远镜绕横轴旋转，其视准面应是与横轴正交的铅垂面。若视准轴与横轴不垂直，望远镜将扫出一个圆锥面。用该仪器测量同一铅垂面内不同高度的目标时，所测水平度盘读数不一样，产生测角误差。水平角测量时，对水平方向目标，正倒镜读数所求 c 即为这项误差。仪器检验常用四分之一法，如图 3.26 所示，在平坦地区选择距离 60m 的 A、B 两点。在其中点 O 安置经纬仪，A 点设标志，B 点横放一根刻有毫米分划的直尺。尺与 OB 垂直，并使 A 点、B 尺和仪器的高度大致相同。盘左位置瞄准 A 点，固定照准部，纵转望远镜，在 B 尺上读数为 B_1。然后用盘右位置照准 A 点，再纵转望远镜，在 B 尺上读数为 B_2。若 B_1 和 B_2 重合，表示视准轴垂直于横轴，否则条件不满足。$\angle B_1 O B_2 = 4c$，为 4 倍照准差。由此算得

$$c = \frac{B_1 B_2}{4D} \rho'' \qquad (3-15)$$

式中，D 为 O 点到 B 尺之间的水平距离。

上式中 $\rho'' = 206265''$。对于 DJ_6 型经纬仪，当 $c > 60''$ 时必须校正。

2. 校正

在盘右位置保持 B 尺不动，在 B 尺上定出 B_3 点，使 $B_2 B_3 = \frac{1}{4} B_1 B_2$，$OB_3$ 便与横轴垂直。用校正针拨十字丝校正螺旋（左、右），如图 3.27 所示，一松一紧，平移十字丝分划板，直到十字丝交点与 B_3 点重合，最后旋紧螺钉。

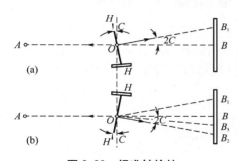

图 3.26 视准轴检校

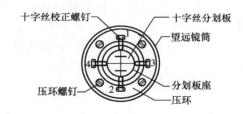

图 3.27 十字丝分划板校正

3.6.4 横轴垂直于竖轴的检校

1. 检验

横轴垂直于竖轴的检验是保证当竖轴铅直时，横轴应水平；否则，视准轴绕横轴旋转轨迹不是铅垂面，而是一个倾斜面。

检验时，在距墙 30m 处安置经纬仪，在盘左位置瞄准墙上一个明显高点 P，如图 3.28 所示。要求仰角应大于 30°。固定照准部，将望远镜大致放平。在墙上标出十字丝中点所对位置 P_1。再用盘右瞄准 P 点，同法在墙上标出 P_2 点。若 P_1 与 P_2 重合，表示横轴垂直于竖轴。如 P_1 与 P_2 不重合，则条件不满足，对水平角测量影响为 i 角，可用下式计算

图 3.28 横轴垂直与竖轴检验

$$i = \frac{P_1 P_2}{2D \mathrm{tg}\alpha} \cdot \rho'' \qquad (3-16)$$

式中，$\rho'' = 206265''$。对于 DJ$_6$ 型经纬仪，若 $i > 60''$ 则需校正。

2. 校正

用望远镜瞄准 P_1、P_2 直线的中点 P_M，固定照准部，然后抬高望远镜使十字丝交点移到 P' 点。由于 i 角的影响，P' 与 P 不重合。校正时应打开支架护盖，放松支架内的螺钉，使横轴一端升高或降低，直到十字丝交点对准 P 点。需要注意的是，由于经纬仪横轴密封在支架内，该项校正应由专业维修人员进行。

3.6.5 竖盘指标差的检校

竖盘指标差的检校的目的是使指标管水准器气泡居中时，指标处于正确的位置。

1. 检验

仪器整平后，以盘左、盘右先后瞄准同一目标，在竖盘指标管水准器气泡居中时，读取竖盘读数 L 和 R，按式（3-14）计算指标差 δ，若 δ 超过 $\pm 1'$，则应进行校正。

2. 校正

校正时，应用盘右位置照准原目标。转动竖盘指标管水准器微动螺旋，使竖盘读数为正确值（$\alpha_R - \delta$）。此时气泡不再居中。再用校正针拨动竖盘管水准器校正螺丝，使气泡居中。这项工作应反复进行，直至 δ 值在规定范围之内。

3.6.6 光学对点器的检校

1. 检验

目的是使光学对点器的视准轴与仪器竖轴线重合。先架好仪器，整平后在仪器正下方地面上安置一块白色纸板。将光学对点器分划圈中心（或十字丝中心）投影到纸板上，如图 3.29(a) 所示，并绘制标志点 P。然后将照准部旋转 $180°$，如果 P 点仍在分划圈内表示条件满足，否则应校正。

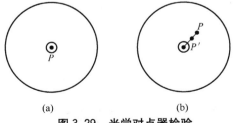

(a)　　　　(b)

图 3.29　光学对点器检验

2. 校正

在纸板上画出分划圈中心与 P 点之间连线中点 P' 点，如图 3.29(b) 所示。松开两支架间圆形护盖上的两颗螺钉，取下护盖，可见到转向棱镜座。调节调整螺钉，使刻划圈中心前后、左右移动，直至刻划圈中心与 P' 点重合为止。

3.7　角度测量误差分析及注意事项

仪器误差、观测误差以及外界因素都会对角度测量的精度带来影响，为了得到符合规定要求的角度测量成果，必须分析这些误差的影响，采取相应有效的措施，将其消除或控制在容许的范围以内。

3.7.1 角度测量误差源

角度测量误差按来源有仪器误差、观测误差和外界环境造成的误差。研究这些误差是为了找出消除和减少这些误差的方法。

1. 仪器误差

仪器误差包括仪器校正之后的残余误差及仪器加工不完善引起的误差。

（1）视准轴误差是由视准轴不垂直于横轴引起的，对水平方向观测值的影响为 $2c$。由于盘左、盘右观测时符号相反，故水平角测量时，可采用盘左、盘右取平均值的方法加以消除。

（2）横轴误差是由于支撑横轴的支架有误差，造成横轴与竖轴不垂直。盘左、盘右观测时对水平角影响为 i 角误差，并且方向相反。所以也可以采用盘左、盘右观测值取平均值的方法消除。

（3）竖轴倾斜误差是由于管水准器轴不垂直于竖轴，以及照准部管水准器不居中引起的误差。这时，竖轴偏离竖直方向一个小角度，从而引起横轴倾斜及度盘倾斜，造成测角误差。这种误差与正、倒镜观测无关，并且随望远镜瞄准不同方向而变化，不能用正、倒镜取平均值的方法消除。因此，测量前应严格检校仪器，观测时仔细整平，并始终保持照准部管水准器气泡居中，气泡不可偏离一格。

（4）度盘偏心差主要是度盘加工及安装不完善引起的。使照准部旋转中心 C_1 与水平度盘圆心 C 不重合引起读数误差，如图 3.30 所示。若 C 和 C_1 重合，瞄准 A、B 目标时正确读数为 a_L、b_L、a_R、b_R。若不重合，其读数 a'_L、b'_L、a'_R、b'_R。比正确读数变了 x_a、x_b。从图 3.30 可见，在正、倒镜时，指标线在水平度盘上的读数具有对称性，而符号相反，因此，可用盘左、盘右读数取平均的方法予以减小。

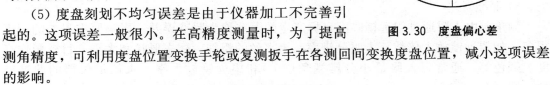

图 3.30 度盘偏心差

（5）度盘刻划不均匀误差是由于仪器加工不完善引起的。这项误差一般很小。在高精度测量时，为了提高测角精度，可利用度盘位置变换手轮或复测扳手在各测回间变换度盘位置，减小这项误差的影响。

（6）竖盘指标差可以盘左、盘右取平均的方法消除。

2. 观测误差

1）对中误差

在测角时，若经纬仪对中有误差，将使仪器中心与测站点不在同一条铅垂线上，造成测角误差。如图 3.31 所示，O 为测站点，A、B 为目标点，O' 为仪器中心在地面上的投影。OO' 为偏心距，以 e 表示。则对中引起测角误差为

$$\beta = \beta' + (\varepsilon_1 + \varepsilon_2) \qquad (3-17)$$

$$\varepsilon_1 \approx \frac{\rho}{d_1} e\sin\theta, \quad \varepsilon_2 \approx \frac{\rho}{D_2} e\sin(\beta' - \theta) \qquad (3-18)$$

$$\varepsilon = \varepsilon_1 + \varepsilon_2 = \rho e\left[\frac{\sin\theta}{D_1} + \frac{\sin(\beta'-\theta)}{D_2}\right] \qquad (3-19)$$

式中，$\rho = 206265''$。从上式可见，对中误差的影响 ε 与偏心距成正比，与边长成反比。当 $\beta' = 180°$，$\theta = 90°$ 时，ε 角值最大。当 $e = 3\text{mm}$，$D_1 = D_2 = 60\text{m}$ 时，对中误差为

$$\varepsilon = \rho e\left(\frac{1}{D_1} + \frac{1}{D_2}\right) = 20.6''$$

这项误差不能通过观测方法消除，测水平角时要仔细对中，在短边测量时更要严格对中。

2）目标偏心误差

目标偏心是由于标杆倾斜引起的。如标杆倾斜，又没有瞄准底部，则产生目标偏心误差，如图 3.32 所示，O 为测站，A 为地面目标点，AA' 为标杆，标杆倾角 α。目标偏心误差为

$$e = d\sin\alpha \qquad (3-20)$$

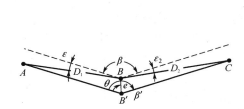

图 3.31　仪器对中误差

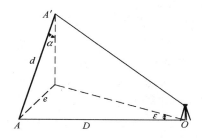

图 3.32　目标偏心误差

目标偏斜对观测方向影响为

$$\varepsilon = \frac{e}{D}\rho = \frac{d\sin\alpha}{D}\rho \qquad (3-21)$$

从式（3-21）可见，目标偏心误差对水平方向影响与 e 成正比，与边长成反比。为了减小这项误差，测角时标杆应竖直，并尽可能瞄准底部。

3）照准误差

测角时由人眼通过望远镜瞄准目标产生的误差称为照准误差。影响照准误差的因素很多，如望远镜放大倍数、人眼分辨率、十字丝的粗细、标志形状和大小、目标影像亮度、颜色等，通常以人眼最小分辨视角（60"）和望远镜放大率 v 来衡量仪器的照准精度，即

$$m_v = \pm\frac{60''}{v} \qquad (3-22)$$

对于 DJ_6 型经纬仪，$v = 28$，$m_v = \pm2.2''$。

4）读数误差

读数误差主要取决于仪器读数设备。对于采用分微尺读数系统的经纬仪，读数中误差为测微器最小分划值的 $1/10$，即 $0.1' = 6''$。

3. 外界条件的影响

外界条件的影响因素很多，也比较复杂。外界条件对测角的主要影响如下。

（1）温度变化会影响仪器（如视准轴位置）的正常状态。

（2）大风会影响仪器和目标的稳定。

（3）大气折光会导致视线改变方向。

（4）大气透明度（如雾气）会影响照准精度。

（5）地面的坚实与否、车辆的震动等会影响仪器的稳定。

这些因素都会给测角的精度带来影响。要完全避免这些影响是不可能的，但如果选择有利的观测时间和避开不利的外界条件，并采取相应的措施，可以使这些外界条件的影响降低到较小的程度。

3.7.2 角度测量的注意事项

通过上述分析，为了保证测角的精度，观测时必须注意下列事项（表3-4）。

表3-4 水平角测量误差与注意事项

水平角测量误差		误差产生的主要原因	误差消除和减弱的方法（注意事项）
仪器误差	视准轴误差	由视准轴不垂直于横轴引起	用盘左盘右观测取平均值方法消除误差
	横轴误差	由横轴不垂直于竖轴引起	采用盘左盘右观测取平均值方法消除误差
	竖轴倾斜误差	由管水准器轴不垂直于竖轴引起	严格检校仪器，观测时细心整平仪器来减弱误差
	水平度盘偏心差	由照准部旋转中心与水平度盘中心不重合引起	采用盘左盘右观测取平均值的方法或采用对径重合的读数方法消除误差
	度盘刻划误差	由度盘刻划不均匀引起	用变换度盘位置的多测回观测方法来减弱误差
观测误差	仪器对中误差	由安置仪器时对中不准确引起	用严格对中来减弱误差
	目标偏心误差	由标杆倾斜引起的	将标杆竖直，并尺量观瞄准底部来减弱误差
	照准误差	由人眼的分辨能力、望远镜放大率、标志形状及亮度等引起	选择适宜的观测标志、有利的观测时间，并仔细观测来减弱误差
	读数误差	由测微尺的精度、人眼的分辨能力等引起	根据观测精度要求选择相应等级的经纬仪，并仔细观测来减弱误差
外界条件影响带来的误差		由气候、松软的土质、温度的变化和大气折光等引起外界条件的影响	选择有利的观测条件，尽量避免不利因素的影响来减弱误差

（1）观测前应先检验仪器，如不符合要求应进行校正。

（2）安置仪器要稳定，脚架应踩实，应仔细对中和整平。尤其对短边时应特别注意仪器对中，在地形起伏较大地区观测时，应严格整平。一测回内不得再对中、整平。

（3）目标应竖直，仔细对准地上标志中心，根据远近选择不同粗细的标杆，尽可能瞄准标杆底部，最好直接瞄准地面上标志中心。

（4）严格遵守各项操作规定和限差要求。采用盘左、盘右位置观测取平均的观测方法：照准时应消除视差，一测回内观测避免碰动度盘。竖直角观测时，应先使竖盘指标管水准器气泡居中后，才能读取竖盘读数。

（5）当对一水平角进行 m 个测回（次）观测，各测回间应变换度盘起始位置，每测回观测度盘起始读数变动值为 $180°/m(m$ 为测回数）。

（6）水平角观测时，应以十字丝交点附近的竖丝仔细瞄准目标底部；竖直角观测时，应以十字丝交点附近的中丝照准目标的顶部（或某一标志）。

（7）读数应果断、准确，特别注意估读数。观测结果应及时记录在正规的记录手簿上，当场计算。当各项限差满足规定要求后，方能搬站。如有超限或错误，应立即重测。

（8）选择有利的观测时间和避开不利的外界因素。

（9）仪器安置的高度应合适，脚架应踩实，中心螺旋拧紧，观测时手不扶脚架，转动照准部及使用各种螺旋时，用力要轻。

3.8　电子经纬仪简介

世界上第一台电子经纬仪于 1968 年研制成功，但直到 20 世纪 80 年代初才生产出商品化的电子经纬仪。随着电子技术的飞速发展，电子经纬仪的制造成本急速下降，现在，国产电子经纬仪的售价已经逼近同精度的光学经纬仪的价格。

电子经纬仪是利用光电转换原理和微处理器自动测量度盘的读数并将测量结果显示在仪器显示窗上，如将其与电子手簿连接，可以自动储存测量结果。

3.8.1　电子经纬仪的测角原理

电子经纬仪的测角系统有 3 种：编码度盘测角系统、光栅度盘测角系统和动态测角系统。本节主要介绍光栅度盘测角系统的测角原理。

如图 3.33(a)所示，在玻璃圆盘的径向，均匀地按一定的密度刻划有交替的透明与不透明的辐射状条纹，条纹与间隙的宽度均为 a，这就构成了光栅度盘。如图 3.33(b)所示，如果将两块密度相同的光栅重叠，并使它们的刻线相互倾斜一个很小的角度 θ，就会出现明暗相间的条纹，这种条纹称为莫尔条纹。莫尔条纹的特性：两光栅的倾角 θ 越小，相临明、暗条纹间的间距 w（简称纹距）就越大，其关系为

$$w=\frac{d}{\theta}\rho' \qquad\qquad (3-23)$$

式中，θ 的单位为 $'$，$\rho'=3438$。例如，当 $\theta=20'$ 时，$w=172d$，即纹距 w 比栅距 d 大 172 倍。这样，就可以对纹距进一步细分，以达到提高测角精度的目的。

当两条光栅在与其刻线垂直的方向相对移动时，莫尔条纹将做上下移动。当相对移动一条刻线距离时，莫尔条纹则上下移动一周期，即明条纹正好移到原来邻近的一条明条纹的位置上。

如图 3.33(a)所示，为了在转动度盘时形成莫尔条纹，在光栅度盘上安装有固定的指示光栅。指示光栅与度盘下面的发光管和上面的光敏二极管固连在一起，不随照准部转

动。光栅度盘与经纬仪的照准部固连在一起，当光栅度盘与经纬仪照准部一起转动时，即形成莫尔条纹。随着莫尔条纹的移动，光敏二极管将产生按正弦规律变化的电信号，将此电信号整形，可变为矩形脉冲信号，对矩形脉冲信号计数，即可求得光栅度盘旋转的角值。测角时，在望远镜瞄准起始方向后，可使仪器中心的计数器为0°(度盘置零)。在度盘随望远镜瞄准第二个目标的过程中，对产生的脉冲进行计数，并通过译码器化算为度、分、秒送显示器窗口显示出来。

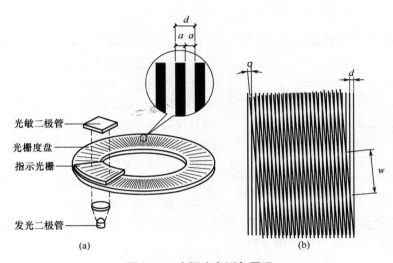

图 3.33　光栅度盘测角原理

3.8.2　ET - 02 电子经纬仪的使用

我国南方测绘仪器公司生产的 ET - 02 电子经纬仪如图 3.34 所示，各部件的名称见图

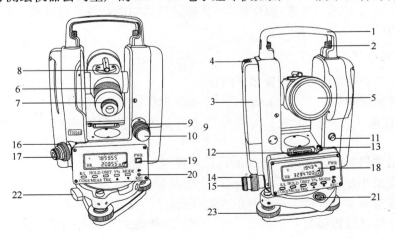

图 3.34　ET - 02 电子经纬仪

1—手柄；2—手柄固定螺钉；3—电池盒；4—电池盒按钮；5—物镜；6—物镜调焦螺旋；7—目镜调焦螺旋；8—光学瞄准器；9—望远镜制动螺旋；10—望远镜微动螺旋；11—光电测距仪数据接口；12—管水准器；13—管水准器校正螺钉；14—水平制动螺旋；15—水平微动螺旋；16—光学对中器物镜调焦螺旋；17—光学对中器目镜调焦螺旋；18—显示窗；19—电源开关键；20—显示窗照明开关键；21—圆水准器；22—轴套锁定钮；23—脚螺旋

中的注记。它一测回方向观测中误差为±2″，角度最小显示到1″，竖盘指标自动归零补偿采用液体电子传感补偿器。它可以与南方测绘公司生产的光电测距仪和电子手簿连接，组成速测全站仪，完成野外数据的自动采集。

仪器使用NiMH高能可充电电池供电，充满电的电池可供仪器连续使用8～10h；设有双操作面板，每个操作面板都有完全相同的一个显示窗和7个功能键，便于正倒镜观测；望远镜的十字丝分划板和显示窗均有照明光源，以便于在黑暗环境中观测。

1. 开机

ET-02电子经纬仪操作面板如图3.35所示，右上角的 PWR 键为电源开关键。

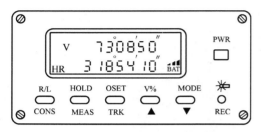

图3.35 ET-02电子经纬仪操作面板

当仪器处于关机状态时，按下该键2s后可打开仪器电源；当仪器处于开机状态时，按下该键2s可关闭仪器电源。仪器在测站上安置好后，打开仪器电源时，在显示窗中字符"HR"的右边显示的是当前视线方向的水平度盘读数；在显示窗中字符"V"的右边将显示"OSET"字符，它提示用户应指示竖盘指标归零。将望远镜置于盘左位置，向上或向下转动望远镜，当其视准轴通过水平视线位置时，显示窗中字符"V"右边的字符"OSET"将变成当前视准轴方向的竖直度盘读数值，即可进行角度测量。

2. 键盘功能

除了电源开关键 PWR，其余的6个键都是双功能键，一般情况下，仪器执行按键上方注记文字的第一功能（测角操作），如果先按 MODE 键，然后再按其余各键，则执行按键下方所注记文字的第二功能（测距操作）。各键具体功能，读者可参阅"ET-02电子经纬仪操作手册"。

3. 仪器的设置

ET-02电子经纬仪可以设置如下内容。

（1）角度测量单位。360°、400gon、640mil（出厂设置为360°）。

（2）竖直角零方向的位置。天顶为零方向或水平为零方向（出厂设置为天顶为零方向）。

（3）自动关机时间。30min或10min（出厂设置为30min）。

（4）角度最小显示单位。1″或5″（出厂设置为1″）。

（5）竖盘指标零点补偿。自动补偿或不补偿（出厂设置为自动补偿）。

（6）水平度盘读数经过0°、90°、180°、270°时蜂鸣或不蜂鸣（出厂设置为蜂鸣）。

（7）选择与不同类型的测距仪连接（出厂设置为与南方测绘公司的ND3000红外测距仪连接）。

如果用户要修改上述仪器设置内容，可以在关机状态，按住CONS键不放，再按住PWR键2s打开电源开关，至3声蜂鸣后松开CONS键，仪器进入初始模式状态。

按 MEAS 键或 TRK 键可使闪烁的光标向左或向右移动到要更改的数字位，按▲键或▼键可使闪烁的数字在 0～1 之间变化，根据需要完成设置后，按 CONS 键确认，即可退出设置状态，返回正常测角状态。

4. 角度测量

由于 ET－02 电子经纬仪是采用光栅度盘测角系统，当转动仪器照准部时，即自动开始测角，所以观测员精确照准目标后，显示窗将自动显示当前视线方向的水平度盘和竖直度盘读数，无需再按任何键，仪器操作简单方便。

本项目主要教学内容包含水平角与垂直角测量原理，DJ_6 型光学经纬仪的构造及使用，水平角的测量方法，垂直角的测量方法，经纬仪的检验与校正，角度测量误差及注意事项，电子经纬仪简介。

本项目的教学目标是使学生熟练掌握 DJ_6 型光学经纬仪的使用方法；了解水平角与垂直角的概念及测量原理，并熟练掌握水平角与垂直角的观测方法和计算方法；了解经纬仪的轴线及各轴线间应满足的几何关系，掌握经纬仪检验与校正的方法；了解角度测量时误差产生的原因，以及观测时的注意事项。简单了解电子经纬仪的构造。

习 题

一、选择题

1. 经纬仪测量水平角时，正倒镜瞄准同一方向所读的水平方向值理论上应相差（   ）。

A. 180°   B. 0°   C. 90°   D. 270°

2. 用经纬仪测水平角和竖直角，采用正倒镜方法可以消除一些误差，下面哪个仪器误差不能用正倒镜法消除？（   ）

A. 视准轴不垂直于横轴   B. 竖盘指标差

C. 横轴不水平   D. 竖轴不竖直

3. 测回法测水平角时，如要测 4 个测回，则第二测回起始读数为（   ）。

A. 15°00′00″   B. 30°00′00″   C. 45°00′00″   D. 60°00′00″

4. 测回法适用于（   ）。

A. 单角   B. 测站上有 3 个方向

C. 测站上有 3 个方向以上   D. 所有情况

5. 用经纬仪测竖直角，盘左读数为 81°12′18″，盘右读数为 278°45′54″。则该仪器的指标差为（   ）。

A. 54″   B. −54″   C. 6″   D. −6″

6. 在竖直角观测中，盘左盘右取平均值是否能够消除竖盘指标差的影响（   ）。

A. 不能   B. 能消除部分影响

C. 可以消除   D. 两者没有任何关系

二、填空题

1. 视准轴是指_____与_____的连线。转动目镜对光螺旋的目的是_____。

2. 水平角的取值范围是_____。竖直角的取值范围是_____。

3. 经纬仪由_____、_____、_____3个部分组成。

4. 经纬仪的使用主要包括_____、_____、_____和_____4项操作步骤。

5. 测量水平角时，要用望远镜十字丝分划板的_____丝瞄准观测标志。测量竖直角时，要用望远镜十字丝分划板的_____丝瞄准观测标志。

三、简答题

1. 什么是水平角？什么是竖直角？经纬仪为什么既能测出水平角又能测出竖直角？

2. 试分述用测回法和方向观测法测量水平角的操作步骤。

3. 观测水平角时，如测两个以上测回，为什么各测回要变换度盘位置？若测回数为4，各测回的起始读数应如何变换？

4. 经纬仪有哪些主要轴线？各轴线之间应满足什么几何条件？为什么？

5. 水平角测量的误差来源有哪些？在观测中应如何消除或削弱这些误差的影响？

6. 采用盘左、盘右观测水平角，能消除哪些仪器误差？

7. 经纬仪对中、整平的目的是什么？操作方法如何？

四、计算题

1. 整理表3-5中测回法观测水平角的记录。

2. 整理表3-6中方向观测法测水平角的记录。

3. 整理表3-7中竖直角观测的记录。

表3-5　测回法观测手簿

测　站	竖盘位置	目　标	水平度盘读数 (° ′ ″)	半测回角值 (° ′ ″)	一测回角值 (° ′ ″)	各测回平均角值 (° ′ ″)	备　注
第一测回 O	左	A	0 01 12				
		B	200 08 54				
	右	A	180 02 00				
		B	20 09 30				
第二测回 O	左	A	90 00 36				
		B	290 08 00				
	右	A	270 01 06				
		B	110 08 48				

表 3-6　方向观测法观测手簿

测站	测回数	目标	读　数 盘左 (° ′ ″)	读　数 盘右 (° ′ ″)	2c (′ ″)	平均读数 (° ′ ″)	归零方向值 (° ′ ″)	各测回平均方向值 (° ′ ″)	备　注
O	1	C	0 00 42	180 01 24					
		D	76 25 36	256 26 30					
		B	128 48 06	308 48 54					
		A	290 56 24	110 57 00					
		C	0 00 54	180 01 30					
		Δ=							
O	2	C	90 01 30	270 02 06					
		D	166 26 30	346 27 12					
		B	218 49 00	38 49 42					
		A	20 57 06	200 57 54					
		C	90 01 30	270 02 12					
		Δ=							

表 3-7　竖直角观测手簿

测站	目标	竖盘位置	竖盘读数 (° ′ ″)	半测回竖直角 (° ′ ″)	指标差 (′ ″)	一测回竖直角 (° ′ ″)	备　注
O	A	左	98 43 18				竖直度盘 为顺时针注记
		右	261 15 30				
	B	左	75 36 00				
		右	284 22 36				

项目 4

距离测量与直线定向

🔗学习目标

　　重点掌握钢尺量距方法、钢尺量距成果处理，以及视距测量原理、测量方法和成果计算；了解电磁波测距原理，红外测距仪的基本构造与使用；了解全站仪的构造特点及用途；理解掌握直线方向的表示方法和方位角、象限角的概念以及坐标方位角的推算方法。

🔗学习要求

能 力 目 标	知 识 要 点	权　　重	自测分数
重点掌握钢尺量距方法	钢尺量距的一般方法	30%	
学会视距测量原理、测量方法和成果计算	视距测量原理、测量方法和成果计算	20%	
了解电磁波测距原理了解全站仪的构造特点及用途	电磁波测距原理，红外测距仪的基本构造与使用，全站仪的构造特点及用途	20%	
理解并掌握直线方向的表示方法	方位角、象限角的概念及坐标方位角的推算方法	30%	

🔗学习重点

　　钢尺量距的方法、直线定向的概念及定向的方法、坐标方位角的推算方法

🔗最新标准

　　《工程测量规范》（GB 50026—2007）

如果外出旅游，人们一定要知道目标地的路程（距离）和方位，那么这路程和方位是如何测量出来的？本项目将介绍这一问题。

距离测量就是测量地面两点之间的水平距离。如果测得的是倾斜距离，还必须将其换算为水平距离。根据量距工具和量距精度的不同，距离测量的方法有钢尺量距、普通视距测量和光电测距仪测距。直线定向就是确定直线与标准方向之间的水平夹角的关系，主要是方位角和象限角两种方法，来表示直线与标准方向之间的水平夹角的关系。

4.1 钢 尺 量 距

钢尺量距工具简单，是工程测量中最常用的一种距离测量方法，按精度要求不同又分为一般方法和精密方法。

4.1.1 量距工具

钢尺量距是利用钢尺直接量测地面两点间的距离，又称为距离丈量。钢尺量距时，根据不同的精度要求所用的工具和方法也不同。普通钢尺是钢制带尺，尺宽 10～15mm。长度有 20m、30m 和 50m 等多种。为了便于携带和保护，将钢卷尺放在圆形皮盒内或金属尺架上，如图 4.1 所示。

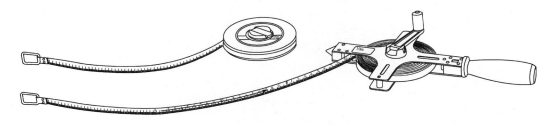

图 4.1 钢卷尺

钢尺的零分划位置有两种：一种是在钢尺前端有一条刻线作为尺长的零分划线，称为刻线尺；另一种是零点位于尺端，即拉环外沿，这种尺称为端点尺（图 4.2）。端点尺的缺点是拉环易磨损。钢尺上在分米和米处都刻有注记，便于量距时读数。

量距工具还有皮尺，外形同钢卷尺，用麻皮制成，基本分划为厘米，零点在尺端。

皮尺精度低，只用于精度要求不高的距离丈量。钢尺量距最高精度可达到 1/10000。由于其在短距离量距中使用方便，常在工程中使用。

钢尺量距中辅助工具还有测钎、标杆、垂球、弹簧秤和温度计（图 4.3）。测钎是用直径 5mm 左右的粗铁丝制成，长约 30cm。它的一端磨尖，便于插入土中。用来标志所量尺段的起、止点。另一端做成环状便于携带。测钎 6 根或 11 根为一组，它用于计算已量过的整尺段数。标杆

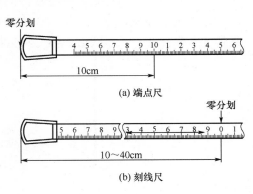

(a) 端点尺

(b) 刻线尺

图 4.2 钢尺的分划

长 3m，杆上涂以 20cm 间隔的红、白漆，以便远处清晰可见，用于标定直线。弹簧秤和温度计，用以控制拉力和测定温度。

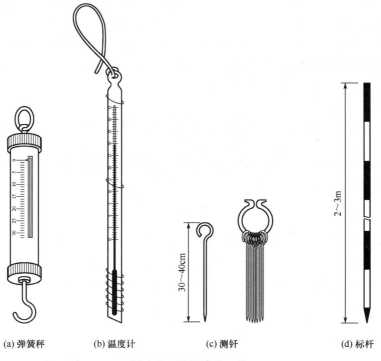

(a) 弹簧秤　　(b) 温度计　　(c) 测钎　　(d) 标杆

图 4.3　量距辅助工具

4.1.2　钢尺量距的一般方法

1. 直线定线

如果地面两点之间距离较长或地面起伏较大，需要分段进行量测。为了使所量线段在一条直线上，需要在每一尺段首尾立标杆。在所量尺段中，把相应标志标定在待测两点间直线上的工作称为直线定线。

一般量距用目估定线。首先在待测距离两个端点 A、B 上竖立标杆。如图 4.4 所示，一个作业员立于端点 A 后 1m 处，瞄 A、B，并指挥另一位持杆作业员左右移动标杆 2，直到 3 个标杆在一条直线上。然后将标杆竖直插下。直线定线一般由远到近进行。

图 4.4　直线定线

当量距精度要求较高时，应使用经纬仪定线，其方法同目估法，只是将经纬仪安置在 A 点，用望远镜瞄准 B 点进行定线。

2. 量距方法

1）平坦地面上的量距方法

如图 4.5 所示，欲量 A、B 两点之间的水平距离，先在 A、B 处竖立标杆，作为丈量时定线的依据；清除直线上的障碍物以后，即可开始丈量。

图 4.5　平坦地面量距方法

丈量工作一般由两人进行，后尺手持尺的零端位于 A 点，前尺手持尺的末端并携带一组测钎（6～11 根），沿 AB 方向前进，行至一尺段处停下。后尺手以尺的零点对准 A 点，当两人同时把钢尺拉紧、拉平和拉稳后，前尺手在尺的末端刻线处竖直地插下一测钎，得到点 1，这样便量完了一个尺段。如此继续丈量下去，直至最后不足一整尺段的长度，称为余长（图 4.5 中 nB 段）；丈量余长时，后尺手将尺上 0 点分划对准 n 点，由前尺手对准 B 点，在尺上读出读数，即可求得不足一尺段的余长，则 A、B 两点之间的水平距离为

$$D_{AB}=nl+q \tag{4-1}$$

式中，l 为尺长；q 为余长；n 为尺段数。

2）倾斜地面的量距方法

如果 A、B 两点间有较大的高差，但地面坡度比较均匀，大致成一倾斜面，如图 4.6 所示。则可沿地面丈量倾斜距离 D'，用水准仪测定两点间的高差 h，按式（4-2）或式（4-3）中任一式计算水平距离 D。

$$D=\sqrt{D'^2-h^2} \tag{4-2}$$

$$D=D'+\Delta D_h=D'-\frac{h^2}{2D'} \tag{4-3}$$

式中，ΔD_h 为量距时的高差改正（或称倾斜改正）。

3）高低不平地面的量距方法

当地面高低不平时，为了能量得水平距离，前、后尺手同时抬高并拉紧钢尺，使尺悬空并大致水平（如为整尺段时则中间有一人托尺），同时用垂球把钢尺两个端点投影到地面上，用测钎等作出标记，如图 4.7 所示，分别量得各段水平距离 l_i，然后取其总和，得到 A、B 两点间的水平距离 D。这种方法称为水平钢尺法或平量法。当地面高低不平并向一个方向倾斜时，可只抬高钢尺的一端，然后在抬高的一端用垂球投影。

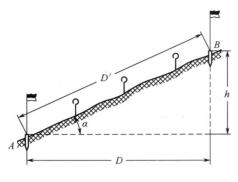

图 4.6　倾斜地面的量距方法

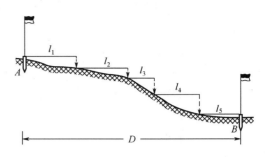

图 4.7　高低不平地面的量距方法

4）成果计算

为了防止丈量错误和提高量距精度，距离要往、返丈量。上述介绍的方法为往测，返测时要重新进行定线。把往返丈量所得距离的差数除以往、返测量距离的平均值，称为距离丈量的相对精度，或称相对误差。即

$$K=\frac{|D_{往}-D_{返}|}{D_{平均}} \qquad (4-4)$$

【例 4-1】　距离 AB，往测时为 155.642m，返测时为 155.594m，则量距相对精度为

$$K=\frac{|155.642-155.594|}{(155.642+155.594)/2}=\frac{0.048}{155.618}=\frac{1}{3200}$$

在计算相对精度时，往、返丈量之差取其绝对值，并将结果化成分子为 1 的分式。相对精度的分母越大，说明量距的精度越高。在平坦地区钢尺量距的相对精度一般不应大于 1/3000；在量距困难地区，其相对精度也不应大于 1/1000。量距的相对精度没有超过规定值，可取往、返测量结果的平均值作为两点间的水平距离 D。

钢尺量距一般方法的记录、计算及精度评定见表 4-1。

表 4-1　钢尺一般量距记录及成果计算

线段	尺段长/m	往测			返测			往返差/m	相对精度	往返平均/m
		尺段数	余长数/m	总长/m	尺段数	余长数/m	总长/m			
AB	30	5	27.478	177.478	5	27.452	177.452	0.026	1/6800	177.465
BC	50	2	46.935	146.935	2	46.971	146.971	0.036	1/4100	146.953

4.1.3　钢尺量距的精密方法

钢尺量距的一般方法的精度只能达到 1/5000～1/1000，当量距精度要求较高时，例如要求量距精度达到 1/40000～1/10000，这时应采用精密方法进行丈量。钢尺量距的精密方法与钢尺量距的一般方法基本步骤是相同的，只不过前者在相应步骤中采用了较精密的方法并对一些影响因素进行了相应的改正。

1. 钢尺检定

钢尺因刻划误差、使用中的变形、丈量时温度变化和拉力不同的影响，其实际长度往往不等于尺上所注的长度即名义长度。丈量时应对钢尺进行检定，求出在标准温度和标准拉力下的实际长度，以便对丈量结果加以改正。在一定的拉力下，以温度 t 为变量的函数式来表示尺长 l_t，这就是尺长方程式，其一般形式为

$$l_t = l_0 + \Delta l + \alpha(t - t_0)l_0 \qquad (4-5)$$

式中，l_t 为钢尺在温度 t(℃)时的实际长度；l_0 为钢尺的名义长度；Δl 为尺长改正数，即钢尺在温度 t_0 时的改正数；α 为钢尺的线膨胀系数，其值约为 $(1.25 \times 10^{-5} \sim 1.15 \times 10^{-5})$/℃；$t_0$ 为钢尺检定时的温度，一般取20℃；t 为钢尺量距时的温度。

每根钢尺都应有尺长方程式，用以对丈量结果进行改正，尺长方程式中的尺长改正数 Δl 要通过钢尺检定，与标准长度相比较而求得。

2. 定线

确定了距离丈量的两个端点后，即开始直线定线工作。由于目估定线精度较低，在钢尺精密量距时，必须用经纬仪定线，其定线内容主要有经纬仪在两点间定线及经纬仪延长直线定线。

1) 经纬仪在两点间定线

如图4.8所示，欲在 AB 线内精确定出1、2点的位置。可由甲将经纬仪安置于 A 点，用望远镜照准 B 点，固定照准部制动螺旋。然后将望远镜向下俯视，用手势指挥乙移动标杆至与十字丝竖丝重合时，便在标杆位置打下木桩，再根据十字丝在木桩上刻出十字细线（或钉上小钉），即为准确定出的1点位置。

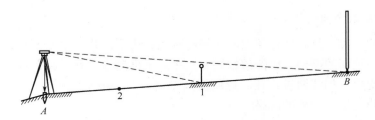

图4.8　经纬仪定线

2) 经纬仪延长直线

如图4.9所示，如果需将直线 AB 延长至 C 点，置经纬仪于 B 点，对中整平后，望远镜以盘左位置用竖丝瞄准 A 点，制动照准部，松开望远镜制动螺旋，倒转望远镜，用竖丝定出 C' 点。望远镜以盘右位置再瞄准 A 点，制动照准部，再倒转望远镜定出 C'' 点。取 $C'C''$ 的中点，即为精确位于 AB 直线延长线上的 C 点。这种延长直线的方法称为经纬仪正倒镜分中法。用正倒镜分中法可以消除经纬仪可能存在的视准轴误差与横轴不水平误差对延长直线的影响。

3. 量距

用检定过的钢尺精密丈量 AB 两点间的距离，丈量组一般由五人组成，两人拉尺，两人读数，一人指挥兼记录和读温度。

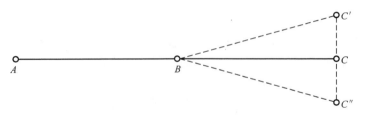

图 4.9　经纬仪延长直线

丈量时，拉伸钢尺置于相邻两木桩顶上，并使钢尺有刻划线的一侧贴切十字线或小钉。后尺手将弹簧秤挂在尺的零端，以便施加钢尺检定时的标准拉力，如图 4.10 所示。两端同时根据十字丝交点读取读数，估读到 0.5mm 记入手簿（表 4-2），并计算尺段长度。

图 4.10　钢尺精密量距

前、后移动钢尺 2～3cm，同法再次丈量，每一尺段要读 3 组数，由 3 组读数算得的长度较差应小于 3mm，否则应重量。如在限差之内，取 3 次结果的平均值，作为该尺段的观测结果。每一尺段应记温度一次，估读至 0.5℃。如此继续丈量至终点，即完成往测。完成往测后，应立即返测。每条直线所需丈量的往返次数视量距的精度要求而定。

4. 测定相邻桩顶间的高差

上述所量的距离，是相邻桩顶点间的倾斜距离，为了改算成水平距离，要用水准测量的方法测出各桩顶间的高差，以便进行倾斜改正。水准测量宜在量距前或量距后往、返观测一次，以资检核。相邻两桩顶往、返所测高差之差，一般不得超过±10mm，如在限差以内，取其平均值作为观测的成果。

5. 成果计算

精密量距中，将每一段丈量结果经过尺长改正、温度改正和倾斜改正换算成水平距离，并求总和，得到直线往测或返测的全长。如相对精度符合要求，则取往、返测平均值作为最后成果。

1）尺段长度的计算

（1）尺长改正。钢尺在标准拉力、标准温度下的实际长度为 l'，它与钢尺的名义长度 l_0 的差数 Δl 即为整尺段的尺长改正数，$\Delta l = l' - l_0$。则有

$$\Delta l_d = \frac{l' - l_0}{l_0} l \qquad (4-6)$$

式中，Δl_d 为尺段的尺长改正数；l 为尺段的倾斜距离。

【例 4-2】 表 4-2 中 $A1$ 尺段，$l = l_{A1} = 29.8755\text{m}$，$\Delta l = l' - l_0 = 30.0025\text{m} - 30\text{m} = +0.0025\text{m} = +2.5\text{mm}$。

故 $A1$ 尺段的尺长改正数为

$$\Delta l_{\mathrm{d}}=\frac{2.5\mathrm{mm}}{30}\times29.8755=2.5\mathrm{mm}$$

（2）温度改正。设钢尺在检定时的温度为 $t_0℃$，丈量时的温度为 $t℃$，钢尺的线膨胀系数为 α，则丈量一个尺段 l 的温度改正数 Δl_{t} 为

$$\Delta l_{\mathrm{t}}=\alpha(t-t_0)l \tag{4-7}$$

式中，l 为尺段的倾斜距离。

【例 4-3】 表 4-2 中，No. 11 钢尺的膨胀系数为 0.000012，检定时温度为 20℃，丈量时的温度为 26.5℃，$l=l_{A1}=29.8755\mathrm{m}$，则 $A1$ 尺段的温度改正数为

$$\Delta l_{\mathrm{t}}=\alpha(t-t_0)l=0.000012\times(26.5-20)\times29.8755\mathrm{mm}=2.3\mathrm{mm}$$

（3）倾斜改正。如图 4.11 所示，设 l 为量得的斜距，h 为尺段两端点间的高差，现要将 l 改算成水平距离 D，故要加倾斜改正数 Δl_{h}，从图 4.11 可以看出

$$\Delta l_{\mathrm{h}}=D-l$$

即

$$\Delta l_{\mathrm{h}}=\sqrt{l^2-h^2}-l=l\left(1-\frac{h^2}{l^2}\right)^{\frac{1}{2}}-l \tag{4-8}$$

将 $\left(1-\frac{h^2}{l^2}\right)^{\frac{1}{2}}$ 展成级数后代入得

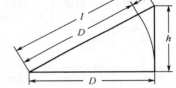

图 4.11　尺段倾斜改正

$$\Delta l_{\mathrm{h}}=l\left(1-\frac{h^2}{2l^2}-\frac{h^4}{8l^4}-\cdots\right)-l\approx-\frac{h^2}{2l}$$

由上式可以看出，倾斜改正数永远为负值。

把表 4-2 中 $A1$ 段的数据带入上式，可得 $A1$ 段的倾斜改正数为

$$\Delta l_{\mathrm{h}}=-\frac{0.115^2}{2\times29.8755}\mathrm{mm}=-0.2\mathrm{mm}$$

综上所述，每一尺段改正后的水平距离 D 为

$$D=l+\Delta l_{\mathrm{d}}+\Delta l_{\mathrm{t}}+\Delta l_{\mathrm{h}} \tag{4-9}$$

【例 4-4】 表 4-2 中，$A1$ 尺段实测距离为 29.8755m，三项改正值为 $\Delta l_{\mathrm{d}}=+2.5\mathrm{mm}$，$\Delta l_{\mathrm{t}}=+2.3\mathrm{mm}$，$\Delta l_{\mathrm{h}}=-0.2\mathrm{mm}$，故按式（4-9）计算 $A1$ 尺段的水平距离为

$$D_{A1}=29.8755\mathrm{m}+2.5\mathrm{mm}+2.3\mathrm{mm}-0.2\mathrm{mm}=29.8801\mathrm{mm}$$

2）计算全长

将各个改正后的尺段和余长相加起来，便得到 AB 距离的全长。表 4-2 为往测结果，其值为 196.5186m，同样算出返测的全长，其值为 196.5136m，故平均距离为 196.5161m。其相对误差为

$$K_{\mathrm{D}}=\frac{|D_{往}-D_{返}|}{D_{平均}}=\frac{1}{39000}$$

如果相对误差在限差范围内，则平均距离即为观测结果；如果相对误差超限，则应重测。

钢尺精密量距的记录及有关计算见表 4-2。

表4-2　钢尺精密量距的记录及成果计算

钢尺号码：No.11　　钢尺膨胀系数：0.000012　　钢尺检定时温度 t_0：20℃　　计算者：×××

钢尺名义长度 l_0：30m　　钢尺检定长度 l'：30.0025m　　钢尺检定时拉力：100N　　日　期：××××

尺段编号	实测次数	前尺读数/m	后尺读数/m	前尺读数/m	温度/℃	高差/m	温度改正数/m	尺长改正数/mm	倾斜改正数/mm	改正后尺段长/m
A1	1	29.8955	0.0200	29.8755	26.5	−0.115	+2.3	+2.5	−0.2	29.8801
	2	29.9115	0.0345	29.8770						
	3	29.8980	0.0240	29.8740						
	平均			29.8755						
12	1	29.9350	0.0250	29.9100	25.0	+0.411	+1.8	+2.5	−2.0	29.9120
	2	29.9565	0.0460	29.9105						
	3	29.9780	0.0695	29.9085						
	平均			29.9097						
…	…	…	…	…	…	…	…	…	…	…
6B	1	19.9345	0.0385	19.8960	28.0	+0.0112	+0.19	+1.7	−0.3	19.8990
	2	19.9470	0.0610	19.8960						
	3	19.9565	0.0615	19.8950						
	平均			19.8957						
总和										196.5186

4.1.4　钢尺量距误差

钢尺量距误差主要有钢尺误差、人为误差及外界条件的影响。

1）钢尺误差

如果钢尺的名义长度和实际长度不符，则产生尺长误差。尺长误差属系统误差，是累积的，所量距离越长，误差越大。因此新购置的钢尺必须经过检定，以求得尺长改正值。

2）人为误差

人为误差主要有钢尺倾斜和垂曲误差、定线误差、拉力误差及丈量误差。

（1）钢尺倾斜误差和垂曲误差。当地面高低不平、按水平钢尺法量距时，钢尺没有处于水平位置或因自重导致中间下垂而成曲线时，都会使所量距离增大，丈量时必须注意钢尺水平。

（2）定线误差。由于丈量时钢尺没有准确地放在所量距离的直线方向上，使所量距离不是直线而是一组折线，因而总是使丈量结果偏大，这种误差称为定线误差。一般丈量时，要求定线偏差不大于0.1m，可以用标杆目估定线。当直线较长或精度要求较高时，应用经纬仪定线。

（3）拉力变化的误差。钢尺在丈量时所受拉力应与检定时拉力相同，一般量距中只要保持拉力均匀即可，而对较精密的丈量工作则需使用弹簧秤。

（4）丈量本身的误差。丈量时用测钎在地面上标志尺端点位置时插测钎不准，前、后尺手配合不佳，余长读数不准，都会引起丈量误差，这种误差对丈量结果的影响可正可负，大小不定。因此，在丈量中应尽力做到对点准确，配合协调，认真读数。

3）外界条件的影响

外界条件的影响主要是温度的影响，钢尺的长度随温度的变化而变化，当丈量时的温度和标准温度不一致时，将导致钢尺长度变化。按照钢的膨胀系数计算，温度每变化 1℃，约影响长度为 1/80000。一般量距时，当温度变化小于 10℃时可以不加改正，但精密量距时必须考虑温度改正。

4.1.5　钢尺的维护

不论是一般量距还是精密量距，都要精心地维护和保养钢尺，主要有以下几点。

（1）钢尺易生锈，收工时立即用软布擦去钢尺上的泥土和水珠，涂上机油以防生锈。

（2）钢尺易折断，在行人和车辆多的地区量距时，严防钢尺被车辆压过而折断。当钢尺出现卷曲，切不可用力硬拉，应顺弯曲方向收卷钢尺。

（3）不准将钢尺沿地面拖拉，以免磨损尺面刻划。

4.2　视 距 测 量

4.2.1　视距测量原理

视距测量是利用望远镜内的视距装置配合视距尺，根据几何光学和三角测量原理，同时测定距离和高差的方法。最简单的视距装置是在测量仪器（如经纬仪、水准仪）的望远镜十字丝分划板上刻制上、下对称的两条短线，称为视距丝，如图 4.12 所示。视距测量中的视距尺可用普通水准尺，也可用专用视距尺。

视距测量精度一般为 1/500～1/300，精密视距测量可达 1/2000。由于视距测量仅用一台经纬仪即可同时完成两点间平距和高差的测量，操作简便，所以当地形起伏较大时，常用于碎部测量和图根控制网的加密。

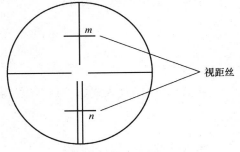

图 4.12　望远镜视距丝

4.2.2　视线水平时视距测量公式

目前测量上常用的望远镜是内调焦望远镜，其成像原理图如图 4.13 所示。R 为视距尺，L_1 为望远镜物镜，焦距为 f_1；L_2 为调焦透镜，焦距为 f_2。V 为仪器中心，即竖轴中心。K 为十字丝板，b 为十字丝板至调焦物镜 L_2 之间的距离。δ 为仪器中心至物镜 L_1 间的距离。当望远镜瞄准视距尺时，移动 L_2 使标尺像落在十字丝面上。通过上、下两个视

距丝 m、n 就可读取视距尺上 M、N 两点读数。其差称为尺间隔 l，即

$$l = n - m \qquad (4-10)$$

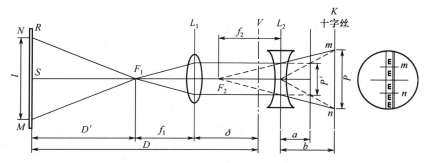

图 4.13　内调焦望远镜成像原理图

从图 4.13 中可见，待测距离 D 为

$$D = D' + f_1 + \delta \qquad (4-11)$$

从凸透镜 L_1 成像原理可得

$$\frac{D'}{f_1} = \frac{l}{P'} \qquad (4-12)$$

则

$$D' = \frac{f_1}{P'} l \qquad (4-13)$$

式中，P' 为 l 经过 L_1 后的像长。

由调焦透镜（凹透镜）成像原理可得

$$\frac{P}{P'} = \frac{b}{a} \qquad (4-14)$$

式中，P 为 P' 经过凹透镜 L_2 后的像长；a 为物距；b 为像距。

根据凹透镜成像公式可得

$$\frac{1}{b} - \frac{1}{a} = \frac{1}{f_2}$$

$$\frac{b}{a} = \frac{f_2 - b}{f_2} \qquad (4-15)$$

将式（4-15）代入式（4-14），可得

$$\frac{1}{P'} = \frac{f_2 - b}{f_2 P} \qquad (4-16)$$

再代入式（4-12），则得

$$D' = \frac{f_1(f_2 - b)}{f_2 P} l$$

$$D = \frac{f_1(f_2 - b)}{f_2 P} l + f_1 + \delta \qquad (4-17)$$

设望远镜对无穷远目标调焦时，像距为 b_∞，而 $b = b_\infty + \Delta b$，代入式（4-17）得

$$D = \frac{f_1(f_2 - b_\infty - \Delta b)}{f_2 P} l + f_1 + \delta = \frac{f_1(f_2 - b_\infty)}{f_2 P} l - \frac{\Delta b f_1}{f_2 P} l + f_1 + \delta \qquad (4-18)$$

令

$$K=\frac{f_1(f_2-b_\infty)}{f_2P}, \quad c=\frac{-f_1\Delta b}{f_2P}l+f_1+\delta$$

则

$$D=Kl+c \tag{4-19}$$

式中，K 为视距乘常数；c 为视距加常数。

在仪器设计时，选择适当参数，可使 $K=100$，c 值很小，可以忽略不计，所以以视线水平时视距测量公式为

$$D=Kl+100l \tag{4-20}$$

视线水平时，高差由图 4.14 可得

$$h=i-v \tag{4-21}$$

式中，i 为仪器高，为仪器横轴至桩顶距离；v 为中丝读数，为十字丝中丝在标尺上的读数。

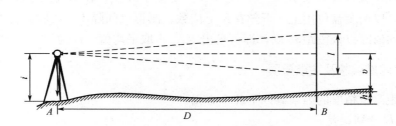

图 4.14 视线水平时的视距测量

4.2.3 视线倾斜时视距测量公式

当地面起伏比较大，望远镜倾斜才能瞄到视距尺（图 4.15），此时视线不再垂直于视距尺，因此需要将 B 点视距尺的尺间隔 l，即 M、N 读数差，转算到垂直于视线的尺间隔 l'，图中为 $M'N'$，求出斜距 D'，然后再求水平距离 D。

设视线竖直角为 α，由于十字丝上、下丝的间距很小，视线夹角约为 $34'$，故可以将 $\angle EM'M$ 和 $\angle EN'N$ 近似看做直角。$\angle MEM'=\angle NEN'=\alpha$。从图 4.15 中可见

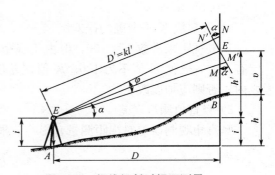

图 4.15 视线倾斜时视距测量

$$M'E+EN'=(ME+EN)\cos\alpha$$
$$l'=l\cos\alpha$$
$$D'=Kl'=Kl\cos\alpha \tag{4-22}$$

水平距离为

$$D=D'\cos\alpha=Kl\cos^2\alpha \tag{4-23}$$

初算高差为

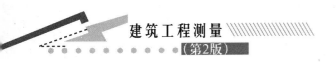

$$h' = D'\sin\alpha = Kl\cos\alpha\sin\alpha = \frac{1}{2}Kl\sin2\alpha \tag{4-24}$$

A、B 两点高差为

$$h = h' + i - v = \frac{1}{2}Kl\sin2\alpha + i - v = D\tan\alpha + i - v \tag{4-25}$$

在实际工作中，可以使中丝读数等于仪器高 i，则上式可简化为

$$h = \frac{1}{2}Kl\sin2\alpha \tag{4-26}$$

4.2.4 视距常数测定

为了保证视距测量精度，在视距测量前必须对仪器的常数进行测定。现代经纬仪为内调焦望远镜 $c = 0$ 不需测定，只进行乘常数测定。

在平坦地区选择一段直线，沿直线在距离为 25m、50m、100m、150m、200m 的地方分别打下木桩，编号为 B_1，B_2，…，B_n，仪器安置在 A 点，在 B_i 桩上依次立视距尺，在视线水平时，以两个盘位用上、下丝在尺上读数，测得尺间隔 l_i。然后进行返测，将每一段尺间隔平均值除以该段距离 D_i，即可求出 K_i，再取平均值，即为仪器乘常数 K。

4.2.5 视距测量误差及注意事项

影响视距测量精度的因素有以下几个方面。

1）视距尺分划误差

视距尺分划误差若是系统性增大或减小，对视距测量将产生系统性误差。这个误差在仪器常数检测时将会反应在乘常数 K 上。若视距尺分划误差是偶然误差，对视距测量影响也是偶然性的。视距尺分划误差一般为 ±0.5mm，引起的距离误差为 $m_d = K(\sqrt{2} \times 0.5) = 0.071$m。

2）乘常数 K 不准确的误差

一般视距乘常数 $K = 100$，但由于视距丝间隔有误差，视距尺有系统性误差，仪器检定有误差，会使 K 值不为 100。K 值误差使视距测量产生系统误差。K 值应在 100 ± 0.1 之内，否则应加以改正。

3）竖直角测量误差

竖直角观测误差对视距测量有影响。根据视距测量公式，其影响为

$$m_d = Kl\sin2\alpha\frac{m_\alpha}{\rho} \tag{4-27}$$

当 $\alpha = 45°$，$m_\alpha = \pm10''$，$Kl = 100$m，$m_d \approx \pm5$mm，可见竖直角观测误差对视距测量影响不大。

4）视距丝读数误差

视距丝读数误差是影响视距测量精度的重要因素，它与视距远近成正比，距离越远误差越大。所以视距测量中要根据测图对测量精度的要求限制最远视距。

5）视距尺倾斜对视距测量的影响

视距测量公式是在视距尺严格与地面垂直条件下推导出来的。若视距尺倾斜，设其倾角误差为 $\Delta\alpha'$，则对视距测量式(4-23)微分，得视距测量误差 ΔD 为

$$\Delta D = -2Kl\cos\alpha\sin\alpha\frac{\Delta\alpha}{\rho} \qquad (4-28)$$

其相对误差为

$$\frac{\Delta D}{D} = \left|\frac{-2Kl\cos\alpha\sin\alpha}{Kl\cos^2\alpha}\frac{\Delta\alpha}{\rho}\right| = 2\tan\alpha\frac{\Delta\alpha}{\rho} \qquad (4-29)$$

视距测量精度一般为1/300。要保证$\frac{\Delta D}{D}\leqslant\frac{1}{300}$，视距测量时，倾角误差应满足下式

$$\Delta\alpha\leqslant\frac{\rho\cot\alpha}{600}=5.8'\cot\alpha \qquad (4-30)$$

根据上式可计算出不同竖直角测量时对倾角测量精度的要求，见表4-3。

表4-3 不同竖直角对倾角测量精度的要求

竖 直 角	3°	5°	10°	20°
$\Delta\alpha$ 允许值	1.8°	1.1°	0.5°	0.3°

由此可见，视距尺倾斜时，对视距测量的影响不可忽视，特别是在山区，倾角大时更要注意，必要时可在视距尺上附加圆水准器。

6）外界气象条件对视距测量的影响

（1）大气折光的影响。视线穿过大气时会产生折射，其光程从直线变为曲线，造成误差。由于视线靠近地面时折光大，所以规定视线应高出地面1m以上。

（2）大气湍流的影响。空气的湍流使视距成像不稳定，造成视距误差。当视线接近地面或水面时这种现象更为严重。所以视线要高出地面1m以上。除此以外，风和大气能见度对视距测量也会产生影响。风力过大，尺子会抖动，空气中灰尘和水汽会使视距尺成像不清晰，造成读数误差，所以应选择良好的天气进行测量。

4.3 电磁波测距

钢尺量距是一项十分繁重的工作。在山区或沼泽地区使用钢尺更为困难，且视距测量精度又太低。为了提高测距速度和精度，降低测距人员的劳动强度，科研人员发明了能代替钢尺的电子测距仪器——电磁波测距仪。电磁波测距（简称 EDM）是用电磁波（光波或微波）作为载波，传输测距信号，以测量两点间距离的一种方法。与传统的钢尺量距和视距测量相比，EDM 具有测程长、精度高、作业快、工作强度低、几乎不受地形限制等优点。

4.3.1 电磁波测距技术发展简介

1948 年，瑞典 AGA（阿嘎）公司（现更名为 Geotronics 公司）研制成功了世界上第一台电磁波测距仪，它采用白炽灯发射的光波作载波，应用了大量的电子管元件，仪器相当笨重且功耗大。为避开白天太阳光对测距信号的干扰，只能在夜间作业，测距操作和计算都比较复杂。

1960 年世界上成功研制出了第一台红宝石激光器和第一台氦-氖激光器，1962 年砷化镓半导体激光器研制成功。与白炽灯比较，激光器的优点是发散角小、大气穿透力强、传输的距离远、不受白天太阳光干扰、基本上可以全天候作业。1967 年 AGA 公司推出了世界上第一台商品化的激光测距仪 AGA-8。该仪器采用 5mW 的氦-氖激光器作发光元件，白天测程为 40km，夜间测程达 60km，测距精度（5mm+1ppm），主机重量 23kg。

我国的武汉地震大队也于 1969 年研制成功了 JCY－1 型激光测距仪，1974 年又研制并生产了 JCY－2 型激光测距仪。该仪器采用 2.5mW 的氦-氖激光器作发光元件，白天测程为 20km，测距精度（5mm＋1ppm），主机重量 16.3kg。

随着半导体技术的发展，从 20 世纪 60 年代末 70 年代初起，采用砷化镓发光二极管做发光元件的红外测距仪逐渐在世界上流行起来。与激光测距仪比较，红外测距仪有体积小、重量轻、功耗小、测距快、自动化程度高等优点。但由于红外光的发散角比激光大，所以红外测距仪的测程一般小于 15km。现在的红外测距仪已经和电子经纬仪及计算机软硬件制造在一起，形成了全站仪，并向着自动化、智能化和利用蓝牙技术实现测量数据的无线传输方向飞速发展。

电磁波测距仪按其所采用的载波可分为：①用微波段的无线电波作为载波的微波测距仪（Microwave EDM Instrument）；②用激光作为载波的激光测距仪（Laser EDM Instrument）；③用红外光作为载波的红外测距仪（Infrared EDM Instrument）。后两者又统称为光电测距仪。微波和激光测距仪多属于长程测距，测程可达 60km，一般用于大地测量，而红外测距仪属于中、短程测距仪（测程为 15km 以下），一般用于小地区控制测量、地形测量、地籍测量和工程测量等。

光电测距是一种物理测距的方法，它通过测定光波在两点间传播的时间计算距离，按此原理制作的以光波为载波的测距仪叫光电测距仪。按测定传播时间的方式不同，测距仪分为相位式测距仪和脉冲式测距仪；按测程大小可分为远程、中程和短程测距仪 3 种，见表 4－4。目前工程测量中使用较多的是相位式短程光电测距仪。

表 4－4　光电测距仪的种类

仪 器 种 类	短程光电测距仪器	中程光电测距仪器	远程光电测距仪器
测距	＜3km	3～15km	＞15km
精度	$\pm(5mm＋5ppm\times D)$	$\pm(5mm＋2ppm\times D)$	$\pm(5mm＋1ppm\times D)$
光源	红外光源（GaAs 发光二极管）	1. GaAs 发光二极管 2. 激光管	—
测距原理	相位式	相位式	相位式

注：ppm＝10^{-6}

4.3.2　电磁波测距仪测距原理

电磁波测距是利用电磁波（微波、光波）作载波，在测线上传输测距信号，测量两点间距离的方法。若电磁波在测线两端往返传播的时间为 t，则两点间距离为

$$D＝\frac{1}{2}ct \qquad\qquad (4-31)$$

式中，c 为电磁波在大气中的传播速度。

测距仪测距原理有以下两种。

1）脉冲法测距

用红外测距仪测定 A、B 两点间的距离 D，在待测定一端安置测距仪，另一端安放反光镜，如图 4.16 所示。当测距仪发出光脉冲，经反光镜反射，回到测距仪。若能测定光在距离 D 上往返传播时间，即测定反射光脉冲与接收光脉冲的时间差 Δt，则测距公式为

$$D = \frac{c_0}{2n_g}\Delta t \qquad\qquad (4-32)$$

式中，c_0 为光在真空中的传播速度；n_g 为光在大气中的传输折射率。

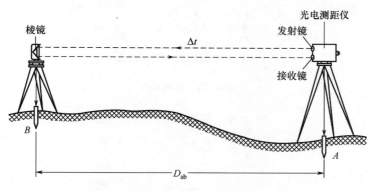

图 4.16　脉冲法测距

此公式为脉冲法测距公式。这种方法测定距离的精度取决于时间 Δt 的量测精度。如要达到 $\pm 1\text{cm}$ 的测距精度，时间量测精度应达到 $6.7\times10^{-11}\text{s}$，这对电子元件性能要求很高，难以达到。所以一般脉冲法测距常用于激光雷达、微波雷达等远距离测距上，其测距精度为 $0.5\sim1\text{m}$。

2）相位法测距

在工程中使用的红外测距仪，都是采用相位法测距原理。它是将测量时间变成光在测线中传播的载波相位差，通过测定相位差来测定距离，故称为相位法测距。

红外测距仪采用的是 GaAs（砷化镓）发光二极管做光源，其波长为 $6700\sim9300\text{A}$（$1\text{A}=10^{-10}\text{m}$）。由于 GaAs 发光管耗电省、体积小、寿命长，抗震性能强，能连续发光并能直接调制等特点，目前工程用的基本上以红外测距仪为主。

在 GaAs 发光二极管上注入一定的恒定电流，它发生的红外光，其光强恒定不变，如图 4.17(a)所示。若改变注入电流的大小，GaAs 发光管发射光强也随之变化。若对发光管注入交变电流，便使发光管发射的光强随着注入电流的大小发生变化，如图 4.17(b)所示，这种光称为调制光。

测距仪在 A 站发射的调制光在待测距离上传播，被 B 点反光镜反射后又回到 A 点，被测距仪接收器接收，所经过的时间为 t。为便于说明，将反光镜 B 反射后回到 A 点的光波沿测线方向展开，则调制光往返经过了 2D 的路程，如图 4.18 所示。

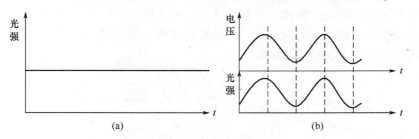

图 4.17　调制光

设调制光的角频率为 ω，则调制光在测线上传播时的相位延迟角 φ 为

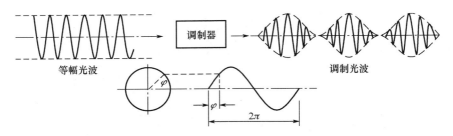

等幅光波　　　　　　　　　　　　　调制光波

图 4.18　光的调制

$$\varphi = \omega \Delta t = 2\pi f \Delta t \qquad (4-33)$$

$$\Delta t = \frac{\varphi}{2\pi f} \qquad (4-34)$$

将 Δt 代入式(4-32)，得

$$D = \frac{c_0}{2n_g f} \cdot \frac{\varphi}{2\pi} \qquad (4-35)$$

从图 4.19 中可见，相位 φ 还可以用相位的整周数(2π)的个数 N 和不足一个整周数的 $\Delta\varphi$ 来表示，则

$$\varphi = N \times 2\pi + \Delta\varphi \qquad (4-36)$$

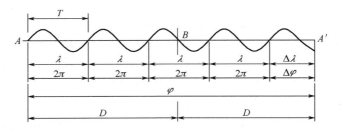

图 4.19　相位法测距

将 φ 代入式(4-35)，得相位法测距基本公式

$$D = \frac{c_0}{2n_g f}\left(N + \frac{\Delta\varphi}{2\pi}\right) = \frac{\lambda}{2}\left(N + \frac{\Delta\varphi}{2\pi}\right) \qquad (4-37)$$

式中，λ 为调制光的波长，$\lambda = \dfrac{c_0}{n_g f}$。

将该式与钢尺量距公式相比，有相像之处。$\lambda/2$ 相当于尺长，N 为整尺段数，$\Delta\varphi/2\pi$ 为不足一整尺段的余长，令其为 ΔN。因此我们常称 $\lambda/2$ 为"光测尺"，令其为 L_s。光尺长度可用式(4-38)、式(4-39)计算

$$L_s = \frac{\lambda}{2} = \frac{c_0}{2n_g f} \qquad (4-38)$$

所以

$$D = L_s(N + \Delta N) \qquad (4-39)$$

式(4-38)中，n_g 为大气折射率，它是载波波长、大气温度、大气压力、大气湿度的函数。

仪器在设计时，选定发射光源后，发射光源波长 λ 即定，然后确定一个标准温度 t 和

标准气压 P，这样可以求得仪器在确定的标准气压条件下的折射率 n_g。而测距时的气温、气压、湿度与仪器设计时选用的标准温度、气压等不一致。所以在测距时还要测定测线的温度和气压，对所测距离进行气象改正。

测距仪对于相位 φ 的测定是采用将接收测线上返回的载波相位与机内固定的参考相位在相位计中比相。相位计只能分辨 $0 \sim 2\pi$ 之间的相位变化，即只能测出不足一个整周期的相位差 $\Delta\varphi$ 而不能测出整周数 N。例如，"光尺"为 10m，只能测出小于 10m 的距离；光尺 1000m 只能测出小于 1000m 的距离。由于仪器测相精度一般为 1/1000，1km 的测尺测量精度只有米级。测尺越长、精度越低。所以为了兼顾测程和精度，目前测距仪常采用多个调制频率（即 n 个测尺）进行测距。用短测尺（称为精尺）测定精确的小数。用长测尺（称为粗尺）测定距离的大数。将两者衔接起来，就解决了长距离测距数字直接显示的问题。

例如，某双频测距仪，测程为 2km，设计了精、粗两个测尺，精尺为 10m（载波频率 $f_1 = 15\text{MHz}$），粗尺为 2000m（载波频率 $f_2 = 75\text{kHz}$）。用精尺测 10m 以下小数，粗尺测 10m 以上大数。如实测距离为 1156.356m，其中

精测距离：6.356m

粗测距离：1150m

仪器显示距离：1156.356m

对于更远测程的测距仪，可以设几个测尺配合测距。

4.3.3 测距成果计算

一般测距仪测定的是斜距，需对测试成果进行仪器常数改正、气象改正、倾斜改正等，最后求得水平距离。

1）仪器常数改正

仪器常数有加常数和乘常数两项。对于加常数，由于发光管的发射面、接收面与仪器中心不一致，反光镜的等效反射面与反光镜中心不一致，内光路产生相位延迟及电子元件的相位延迟，使得测距仪测出的距离值与实际距离值不一致。此常数一般在仪器出厂时预置在仪器中，但是由于仪器在搬运过程中的震动、电子元件老化，常数还会变化，因此，还会有剩余加常数。这个常数要经过仪器检测求定，并对所测距离加以改正。需要注意的是不同型号的测距仪，其反光镜常数是不一样的。若互换反光镜要经过加常数重新测试方可使用。

仪器的测尺长度与仪器振荡频率有关。仪器经过一段时间使用，晶体会老化，致使测距时仪器的晶振频率与设计时的频率有偏移，因此产生与测试距离成正比的系统误差。其比例因子称为乘常数。如晶振有 15kHz 误差，会产生 10^{-6} 系统误差，使 1km 的距离产生 1mm 误差。此项误差也应通过检测求定，在所测距离中加以改正。

现代测距仪都具有设置仪器常数的功能，测距前预先设置常数，在仪器测距过程中自动改正。若测距前未设置常数，可按式（4-40）计算。

$$\Delta D_K = K + RD \tag{4-40}$$

式中，K 为仪器加常数；R 为仪器乘常数。

2）气象改正

仪器的测尺长度是在一定的气象条件下推算出来的。但是仪器在野外测量时气象参数

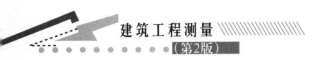
与仪器标准气象元素不一致，因此使测距值产生系统误差。所以在测距时，应同时测定环境温度(读至 1℃)，气压［读至 1mmHg(133.3Pa)］。利用仪器生产厂家提供的气象改正公式计算距离改正值。如某厂家测距仪气象改正公式为

$$\Delta D_0 = 28.2 - \frac{0.029P}{1+0.0037t} \qquad (4-41)$$

式中，P 为观测时气压，mbar(1bar＝10^5Pa)；t 为观测时温度,℃；ΔD_0 为 100m 为单位的改正值。

目前，测距仪都具有设置气象参数的功能，在测距前设置气象参数，在测距过程中仪器自动进行气象改正。

3）倾斜改正

测距仪测试结果经过前几项改正后的距离是测距仪几何中心到反光镜几何中心的斜距。要改算成平距还应进行倾斜改正。现代测距仪一般都与光学经纬仪或电子经纬仪组合，测距时可以同时测出竖直角 α，或天顶距 z(天顶距是从天顶方向到目标方向的角度)。平距 D 的计算公式为

$$D = D_0 \sin z \qquad (4-42)$$

4.3.4　光电测距仪的使用

1）仪器操作部件

虽然不同型号的仪器其结构及操作上有一定的差异，但从大的方面来说，基本上是一致的。对具体的仪器按照其相应的说明书进行操作即可正确使用，下面以 ND3000 红外相位式测距仪为例，介绍短程光电测距仪的使用方法。

如图 4.20 所示为南方测绘公司生产的 ND3000 红外相位式测距仪，它自带望远镜，望远镜的视准轴、发射光轴和接收光轴同轴，有垂直制动螺旋和微动螺旋，可以安装在光学经纬仪上或电子经纬仪上。测距时，测距仪瞄准棱镜测距，经纬仪瞄准棱镜测量竖直

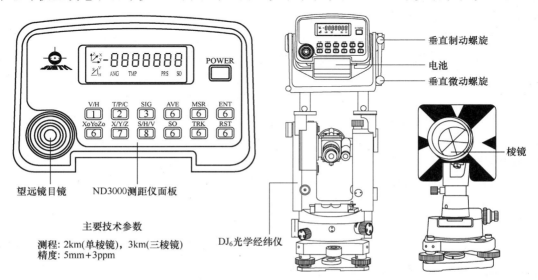

图 4.20　ND3000 红外相位式测距仪及其单棱镜

角，通过测距仪面板上的键盘，将经纬仪测量出的天顶距输入到测距仪中，可以计算出水平距离和高差。

如图 4.21 所示为与仪器配套的棱镜对中杆与支架，它用于放样测量非常方便。

ND3000 红外测距仪的主要技术指标如下。

测距部分：红外发光二极管；

最大距离：单棱镜 2000m，三棱镜 3000m；

精度：3mm＋2ppm；

显示分辨率：精测 0.001m，跟踪 0.01m；

测距时间：精测每次 3s，跟踪每次 0.8s；

调制频率：3 种频率（$f_{精}＝14835547\text{Hz}$，$f_{粗1}＝146886\text{Hz}$，$f_{粗2}＝149854\text{Hz}$）；

发射光波长：0.865mm；

测程：3.0km；

气象修正范围：温度－20～＋50℃；

气压 53.3～133.2kPa(400mmHg～999mmHg)；

标准常数修正范围：－999～999mm；

加常数修正范围：加－999～999mm，乘－9.99～9.99mm；

瞄准望远镜部分：发射接收瞄准三同轴；

焦距：可调；

放大倍数：13×；

成像：正像；

视场角：1030′；

显示器：8 位液晶显示；

键盘：13 个塑胶密封型键；

自检功能：代码信息显示；

自动衰减：有；

电池残容量显示：用编码显示；

自动断电装置：操作停止两分钟后自动断电；

接口：异步式，RS－232C 可兼容；

使用温度范围：－20～＋50℃；

尺寸(宽长高)：200mm×174mm×165mm；

主机重量：1.6kg；

电源电压：6VDC(功耗 3.6W)。

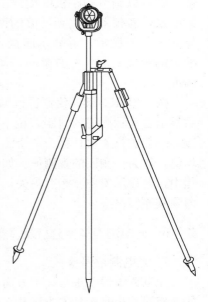

图 4.21　棱镜对中杆与支架

2) 仪器安置

将经纬仪安置于测站上，主机连接在经纬仪望远镜的连接座内并锁紧固定。经纬仪对中、整平。在目标点安置反光棱镜三脚架并对中、整平。按一下测距仪上的＜POWER＞键(开，再按一下为关)，显示窗内显示"88888888"3～5s，为仪器自检，表示仪器显示正常。

3) 测量竖直角和气温、气压

用经纬仪望远镜十字丝瞄准反光镜觇板中心，读取并记录竖盘读数，然后记录温度计

的温度和气压表的气压 P。

4）距离测量

测距仪上、下转动，使目镜的十字丝中心对准棱镜中心，左、右方向如果不对准棱镜，则可以调节测距仪的支架位置使其对准；测距仪瞄准棱镜后，发射的光波经棱镜反射回来，若仪器接收到足够的回光量，则显示窗下方显示"＊"，并发出持续鸣声；如果"＊"不显示，或显示暗淡，或忽隐忽现，表示未收回光，或回光不足，应重新瞄准；测距仪上下、左右微动，使"＊"的颜色最浓（表示接收到的回光量最大），称为电瞄准。

按<MSR>键，仪器进行测距，测距结束时仪器发出断续鸣声（提示注意），鸣声结束后显示窗显示测得的斜距，记下距离读数；按<MSR>键，进行第二次测距和第二次读数，一般进行 4 次，称为一个测回。各次距离读数最大、最小相差不超过 5mm 时取其平均值，作为一测回的观测值。如果需进行第二测回，则重复以上步骤操作。在各次测距过程中，若显示窗中"＊"消失，且出现一行虚线，并发现急促鸣声，表示红外光被遮，应消除其原因。

4.3.5 光电测距精度分析及注意事项

1）光电测距误差

光电测距误差来自 3 个方面：首先是仪器误差，主要是测距仪的调制频率误差和仪器的测相误差；其次是人为误差，这方面主要是仪器对中、反射棱镜对中时产生的误差；第三为外界条件的影响，主要是气象参数即大气温度和气压的影响。

2）光电测距的精度

光电测距的误差有两部分，一部分与所测距离的长短无关，称为常误差（固定误差）a，另一部分与距离的长度 D 成正比，称为比例误差，其比例系数为 b。因此，光电测距的测距中误差 m_D（又称为测距仪的标称精度）为

$$m_D = \pm(a + bD) \tag{4-43}$$

式中，a 为仪器的固定误差，以 mm 为单位；b 为仪器的比例误差系数，以 mm/km 为单位；D 为测距边长度，以 km 为单位。

例如，某短程红外测距仪标称精度为 $\pm(5+3D)$，对照式（4-43），即 $a=5$mm，$b=3$mm/km$=3$ppm。

3）光电测距仪使用注意事项

（1）切不可将照准头对准太阳，以免损坏光电器件。

（2）注意电源接线，不可接错，经检查无误后方可开机测量。测距完毕注意关机，不要带电迁站。

（3）视场内只能有反光棱镜，应避免测线两侧及镜站后方有其他光源和反射物体，并应尽量避免逆光观测；测站应避开高压线、变压器等处。

（4）仪器应在大气比较稳定和通视良好的条件下进行观测。

（5）仪器不要曝晒和雨淋，在强烈阳光下要撑伞遮阳，经常保持仪器清洁和干燥，在运输过程中要注意防振。

4.3.6　全站仪简介

全站仪电子速测仪简称全站仪，是可以同时进行测角、测距的先进测量仪器。它几乎可以完成所有常规测量仪器的工作。全站仪的类型多，目前常见的全站仪有拓普康(TOPOON)公司的 GTS 系列，日本索佳(SOKKIA)公司的 SET 系列、尼康(Nikon)公司的 DTM 系列，以及瑞士徕卡(Leica)公司的 TPS 系列全站仪等。我国生产的全站仪，如南方测绘公司生产的 NTS 系列，苏州一光仪器有限公司生产的 OTS 系列，北京光学仪器厂生产的 DZQ 系列全站仪等。

全站仪按期结构形式可分组合式和整体式两种。组合式全站仪是将电子经纬仪、光电测距仪和微处理机通过一定的连接构成一组合体，其优点是既可以组合在一起，又可以分开使用，也易于维修等。整体式全站仪是在一个仪器、外壳内包含有电子经纬仪、光电测距仪和微处理机，电子经纬仪和光电测距仪共用一个光学望远镜。使用十分方便。

全站仪的主要特点如下。

(1) 可在一个测站上同时进行角度测量、距离测量、高差测量、坐标测量和放样测量。

(2) 可以通过传输接口把野外采集的数据终端与计算机、绘图机连接起来，再配以数据处理软件和绘图软件，可实现测图的自动化。

(3) 全站仪内部有双轴补偿器，可自动测量仪器竖轴和水平轴的倾斜误差，并对角度观测值加以改正。

全站仪的使用：全站仪的种类很多，各种仪器的使用方式由自身的程序设计而定。不同型号的全站仪的使用方法大体上是相同的，但也有一些差别。学习使用全站仪，需要认真阅读使用说明书，熟悉键盘以及操作指令，才能正确用好仪器。

全站仪主要由电子经纬仪、光电测距仪和微处理机组成。有关全站仪的详细使用方法见《建筑工程测量实验与实习指导(第 2 版)》。

4.4　直　线　定　向

为了确定地面上两点之间的相对位置，除了量测两点之间的水平距离外，还必须确定该直线与标准方向之间的水平夹角，这项工作称为直线定向。

4.4.1　标准方向

测量工作中常用真子午线方向、磁子午线方向或坐标纵轴(坐标 x 轴)方向作为直线定向的标准方向。

1. 真子午线方向(真北方向)

过地球南北极的平面与地球表面的交线叫真子午线。通过地球某点的真子午线的切线方向，称为该点的真子午线方向。指向北方的一端叫真北方向，如图 4.22 所示。真子午线方向是用天文测量方法或陀螺经纬仪测定。地面上各点的真子午线方向是互相不平行的。

2. 磁子午线方向（磁北方向）

磁子午线方向是磁针在地球磁场的作用下，自由静止时磁针轴线所指的方向，指向北端的方向称为磁北方向，如图4.22所示，可用罗盘仪测定。

3）坐标纵轴方向（轴北方向）

在测量工作中通常采用高斯平面直角坐标或独立平面直角坐标确定地面点的位置，因此，取坐标纵轴（X 轴）作为直线定向的标准方向，如图4.22所示。高斯平面直角坐标系中的坐标纵轴是高斯投影带中的中央子午线的平行线；独立平面直角坐标系中的坐标纵轴，可以由假定获得。

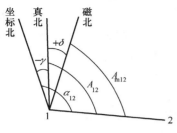

图 4.22　3种标准方向的关系

4.4.2　直线方向的表示法

测量中常用方位角、象限角来表示直线方向。

1. 方位角

由标准方向北端起，顺时针方向量到某直线的水平夹角，称为该直线的方位角，其取值范围是 $0°\sim360°$。

1）方位角的种类

由于标准方向有真北、磁北和轴北之分，如图4.22所示，因此对应的方位角分别称为真方位角（用 A 表示）、磁方位角（用 A_m 表示）和坐标方位角（用 α 表示）。为了标明直线的方向，通常在方位角的右下方标注直线的起终点。如 α_{12} 表示直线1到2的坐标方位角，直线的起点是1，终点是2。

测量工作中，一般采用坐标方位角 α 表示直线方向。如图4.23所示，直线 $O1$、$O2$、$O3$、$O4$ 的坐标方位角，分别为 α_{O1}、α_{O2}、α_{O3}、α_{O4}。

2）3种方位角之间的关系

由于地球的南北两极与地球的南北两磁极不重合，所以地面上同一点的真子午线方向与磁子午线方向是不一致的，两者之间的夹角称为磁偏角，用 δ 表示（如图4.22所示）。地球上不同地点的磁偏角并不相同，我国磁偏角的变化为 $-10°\sim+6°$。过同一点的真子午线方向与坐标轴方向的夹角称为子午线收敛角，用 γ 表示（如图4.22所示）。并规定，磁子午线北端或坐标纵轴方向偏于真子午线东侧时，δ 和 γ 为正；偏于西侧时，δ 和 γ 为负。不同点的 δ、γ 值一般是不相同的。由图4.22可知，直线的3种方位角之间的关系如下所示。

$$A=A_m+\delta \tag{4-44}$$

$$A=\alpha+\gamma \tag{4-45}$$

$$\alpha=A_m+\delta-\gamma \tag{4-46}$$

2. 象限角

由标准方向北端或南端起，顺时针或逆时针方向量到某直线所夹的水平锐角，称为该直线的象限角，并注记象限，通常用 R 表示，角值从 $0°\sim90°$。如图4.24所示，直线 $O1$、

$O2$、$O3$、$O4$ 的象限角，分别为北东 R_{O1}、南东 R_{O2}、南西 R_{O3}、北西 R_{O4}。象限角也有真象限角、磁象限角和坐标象限角之分。

坐标象限角与坐标方位角之间的换算关系见表 4-5。

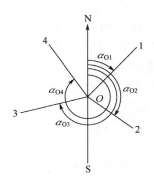

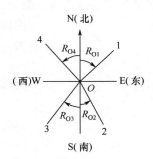

图 4.23 坐标方位角   图 4.24 坐标象限角

表 4-5 坐标方位角与坐标象限角的换算关系

直 线 方 向	由坐标方位角推算坐标象限角	由坐标象限角推算坐标方位角
北东(NE)，第Ⅰ象限	$R=\alpha$	$\alpha=R$
南东(SE)，第Ⅱ象限	$R=180°-\alpha$	$\alpha=180°-R$
南西(SW)，第Ⅲ象限	$R=\alpha-180°$	$\alpha=180°+R$
北西(NW)，第Ⅳ象限	$R=360°-\alpha$	$\alpha=360°-R$

4.4.3 正、反坐标方位角

直线是有向线段，如图 4.25 所示，直线 12 的坐标方位角为 α_{12}，直线 21 的坐标方位角为 α_{21}，如果把 α_{12} 称为直线 12 的正方位角，则 α_{21} 便称为直线 12 的反方位角，反之也相同。一般在测量工作中常以直线的前进方向为正方向，反之称为反方向。在同一平面直角坐标系中，由于各点的纵坐标轴方向彼此平行，因此正、反坐标方位角应相差 180°，即

$$\alpha_{反}=\alpha_{正}\pm180° \tag{4-47}$$

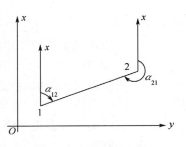

图 4.25 正、反坐标方位角

式中，当 $\alpha_{正}<180°$ 时，上式用加 180°；当 $\alpha_{正}>180°$ 时，上式用减 180°。

4.4.4 坐标方位角的推算

已知直线 AB 的方位角 α_{AB}，用经纬仪观测了左夹角(测量前进方向左侧的水平角)$\beta_{左}$ 或右夹角(测量前进方向右侧的水平角)$\beta_{右}$，如图 4.26 所示，则可用下式推算出直线 BC 的坐标方位角 α_{BC}。

$$\alpha_{BC}=\alpha_{AB}+180°+\beta_{左} \tag{4-48}$$

或

$$\alpha_{BC} = \alpha_{AB} + 180° - \beta_{右} \qquad (4-49)$$

由上式可归纳得出坐标方位角推算的一般公式为

$$\alpha_{前} = \alpha_{后} + 180° \pm \beta_{右}^{左} \qquad (4-50)$$

上述一般公式用文字表达为：前一边的坐标方位角，等于后一边的坐标方位角加180°，

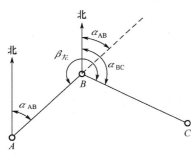

图 4.26　坐标方位角的推算

再加左夹角或减右夹角。如果计算的结果大于360°应减去360°，为负值时应加360°。

【例 4-5】　如图4.26所示，已知α_{AB}为$50°40'$，$\beta_{左}$为$250°45'$，试求α_{BC}。

解：$\alpha_{BC} = \alpha_{AB} + 180° + \beta_{左} = 50°40' + 180° + 250°45' - 360° = 121°25'$

【例 4-6】　如图4.26所示，已知α_{AB}为$50°40'$，$\beta_{右}$为$109°15'$，试求α_{BC}。

解：$\alpha_{BC} = \alpha_{AB} + 180° - \beta_{右} = 50°40' + 180° - 109°15' = 121°25'$

本 项 目 小 结

本项目主要包括钢尺量距、视距测量、电磁波测量和直线定向。

本项目的教学目标是了解量距的基本方法，重点掌握钢尺量距的方法，学会视距测量原理及方法，了解电磁波测距原理及方法，了解全站仪的基本构造及用途，理解掌握直线方法的表示方法。

习 题

一、选择题

1. 某段距离丈量的平均值为100m，其往返较差为+4mm，其相对误差为(　　)。

A. 1/25000　　　　　B. 1/25　　　　　C. 1/2500　　　　　D. 1/250

2. 坐标方位角的取值范围为(　　)。

A. 0°～270°　　　　B. −90°～+90°　　　C. 0°～360°　　　　D. −180°～+180°

3. 直线坐标方位角与该直线的反坐标方位角相差(　　)。

A. 180°　　　　　　B. 360°　　　　　　C. 90°　　　　　　D. 270°

4. 地面上有 A、B、C 三点，已知 AB 边的坐标方位角 $\alpha_{AB} = 35°23'$，测得左夹角 $\angle ABC = 89°34'$，则 CB 边的坐标方位角 $\alpha_{CB} = (　　)$。

A. 124°57'　　　　　B. 304°57'　　　　C. −54°11'　　　　D. 305°49'

5. 电磁波测距的基本公式 $D = 1/2 C t_{2D}$，式中 t_{2D} 为(　　)。

A. 温度　　　　　　　　　　　　B. 光从仪器到目标传播的时间

C. 光速　　　　　　　　　　　　D. 光从仪器到目标往返传播的时间

二、简答题

1. 影响钢尺量距的主要因素有哪些？如何提高量距精度？

2. 试述普通视距测量的基本原理，其主要优缺点有哪些？

3. 普通视距测量的误差来源有哪些？其中主要误差来源有哪几种？

4. 用相位式测距仪测距时，为什么测出调制光的相位移即可求得测线长度？

5. 象限角与坐标方位角有何不同？如何换算？

三、计算题

1. 用钢尺丈量两段距离，一段往测为 135.78m，返测为 135.67m，另一段往测为 357.58m，返测为 357.23m，则这两段距离丈量的精度是否相同？

2. 将一根 30m 的钢尺与标准钢尺比较，发现此钢尺比标准钢尺长 16mm，已知标准钢尺的尺长方程式为 $l_t=30\text{m}+0.0052\text{m}+1.25\times10^{-5}\times30\times(t-20℃)\text{m}$，钢尺比较时的温度为 31℃，求此钢尺的尺长方程式。

3. 用尺长方程为 $l_t=30\text{m}-0.0068\text{m}+1.25\times10^{-5}\times30\times(t-20℃)\text{m}$ 的钢尺沿平坦地面丈量直线 AB 时，用了 4 个整尺段和 1 个不足整尺段的余长，余长值为 18.362m，丈量时的温度为 26.5℃，求 AB 的实际长度。

4. 用尺长方程为 $l_t=30\text{m}-0.0038\text{m}+1.25\times10^{-5}\times30\times(t-20℃)\text{m}$ 的钢尺沿倾斜地面往返丈量 AB 边的长度，丈量时用 100N 的标准拉力，往测为 334.943m，平均温度为 28.5℃，返测为 334.922m，平均温度为 27.9℃，测得 AB 两点间高差为 2.68m，试求 AB 边的水平距离。

5. 进行普通视距测量时，上、下丝在标尺上读数的尺间隔 $l=0.65\text{m}$，竖直角 $\alpha=15°$，试求站点到立尺点的水平距离。

6. 测得 AB 的磁方位角为 60°45′，查得当地磁偏角为西偏 4°03′，子午线收敛角 γ 为 2°16′，求 AB 的真方位角 A 和坐标方位角 α。

7. 四边形内角值如图 4.27 所示，已知 $\alpha_{12}=165°20′$，求其余各边的坐标方位角。

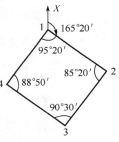

图 4.27　题 7 图

项目 5

测量误差基本知识

📖 学习目标

掌握测量误差产生的原因、分类，误差出现的规律及其对观测成果的影响；理解偶然误差的特性；掌握衡量测量精度的标准；理解误差传播定律及其应用，合理处理含有测量误差的测量成果，求出最可靠值，正确评估测量成果的精度。

📖 学习要求

能 力 目 标	知 识 要 点	权　　重	自测分数
掌握误差产生的原因及分类	误差产生原因、分类，偶然误差的特性	10%	
理解精度的概念，掌握衡量精度的标准	中误差、容许误差、相对误差	20%	
理解误差传播定律及其应用	误差传播定律，线性函数、非线性函数传播定律的应用	30%	
理解中误差的定义并能够进行一般的计算	观测值中误差、算术平均值的中误差	30%	
了解非等精度观测中误差	权与单位权、加权平均值的中误差、单位权中误差	10%	

📖 学习重点

测量误差产生的原因、评定观测结果的精度标准、误差传播定律

📖 最新标准

《工程测量规范》（GB 50026—2007）；《建筑变形测量规程》（JGJ 8—2007）

在前面几个项目里学习并掌握了角度、距离和高差测量的原理和测量方法，通过对观测结果的分析，可以发现各种观测值中都是含有误差的。在这一项目里将集中讲述有关测量误差的基本知识，其中包括测量误差产生的原因、衡量测量观测精度的标准及各种测量误差的计算方法。

5.1　测量误差概述

测量工作中，观测的未知量是角度、距离和高程，用仪器观测未知量而获得的数值叫做观测值。在距离丈量、水准观测和角度测量中，对一个量连续进行多次观测时，不论测量仪器多么精密，操作人员多么仔细，观测值之间都存在微小的差异。例如，往返丈量某段距离若干次，或重复观测某一角度，结果都不会一致。再如，对某一平面三角形的 3 个内角进行观测，其和不等于理论值 180°。这些现象都说明了测量结果不可避免地存在着误差。

特别提示

观测误差与错误在性质上是不同的。误差在测量工作中是允许出现的，而错误必须避免，否则要舍弃重测。正确区分误差与错误是很关键的。

5.1.1　测量误差产生的原因

测量工作是观测者使用测量仪器和工具，按照一定的观测方法，在一定的外界条件下完成的，所以测量误差是不可避免的。产生测量误差的原因主要如下。

（1）仪器、工具制造或校正不可能十分完善，导致观测值的精度受到一定的影响，不可避免地产生误差。

（2）人为因素在安置仪器、照准目标或读数等技术方面的影响，均会产生误差。

（3）外界条件变化（如温度、湿度、风力及阳光照射等）或不适宜观测条件的影响，也会产生误差。

由此可见，任何一个观测值都含有误差。测量工作不仅要获得观测成果，而且还要知道观测成果的精度，而精度是以误差的大小来确定的。一般来说，对同一量的观测，测量误差越小，成果精度越高；测量误差越大，成果精度越小。在测量工作中，通过对误差理论的探讨和研究，可以根据不同的误差原因采取不同的措施，消除或减小误差对测量成果的影响，提高测量成果的精度。

5.1.2　测量误差的分类

在任何一项测量工作中，误差都是不可避免的。只有对误差的性质、产生的原因及其对测量成果的影响有了清楚了解，才能正确合理地布置测量方案，最大限度地减小误差，得到测量结果的可靠值。测量误差按其性质可分为系统误差和偶然误差两类。

1. 系统误差

系统误差是指在相同的观测条件下，对某量进行一系列观测，其误差的数值大小和符号呈现出规律性的变化或保持常数，具有这种性质的误差称为系统误差。

例如，钢尺的标记长度为30m，经过检定后的实际长度为30.003m，当用该钢尺量距时，每量一整尺长就比实际长度减少0.003m，这3mm的误差，大小和符号是相同的，量的整尺越多，误差就越大，量距误差的大小与丈量的长度成正比，且符号不变。又如水准测量中，因水准仪的视准轴不平行于管水准器轴而产生的读数误差，与水准仪到水准尺的距离成正比，且符号不变，距离越远，读数误差就越大。又如，在角度测量中，经纬仪的视准轴不垂直于横轴而产生的读数误差，与仪器到目标点的距离无关，始终保持一个固定的常数。这些误差都属于系统误差。

系统误差具有累积性，对测量成果影响较大，但它的数值符号和大小有一定的规律，可以对观测值加改正数或采用一定的观测程序和观测方法来消除或减弱。例如，钢尺量距时，先检定钢尺，求出尺长改正数，然后在观测成果中加入尺长改正数，即可消除尺长误差对距离的影响；在水准测量中，将水准仪安置在两立尺中间，可消除视准轴不平行于管水准器轴引起的读数误差对高差的影响；在角度测量中，采用盘左盘右观测取平均值的方法可以消除视准轴不垂直于横轴、横轴不垂直于竖轴、照准部偏心差引起的角度误差。

特别提示

消除系统误差的有效方法：对使用的仪器进行严格检验与校正，并在使用中遵守一定的操作规程；采用一定的观测方法来消除系统误差的影响；采用一定的计算公式进行改正。

2. 偶然误差

偶然误差是指在相同的观测条件下，对某量进行一系列观测，如果误差出现的数值大小和符号都不相同，从表面上看没有明显的规律，但就大量的误差而言，服从一定的统计规律，这种误差称为偶然误差。例如，无论是水准测量，还是角度测量，用望远镜的十字丝照准目标时，由于望远镜的分辨能力、放大倍率的限制以及空气透明度、目标折射率等影响，使照准目标或偏左或偏右产生照准误差，也使读数值变化不定产生读数误差。这些误差都属于偶然误差。

偶然误差的大小和符号随着各种偶然因素的综合影响在不断变化。在观测过程中，偶然误差和系统误差同时发生，但系统误差可以采取适当的方法消除或减弱，相对于偶然误差处于次要地位。偶然误差具有不可避免性，所以在观测成果中主要存在偶然误差。当设法消除或减弱系统误差后，决定观测精度的关键因素就是偶然误差，为此，在测量误差理论中主要是讨论偶然误差。

5.1.3 偶然误差的统计特性

偶然误差从表面上看似乎没有规律性，但随着对同一量观测次数的增加，大量的偶然误差就呈现出一定的统计规律，观测次数越多，这种规律越明显。

例如，三角形的内角和为180°，这是一个理论值。在相同的观测条件下，观测217个三角形的全部内角。由于观测值(L)中存在各种偶然误差，各三角形内角和的观测值不等于180°，与其真值之差为真误差，用Δ表示真误差，即

$$\Delta = L - 180°$$

(5 - 1)

由式(5 - 1)可计算出三角形内角和的真误差，再将各误差按大小和正、负分区间统计

相应误差个数，列入表5-1中。

表5-1　真误差绝对值大小统计结果

误 差 区 间	正误差个数	负误差个数	总 　 计
$0''\sim3''$	30	29	59
$3''\sim6''$	21	20	41
$6''\sim9''$	15	18	33
$9''\sim12''$	14	16	30
$12''\sim15''$	12	10	22
$15''\sim18''$	8	8	16
$18''\sim21''$	5	6	11
$21''\sim24''$	2	2	4
$24''\sim27''$	1	0	1
$27''$以上	0	0	0
合 　 计	108	109	217

从表5-1中的正、负误差个数和误差所在的区间可以看出该组误差的分布特点如下。

（1）绝对值小的误差个数比绝对值大误差个数多。

（2）绝对值相等的正、负误差个数大致相等。

（3）最大误差不超过$27''$。如图5.1所示为误差分布频率直方图。

在实际测量中，通过对大量的观测数据进行统计分析，总结出偶然误差的统计特性。

（1）在一定的观测条件下，偶然误差的绝对值有一定的限值，即有界性。

（2）绝对值较小的误差出现的频率较大，绝对值较大的误差出现的频率较小，即小误差的密集性。

（3）绝对值相等的正、负误差出现的频率大致相同，即对称性。

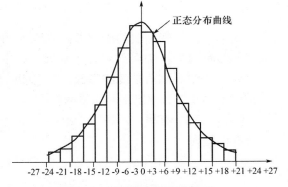

图5.1　误差分布频率直方图

（4）偶然误差的算术平均值随着观测次数的无限增加而趋于零，即抵偿性，则有

$$\lim_{n\to\infty}\frac{[\Delta]}{n}=0 \qquad\qquad (5-2)$$

式中，n为观测次数；$[\Delta]=\Delta_1+\Delta_2+\cdots+\Delta_n$。在测量工作中，常常根据这一规律取多次观测结果的算术平均值作为最终结果。

实践证明，偶然误差不能用计算改正或用一定的观测方法简单地加以消除，只能根据偶然误差的特性来改进观测方法并合理地处理数据，以减小偶然误差对测量成果的影响。

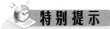

特别提示

分析误差的性质时主要是按偶然误差的特性来分析的。

5.2 衡量精度的标准

5.2.1 测量精度的概念

精度又称精密度，是指在对某一个量的多次观测中，各个观测值之间的离散程度。若观测值非常集中，则精度高；反之，则精度低。精度主要取决于偶然误差，可把在相同条件下得到的一组观测误差排列进行比较，以确定精度高低。

误差理论主要是评价一组观测值的精度，即从观测值之间的离散程度来进行评价。

5.2.2 衡量精度的标准

在测量工作中，为了评定测量成果的精度，以便确定其是否符合要求，需要有衡量精度的统一标准。常用的标准有中误差、容许误差和相对误差。

1. 中误差

在相同的观测条件下，对某一个未知量进行多次观测，其观测值分别为 l_1，l_2，$\cdots$，l_n，如果该未知量的真值为 X，由式(5-1)可得相应的真误差为 Δ_1，Δ_2，$\cdots$，Δ_n。则中误差可由各真误差的平方和的平均值的平方根作为评定该组观测值的精度的标准，即

$$m = \pm \sqrt{\frac{[\Delta\Delta]}{n}} \tag{5-3}$$

式中，m 为观测值的中误差，真误差的平方和用 $[\Delta\Delta] = \Delta_1^2 + \Delta_2^2 + \cdots + \Delta_n^2$ 表示。从式(5-3)可以看出中误差不等于真误差，中误差仅是一组真误差的代表值，中误差的大小反映了该组观测值精度的高低，且它能明显地反映出测量结果中较大误差的影响。一般都采用中误差作为评定观测质量的标准。

【例5-1】 有甲、乙两个小组，分别对同一个三角形的内角和进行 10 次观测，分别求得真误差为

甲组：$+2$，$+1$，0，-1，$+4$，-3，-2，$+3$，-4，$+2$

乙组：-1，$+2$，-6，0，$+7$，$+1$，0，-3，-1，-1

试比较这两组观测值的质量。

解： 根据式(5-3)计算得甲组观测值的中误差。

$$m_{甲} = \pm \sqrt{\frac{2^2 + 1^2 + 0^2 + (-1)^2 + 4^2 + (-3)^2 + (-2)^2 + 3^2 + (-4)^2 + 2^2}{10}} = \pm 2.5''$$

$$m_{乙} = \pm \sqrt{\frac{(-1)^2 + 2^2 + (-6)^2 + 0^2 + 7^2 + 1^2 + 0^2 + (-3)^2 + (-1)^2 + (-1)^2}{10}} = \pm 3.2''$$

从计算结果可以看出 $m_{甲} < m_{乙}$，即甲组的误差比乙组的误差小，说明甲组的精度高。

应注意的是，$m_甲$、$m_乙$是指三角形内角和的观测值的中误差，不能理解为每一个观测角度的中误差。

2. 容许误差

容许误差又称为极限误差。由偶然误差的性质可知，在一定的观测条件下，偶然误差的绝对值不超过一定的限值。如果在测量工作中某一个观测值的误差超过这个限值，就认为这次观测的质量不符合要求应舍去，并重新观测。那么怎样确定极限误差呢？观测值的中误差只是衡量观测精度的一种指标，它不能代表某一个观测值真误差的大小，但是它和观测值的真误差之间存在着一定的统计关系。根据误差理论和实践的统计表明，在一系列等精度观测的一组误差中，绝对值大于 1 倍中误差的偶然误差出现的机会为 32％；大于两倍中误差的偶然误差出现的机会只有 5％，大于 3 倍中误差的偶然误差出现的机会仅有 0.3％，即大约 300 次观测中，才可能出现 1 次大于 3 倍中误差的偶然误差。而在实际工作中，观测次数是有限的，可认为大于 3 倍中误差的偶然误差实际上是不可能出现的。可见，采用 3 倍中误差作为偶然误差的容许误差，也称为极限误差或限差，即

$$\Delta_容 = 3m \tag{5-4}$$

当测量精度要求较高时，也可用两倍中误差作为容许误差，即

$$\Delta_容 = 2m \tag{5-5}$$

3. 相对误差

真误差、中误差、容许误差，仅仅表示误差本身的大小都是绝对误差。评定观测值的精度，有时还不能只凭绝对误差的大小来衡量。例如，用钢尺丈量 30m 和 200m 两段距离，中误差均为 ±15mm，虽然两者的中误差相等，但不能认为丈量精度相同，显然，后者的精度较高，必须用相对误差来衡量精度的标准。

相对误差就是中误差的绝对值与相应观测值之比，以分子为 1 的分数表示，即

$$k = \frac{|m|}{D} = \frac{1}{\dfrac{D}{|m|}}$$

由上式得 $k_1 = \dfrac{|m_1|}{D_1} = \dfrac{0.01}{30} = \dfrac{1}{3000}$；$k_2 = \dfrac{|m_2|}{D_2} = \dfrac{0.01}{200} = \dfrac{1}{20000}$。显然后者精度高于前者，所以说相对误差能确切地描述距离测量的精度。

5.3 误差传播定律及其应用

5.3.1 误差传播定律

前面已经讨论了以任一未知量直接观测值得到的偶然误差来计算观测值中的误差，作为衡量观测值精度的标准。但在实际工作中，有些未知量不能直接观测测定，而需要由另外一些量的直接观测值根据一定的函数关系计算出来。例如，用水准测量测定 A、B 两点间的高差 h，是根据后视读数 a 和前视读数 b 按 $h = a - b$ 计算出来的。所求高差 h 是独立观测值 a、b 的函数。由于 a、b 不可避免地含有误差，导致其函数也必然存在误差。如何

根据观测值中的误差去求观测值函数的中误差，阐述独立观测值中误差与函数中误差之间关系的定律，称为误差传播定律。

5.3.2 误差传播定律及其应用

1. 线性函数的误差传播定律及其应用

设线性函数为

$$Z = k_1 X_1 + k_2 X_2 + \cdots + k_n X_n \tag{5-6}$$

式中，k_1，k_2，$\cdots$，k_n 分别为系数；X_1，X_2，$\cdots$，X_n 分别为误差独立观测值，相应的观测值的中误差分别为 m_1，m_2，$\cdots$，m_n，则函数 Z 的中误差为

$$m_z = \pm \sqrt{k_1^2 m_1^2 + k_2^2 m_2^2 + \cdots + k_n^2 m_n^2} \tag{5-7}$$

由此可知，线性函数中误差等于各常数与相应观测值中误差乘积平方和的平方根。

在应用误差传播定律时应注意测量上常用的两种函数形式，即倍函数及和差函数，它们是线性函数的特例，根据式(5-7)，可得到它们的误差传播定律公式，即

1) 倍数函数

当式(5-7)中 $k_1 = k_2 = \cdots = k_n = 0$ 时，则变成倍数函数 $z = kX$。

则有

$$m_z = km_x \tag{5-8}$$

2) 和差函数

当式(5-7)中 $k_1 = k_2 = \cdots = k_n = 1$ 时，则变成和差函数，即

$$z = X_1 \pm X_2 \pm \cdots \pm X_n$$

则有

$$m_z = \pm \sqrt{m_1^2 + m_2^2 + \cdots + m_n^2} \tag{5-9}$$

如果是等精度观测，即 $m_1 = m_2 = \cdots = m_n = m$，则有

$$m_z = m \sqrt{n} \tag{5-10}$$

2. 非线性函数的误差传播定律及其应用

设有非线性函数为

$$Z = F(X_1, \ X_2, \ \cdots, \ X_n) \tag{5-11}$$

式中，X_1，X_2，$\cdots$，X_n 分别为误差独立观测量，其中误差分别为 m_1，m_2，$\cdots$，m_n，求 Z 的中误差 m_z。

当 X_1，X_2，$\cdots$，X_n 包含有真误差 ΔX_1，ΔX_2，$\cdots$，ΔX_n 时，则函数 Z 也产生真误差 ΔZ，由数学分析可知，变量的误差与函数的误差之间的关系可以近似地用函数的全微分来表达。对式(5-11)取全微分

$$dZ = \frac{\partial F}{\partial X_1} dX_1 + \frac{\partial F}{\partial X_2} dX_2 + \cdots + \frac{\partial F}{\partial X_n} dX_n \tag{5-12}$$

令 $f_1 = \dfrac{\partial F}{\partial X_1}$，$f_2 = \dfrac{\partial F}{\partial X_2}$，$\cdots$，$f_n = \dfrac{\partial F}{\partial X_n}$，其值可将 X_1，X_2，$\cdots$，X_n 的观测值代入求得，则有

$$dZ = f_1 dX_1 + f_2 dX_2 + \cdots + f_n dX_n$$

则函数的中误差为

$$m_z = \pm \sqrt{f_1^2 m_1^2 + f_2^2 m_2^2 + \cdots + f_n^2 m_n^2} \tag{5-13}$$

【例5-2】 测量一矩形面积，a 边长为40m，$m_a = \pm 0.02$m，b 边长为60m，$m_b = \pm 0.04$m，求该矩形面积 A 及中误差 M_A。

解： $A = ab = 40 \times 60\text{m}^2 = 2400\text{m}^2$。

综上所述，运用误差传播定律计算观测值函数的中误差的步骤如下。

(1) 依题意列出函数式 $Z = F(X_1, X_2, \cdots, X_n)$，函数式中可直接观测的未知量必须是相互独立的。

(2) 对函数 Z 进行全微分，得到函数真误差与观测值真误差之间的关系式为

$$\mathrm{d}Z = \frac{\partial F}{\partial X_1}\mathrm{d}X_1 + \frac{\partial F}{\partial X_2}\mathrm{d}X_2 + \cdots + \frac{\partial F}{\partial X_n}\mathrm{d}X_n \tag{5-14}$$

(3) 最后代入误差传播公式，计算观察值函数中误差为

$$m_z^2 = \left(\frac{\partial F}{\partial X_1}\right)^2 m_1^2 + \left(\frac{\partial F}{\partial X_2}\right) m_2^2 + \cdots + \left(\frac{\partial F}{\partial X_n}\right)^2 m_n^2$$

$$m_z = \pm \sqrt{\left(\frac{\partial F}{\partial X_1}\right)^2 m_1^2 + \left(\frac{\partial F}{\partial X_2}\right)^2 m_2^2 + \cdots + \left(\frac{\partial F}{\partial X_n}\right)^2 m_n^2} \tag{5-15}$$

应用误差传播定律时应注意以下几点。

(1) 式中 $\left(\frac{\partial F}{\partial X_i}\right)$ 是用观测值代入后算出的偏导函数值。

(2) 当给出的角度中误差以度、分、秒为单位时，则应除以 ρ''。

(3) 各观测值必须是相互独立的。

误差传播定律的几个主要公式见表5-2。

表5-2 误差传播定律的几个主要公式

函数名称	函 数 式	函数的中误差
倍数函数	$z = kX$	$m_z = km_x$
和差函数	$z = X_1 \pm X_2 \pm \cdots \pm X_n$	$m_z = \pm \sqrt{m_1^2 + m_2^2 + \cdots + m_n^2}$
线性函数	$z = k_1 X_1 + k_2 X_2 + \cdots + k_n X_n$	$m_z = \pm \sqrt{k_1^2 m_1^2 + k_2^2 m_2^2 + \cdots + k_n^2 m_n^2}$
一般函数	$z = F(X_1, X_2, \cdots, X_n)$	$m_z = \pm \sqrt{\left(\frac{\partial F}{\partial X_1}\right)^2 m_1^2 + \left(\frac{\partial F}{\partial X_2}\right)^2 m_2^2 + \cdots + \left(\frac{\partial F}{\partial X_n}\right)^2 m_n^2}$

5.4 等 精 度 直 接 观 测 平 差

5.4.1 求最或是值

设在相同的观测条件下，对某未知量 x 进行 n 次观测，设观测值分别为 $l_1, l_2, \cdots, l_n$，现要根据 n 个观测值确定出该未知量的最或是值。

设未知量的真值为 x，则可写出观测值的真误差公式为

$$\Delta_i = l_i - x \quad (i = 1, 2, \cdots, n) \qquad (5-16)$$

则可得出一组真误差

$$\begin{cases} \Delta_1 = l_1 - x \\ \Delta_2 = l_2 - x \\ \cdots \\ \Delta_n = l_n - x \end{cases} \qquad (5-17)$$

将以上方程等号两边相加得

$$[\Delta] = [l] - nx \qquad (5-18)$$

两边同除 n 得

$$\frac{[\Delta]}{n} = \frac{[l]}{n} - x \qquad (5-19)$$

由偶然误差第四特性式(5-2)可知

$$\lim_{n \to \infty} \frac{[\Delta]}{n} = 0 \qquad (5-20)$$

$$n \to \infty, \quad x = \frac{[l]}{n} = L \quad (算术平均值)$$

即当 $n \to \infty$ 时，算术平均值等于未知量真值。

但在实际工作中，n 总是有限的，所以算术平均值最接近未知量真值。在计算时，不论观测次数的多少均以算术平均值 L 作为未知量的最或是值，这是误差理论中的一个公理。这种只有一个未知量的平差问题，在传统的平差计算中称为直接平差。

5.4.2 求观测值中误差

等精度观测值中误差的计算公式为

$$m = \pm \sqrt{\frac{[\Delta\Delta]}{n}} \qquad (5-21)$$

$$\Delta_i = l_i - x \quad (i = 1, 2, \cdots, n)$$

这是利用观测值真误差求观测值中误差的定义公式，由于未知量的真值往往是不知道的，真误差也就不知道了。但是未知量的最或值和观测值的差数也可以求得，即

$$V_i = L - l_i \qquad (5-22)$$

$$\begin{cases} V_1 = L - l_1 \\ V_2 = L - l_2 \\ \cdots \\ V_n = L - l_n \\ [V] = nL - [l] = 0 \end{cases} \qquad (5-23)$$

式中，V 称为改正数。为了评定精度，需要导出由改正数 V 来计算观测值中误差的公式。

由式(5-21)与式(5-22)可得出以下两个方程组。

$$\begin{cases} \Delta_1 = l_1 - x \\ \Delta_2 = l_2 - x \\ \cdots \\ \Delta_n = l_n - x \end{cases} \quad 和 \quad \begin{cases} V_1 = L - l_1 \\ V_2 = L - l_2 \\ \cdots \\ V_n = L - l_n \end{cases} \qquad (5-24)$$

联立解方程组可得观测值中差的计算公式为

$$m = \pm \sqrt{\frac{[VV]}{n-1}} \qquad (5-25)$$

式(5-25)即利用观测值的改正数计算中误差的公式，称为贝塞尔公式。

【例5-3】 对某段距离进行了6次等精度观测，观测距离如表5-3所示，求该段距离的算术平均值、观测值的中误差及算术平均值的中误差。

解：见表5-3。

表5-3　6次等精度观测数据

观测次数	观测距离	改正数	VV	中误差计算
1	178.121	+3	9	
2	178.125	−1	1	
3	178.130	−6	36	$m = \pm\sqrt{\dfrac{[VV]}{n-1}} = \left(\pm\sqrt{\dfrac{212}{6-1}}\right) = \pm 6.5''$
4	178.133	−9	81	
5	178.117	+7	49	$M = \pm\dfrac{m}{\sqrt{n}} = \left(\pm\dfrac{6.5}{\sqrt{6}}\right)'' = \pm 2.7''$
6	178.118	+6	36	
平均或求和	178.124	$[V]=0$	$[VV]=212$	

5.4.3　求算术平均值的中误差

1. 等精度独立观测量算术平均值的中误差公式

设对某未知量等精度观测 n 次，得观测值为 $l_1, l_2, \cdots, l_n$，其算术平均值为

$$\bar{l} = \frac{l_1 + l_2 + \cdots + l_n}{n} = \frac{[l]}{n} = \frac{1}{n}l_1 + \frac{1}{n}l_2 + \cdots + \frac{1}{n}l_n$$

设每个观测值的中误差为 m，根据式(5-7)得

$$m_1 = \pm \sqrt{\frac{1}{n^2}m^2 + \frac{1}{n^2}m^2 + \cdots + \frac{1}{n^2}m^2} = \pm \sqrt{\frac{n}{n^2}m^2} = \frac{m}{\sqrt{n}} \qquad (5-26)$$

由式(5-26)可知，n 次等精度独立观测量算术平均值的中误差为一次观测中误差的 $\dfrac{1}{\sqrt{n}}$，当 $n \rightarrow \infty$ 时，有 $\dfrac{m}{\sqrt{n}} \rightarrow 0$。

2. 水准测量路线高差的中误差

某条水准路线，独立观测了 n 站高差 $h_1, h_2, \cdots, h_n$，路线高差之和为

$$h = h_1 + h_2 + \cdots + h_n \qquad (5-27)$$

设每站高差观测的中误差为 $m_{站}$，则 h 的中误差为

$$m_h = \pm \sqrt{m_1^2 + m_2^2 + \cdots + m_n^2} = m_{站}\sqrt{n} \qquad (5-28)$$

式(5-28)一般用来计算上山水准的高差中误差，在平坦地区进行水准测量时，每站前视尺至后视尺的距离 L_i(km)基本相等，设水准路线总长为 L(km)，则有 $n = \dfrac{L}{L_i}$，将其

代入式(5-28)得

$$m_{\mathrm{h}}=\sqrt{\frac{L}{L_i}}m_{站}=\sqrt{L}\frac{m_{站}}{\sqrt{L_i}}=\sqrt{L}m_{\mathrm{km}} \tag{5-29}$$

式中，$m_{\mathrm{km}}=\dfrac{m_{站}}{\sqrt{L_i}}$，称为每千米水准测量的高差观测中误差。

5.5 非等精度观测值的权及中误差

5.5.1 权与单位权

设观测量 l_i 的中误差为 m_i，其权 W_i 的计算公式为

$$W_i=\frac{m_0^2}{m_i^2} \tag{5-30}$$

式中，m_0^2 为任意正实数。由式(5-30)可知，观测量 l_i 的权 W_i 与其方差 m_i^2 成反比，l_i 的方差 m_i^2 越大，其权就越小，精度越低；反之，l_i 的方差 m_i^2 越小，其权就越大，精度越高。

如果令 $W_i=1$，则有 $m_0^2=m_i^2$，也即 m_0^2 为权等于1的观测量的方差，故称 m_0^2 为单位权方差，而 m_0 就称为单位权中误差。

定权时，虽然单位权中误差 m_0，可以取任意正实数，但选定了一个 m_0 后，所有观测量的权都应使用这个 m_0 来计算。

5.5.2 加权平均值的中误差

定义了权后，加权平均值的计算公式为

$$\overline{H}_{\mathrm{PW}}=\frac{W_1H_{\mathrm{P1}}+W_2H_{\mathrm{P2}}+\cdots+W_nH_{\mathrm{P}n}}{W_1+W_2+\cdots+W_n}=\frac{[WH_{\mathrm{P}}]}{[W]} \tag{5-31}$$

式中，$\overline{H}_{\mathrm{PW}}$ 为加权平均值。

应用误差传播定律，由式(5-31)求加权平均值中误差的计算公式为

$$
\begin{aligned}
m_{\overline{H}_{\mathrm{PW}}} &= \pm\sqrt{\frac{W_1^2}{[W]^2}m_1^2+\frac{W_2^2}{[W]^2}m_2^2+\cdots+\frac{W_n^2}{[W]^2}m_n^2} \\
&= \pm\frac{1}{[W]}\sqrt{W_1^2m_1^2+W_2^2m_2^2+\cdots+W_n^2m_n^2} \\
&= \pm\frac{1}{[W]}\sqrt{W_1\frac{m_{站}^2}{m_1^2}m_1^2+W_2\frac{m_{站}^2}{m_2^2}m_2^2+\cdots+W_n\frac{m_{站}^2}{m_n^2}m_n^2} \\
&= \pm\frac{m_{站}}{[W]}\sqrt{W_1+W_2+\cdots+W_n}=\pm\frac{m_{站}}{\sqrt{[W]}}
\end{aligned} \tag{5-32}
$$

5.5.3 单位权中误差的计算

一般地，对权分别为不等精度独立观测量，构造虚拟观测量，其中

$$l'_1 = \sqrt{W_i}\, l_i \qquad (i=1,\ 2,\ \cdots,\ n) \qquad\qquad (5-33)$$

应用误差传播定律可得

$$m_{l'_i}^2 = W_i m_i^2 = \frac{m_0^2}{m_i^2} m_i^2 = m_0^2 \qquad\qquad (5-34)$$

式(5-34)可以看出，虚拟观测量 l'_1，l'_2，$\cdots$，l'_n 是等精度独立观测量，其每个观测量的中误差相等，根据式(5-25)的贝塞尔公式可得

$$m_0 = \pm\sqrt{\frac{[V'V']}{n-1}}$$

对式(5-33)取微分，并令微分量等于改正数的 $V'_i = \sqrt{W_i}\, V_i$，将其代入上式，得

$$m_0 = \pm\sqrt{\frac{[WVV]}{n-1}} \qquad\qquad (5-35)$$

则有单位权中误差计算公式为

$$m_{\bar{l}_W} = \pm\sqrt{\frac{[WVV]}{[W](n-1)}} \qquad\qquad (5-36)$$

本项目小结

本项目在前面各项目的基础上概括说明了误差产生的原因及分类，详细叙述了偶然误差的规律，介绍了评定精度的标准及计算方法，并用误差理论证明了算术平均值是最或然值，以及非等精度观测的最或然值及其中误差。

习题

一、选择题

1. 测量误差主要有系统误差和（　　）。

    A. 仪器误差　　　　　B. 观测误差　　　　　C. 容许误差　　　　　D. 偶然误差

2. 钢尺量距中，钢尺的尺长误差对距离丈量产生的影响属于（　　）。

    A. 偶然误差　　　　　　　　　　　　　B. 系统误差

    C. 可能是偶然误差也可能是系统误差　　D. 既不是偶然误差也不是系统误差

3. 丈量一正方形的四条边长，其观测中误差均为 ± 2cm，则该正方形周长的中误差为 $\pm$（　　）cm。

    A. 0.5　　　　　　　B. 2　　　　　　　　C. 4　　　　　　　　D. 8

4. 对某边观测 4 测回，观测中误差为 ± 2cm，则算术平均值的中误差为（　　）。

    A. ± 0.5cm　　　　B. ± 1cm　　　　　C. ± 4cm　　　　　D. ± 2cm

5. 对某角观测一测回的观测中误差为 $\pm 3''$，现要使该角的观测结果精度达到 $\pm 1.4''$，需观测（　　）个测回。

    A. 2　　　　　　　　B. 3　　　　　　　　C. 5　　　　　　　　D. 4

二、简答题

1. 应用测量误差理论可以解决测量工作中的哪些问题？

2. 测量误差的主要来源有哪些？偶然误差具有哪些特性？

3. 何谓中误差？何谓容许误差？何谓相对误差？

4. 何谓等精度观测？何谓非等精度观测？权的定义和作用是什么？

5. 何谓误差传播定律？

三、计算题

1. 某圆形建筑物直径 $D = 34.50\text{m}$，$m_D = \pm0.01\text{m}$，求建筑物周长及中误差。

2. 用长 30m 的钢尺丈量 310 尺段，若有尺段中误差为 $\pm5\text{mm}$，求全长 L 及其中误差。

3. 对某一距离进行了 6 次等精度观测，其结果为 398.772m、398.784m、398.776m、398.781m、398.802m 和 398.779m。试求其算术平均值、一次丈量中误差、算术平均值中误差和相对中误差。

4. 测得一正方形的边长 $a = (65.37 \pm 0.03)\text{m}$。试求正方形的面积及其中误差。

5. 用同一台经纬仪分 3 次观测同一角度，其结果为 $\beta_1 = 30°24'36''$（6 测回），$\beta_2 = 30°24'34''$（4 测回），$\beta_3 = 30°24'38''$（8 测回）。试求单位权中误差、加权平均值中误差和一测回观测值的中误差。

项目6

小地区控制测量

学习目标

讲述控制测量的原理及方法。重点学习导线测量、三(四)等水准测量和三角高程测量。要求学生掌握控制测量的概念及闭合导线、四等水准测量的观测与计算方法。了解复杂地面点的高程测量方法和原理,理解在建筑施工场地进行施工控制测量的方法。培养学生分析与解决问题的能力、动手能力以及工程实践能力的形成。

学习要求

能力目标	知识要点	权 重	自测分数
了解控制测量的原理及方法	控制测量的原理及方法	20%	
掌握导线测量、三(四)等水准测量外业观测方法	导线测量、三(四)等水准测量和三角高程测量外业实施方法	30%	
学会导线测量内业计算方法和三(四)等水准测量和三角高程测量内业计算方法	导线测量、三(四)等水准测量和三角高程测量内业计算方法	30%	
理解施工控制测量的方法	在建筑施工场地进行施工控制测量的方法	20%	

学习重点

控制测量的原理及方法、导线的布设形式、导线测量外业实施方法和内业计算、三(四)等水准测量和三角高程测量、建筑施工场地控制测量的方法

最新标准

《工程测量规范》(GB 50026—2007);《国家三、四等水准测量规范》(GB/T 12898—2009)和《全球定位系统(GPS)测量规范》(GB/T 18314—2009)

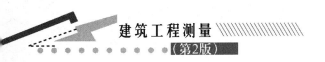

引 例

某中等职业学校为了升格成高等职业院校，现有校园土地面积只有120亩(1亩＝666.67平方米)，而教育主管部门要求高职院校土地面积应达到300亩以上才有资格申报。因此，该学校就到附近郊区征地，经过一番努力，终于选中一块面积有500多亩的土地。为了进行规划、设计和准确计算土地面积，就要测绘这块地和周围四邻的地形图，要测绘地形图就得必须进行控制测量。那么，如果让你去完成这项控制测量任务，你该如何进行呢？本项目主要学习控制测量的工作程序，控制测量的外业工作和内业计算的方法。

6.1　控制测量概述

6.1.1　国家控制网

测量工作必须遵循"从整体到局部，先控制后碎部"的原则，先建立控制网，然后根据控制网进行碎部测量或测设。国家控制网分为国家平面控制网和国家高程控制网。

特别提示

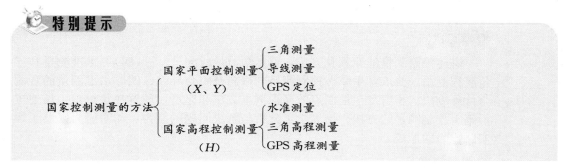

1. 国家平面控制网

平面控制测量即确定控制点的平面位置。国家平面控制网是在全国范围内建立的控制网。逐级控制，分为一、二、三、四等三角测量和精密导线测量。它是全国各种比例尺测图和工程建设的基本控制，也为空间科学技术和军事提供精确的点位坐标、距离、方位资料，并为研究地球大小和形状、地震预报等提供重要资料。如图6.1所示，一等三角锁(三角网成锁状的称为三角锁)是国家平面控制网的骨干。

二等三角网布设于一等三角锁环内，是国家平面控制网的全面基础。三、四等三角网为二等三角网的进一步加密。建立国家平面控制网主要采用三角测量的方法。

建立平面控制网的经典方法有三角测量和导线测量。在图6.2中，A、B、C、D、E、F组成相互连接的三角形，观测所有三角形的内角，并至少测量其中一条边长作为起算边，通过计算就可以获得它们之间的相对位置。这种三角形的顶点称为三角点，构成的网形称为三角网，进行这种控制测量称为三角测量。又如在图6.3中，控制点1、2、3、…用折线连接起来，测量各边的长度和各转折角，通过计算同样可以获得它们之间的相对位置。这种控制点称为导线点，进行这种控制测量称为导线测量。

随着测量科学技术的发展和现代化测量仪器的出现，三角测量这一传统定位技术大部分已被卫星定位技术所替代。GB/T 18314—2009《全球定位系统(GPS)测量规范》将GPS控制网分成A～E五级。

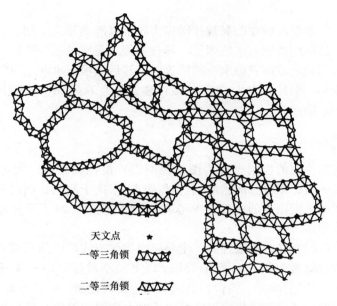

天文点　★

一等三角锁　〰〰〰

二等三角锁　〰〰〰

图 6.1　部分地区国家一、二等三角控制网示意图

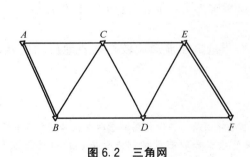

图 6.2　三角网

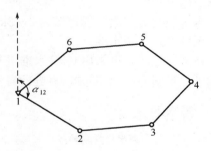

图 6.3　导线网

2. 国家高程控制网

建立高程控制网的主要方法是水准测量。在山区也可以采用三角高程测量的方法来建立高程控制网,这种方法不受地形起伏的影响,工作速度快,但其精度较水准测量低。

国家水准测量分为一、二、三、四等,逐级布设。一、二等水准测量是用高精度水准仪和精密水准测量方法进行施测,其成果作为全国范围的高程控制之用。三、四等水准测量除用于国家高程控制网的加密外,还可在小地区用作建立首级高程控制网。图 6.4 是国家水准网布设示意图。

6.1.2　城市控制网

城市控制测量是为大比例尺地形测量建立控制网,作为城市规划、施工放样的测量依据。城市平面控制网一般可分为二、三、四等三角网及一、二级小三角网或一、二、三级导线。然后再布设图根小

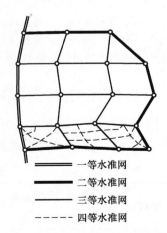

一等水准网

二等水准网

三等水准网

四等水准网

图 6.4　国家水准网布设示意图

三角网或图根导线。

为了城市建设的需要所建立的高程控制称为城市水准测量，采用二、三、四、五等水准测量及直接为测地形用的图根水准测量，其技术要求见表 6－7 和表 6－8。同样，应根据城市或厂矿的规模确定城市首级水准网的等级，然后再根据水准点测定图根点的高程。

水准点间的距离一般地区为 2～3km，城市建筑区为 1～2km，工业区小于 1km。一个测区至少设立 3 个水准点。

6.1.3 小地区控制网

直接供地形测图使用的控制点称为图根控制点，简称图根点。测定图根点位置的工作，称为图根控制测量。图根点的密度（包括高级点）取决于测图比例尺和地物、地貌的复杂程度。平坦开阔地区图根点的密度可参考表 6－5 的规定；对于困难地区或山区，表中规定的点数可适当增加。

至于布设哪一级控制作为首级控制，主要应根据城市或厂矿的规模来确定。中小城市一般以四等网作为首级控制网。面积在 15km² 以下的小城镇可用一级导线网作为首级控制。面积在 0.5km² 以下的测区，图根控制网可用为首级控制。厂区可布设建筑方格网。

同样，应根据城市或厂矿的规模确定城市首级水准网的等级，然后再根据水准点测定图根点的高程。

水准点间的距离一般地区为 2～3km，城市建筑区为 1～2km，工业区小于 1km。一个测区至少设立 3 个水准点。

在平原地区，可采用 GPS 水准进行四等水准测量。在地形比较复杂或地质构造复杂的地区，采用 GPS 水准时，需进行高程异常改正。

> **特别提示**
>
> 在前边的引例中所提到的征地问题，因地块面积很小，因此，在做控制测量时，就必须按小地区控制测量的技术要求，仔细查阅工程测量规范，按规范要求合理布设控制点位置，精心进行方案设计。
>
> 下面给出的表 6－1～表 6－8 是从《工程测量规范》（GB 50026—2007）、《国家三、四等水准测量规范》（GB/T 12898—2009）和《全球定位系统（GPS）测量规范》（GB/T 18314—2009）中查得的资料进行控制测量时常用的技术要求。

6.1.4 各等级控制测量的技术要求

按《工程测量规范》（GB 50026—2007），平面控制网的主要技术要求见表 6－1～表 6－6 所示。高程控制网的主要技术要求见表 6－7 和表 6－8。

表 6－1 三角测量的主要技术要求

等级		平均边长/km	测角中误差/″	起始边边长相对中误差	最弱边边长相对中误差	测回数 DJ1	测回数 DJ2	测回数 DJ5	三角形最大闭合差/(″)
二等		13	±1.0	≤1/250000	≤1/120000	12	—	—	±3.5
三等	首级	8	±1.8	≤1/150000	≤1/70000	5	9	—	±7.0
	加密			≤1/120000					

续表

等级		平均边长/km	测角中误差/″	起始边边长相对中误差	最弱边边长相对中误差	测回数 DJ1	测回数 DJ2	测回数 DJ5	三角形最大闭合差/″
四等	首级	2~6	±2.5	≤1/100000	≤1/40000	4	5	—	±9.0
	加密			≤1/70000					
一级小三角		1	±5	≤1/40000	≤1/20000	—	2	4	±15
二级小三角		0.5	±10	≤1/20000	≤1/10000	—	1	2	±30

注：当测区测图的最大比例尺为1∶1000时，一、二级小三角的边长可适当放长，但最大长度不应大于表中规定的2倍

表6-2　图根三角测量的主要技术要求

边长/m	测角中误差/″	三角形个数	DJ₆测回数	三角形最大闭合差/″	方位角闭合差/″
≤1.7测图最大视距	±20	≤13	1	±50	$±40\sqrt{n}$

注：n为测站数

表6-3　导线测量的主要技术要求

等级	导线长度/km	平均边长/km	测角中误差/″	测距中误差/mm	测距相对中误差	测回数 DJ1	测回数 DJ2	测回数 DJ6	方位角闭合差/″	相对闭合差
三等	14	3	±1.8	±20	≤1/150000	5	10	—	$±3.5\sqrt{n}$	≤1/55000
四等	9	1.5	±2.5	±18	≤1/80000	4	5	—	$±5\sqrt{n}$	≤1/35000
一级	2.5	0.25	±5	±15	≤1/30000	—	2	4	$±10\sqrt{n}$	≤1/10000
二级	1.8	0.18	±8	±15	≤1/14000	—	1	3	$±16\sqrt{n}$	≤1/7000
三级	1.2	0.12	±12	±15	≤1/7000	—	1	2	$±24\sqrt{n}$	≤1/5000

注：表中n为测站数；当测区测图的最大比例尺为1∶1000时，一、二、三级导线的平均边长及总长可适当放长，但最大长度不应大于表中规定的2倍

表6-4　图根导线测量的主要技术要求

导线长度/m	相对闭合差	测角中误差/″ 一般	测角中误差/″ 首级控制	DJ6测回数	方位角闭合差/″ 一般	方位角闭合差/″ 首级控制
≤a×M	≤1/(2000×a)	±30	±20	1	$±60\sqrt{n}$	$±40\sqrt{n}$

注：a为比例系数，取值宜为1，当采用1∶500、1∶1000比例尺测图时，其值可在1~2之间选用；M为测图比例尺的分母，但对于工矿区现状图测量，不论测图比例尺大小，M均应取值为500；隐蔽或施测困难地区导线相对闭合差可放宽，但不应大于1/1000×a

表6-5　一般地区解析图根点的个数

测图比例尺	图幅尺寸/cm	解析控制点/个
1∶500	50×50	8
1∶1000	50×50	12
1∶2000	50×50	15
1∶5000	40×40	30

表 6-6　GPS 控制网主要技术要求

级别 项目	A	B	C	D	E
固定误差 a/mm	≤5	≤8	≤10	≤10	≤10
比例误差系数 $b/10^{-5}$	≤0.1	≤1	≤5	≤10	≤20
相邻点最小距离/km	100	15	5	2	1
相邻点最大距离/km	2000	250	40	15	10
相邻点平均距离/km	300	70	15～10	10～5	5～2

表 6-7　水准测量的主要技术要求

等级	每千米高差中误差/mm	路线长度/km	水准仪的型号	水准尺	观 测 次 数		往返较差、附合或环线闭合差	
					与已知点联测	附合或环线	平地/mm	山地/mm
二等	±2	—	DS$_1$	因瓦	往返各一次	往返各一次	±4$\sqrt{L}$	—
三等	±5	≤50	DS$_1$	因瓦	往返各一次	往一次	±12$\sqrt{L}$	±4$\sqrt{n}$
			DS$_3$	双面		往返各一次		
四等	±10	≤15	DS$_3$	双面	往返各一次	往一次	±20$\sqrt{L}$	±6$\sqrt{n}$
五等	±15	—	DS$_3$	单面	往返各一次	往一次	±30$\sqrt{L}$	—

注：结点之间或结点与高级点之间，其路线的长度，不应大于表中规定的 0.7 倍；L 为往返测段，附合或环线的水准路线长度（单位为 km）；n 为测站数

表 6-8　图根水准测量的主要技术要求

仪器类型	每千米高差中误差/mm	附合路线长度/km	视线长度/m	观 测 次 数		往返较差、附合或环线闭合差/mm	
				附合或闭合路线	支水准路线	平地	山地
DS$_{10}$	±20	≤5	≤100	往一次	往返各一次	±40$\sqrt{L}$	±12$\sqrt{n}$

注：L 为往返测段、附合或环线的水准路线长度（单位为 km）；n 为测站数；当水准路线布设成支线时，其路线长度不应大于 2.5km

　　本书主要讨论小地区（10km² 以下）控制网建立的有关问题。下面将分别介绍用导线测量建立小地区平面控制网的方法和用三、四等水准测量，以及光电测距三角高程测量建立小地区高程控制网的方法。

6.2　小地区平面控制测量

特别提示

　　小地区平面控制测量的主要方法有小三角测量和导线测量。
　　三角测量要求通视条件较高，观测时必须满足三角形的 3 个点互相通视，一般适合在山区地面起伏比较大的地区。而在城市中，高楼林立，通视条件无法保证，很难布设。
　　导线测量布设灵活，要求通视方向少，边长可直接测定，适宜布设在视野不够开阔的地区，如城

市、厂区、矿山建筑区、森林等，也适用于狭长地带的控制测量，如铁路、隧道、渠道等。随着全站仪的普及，一测站可同时完成测距、测角的全部工作，使导线成为平面控制中简单而有效的方法。

　　直接为测绘地形图而建立的控制网叫图根控制网，而导线测量方法特别适用于图根控制网的建立。因此，在引例中提到的征地需要测绘地形图，那么，在测绘地形图之前就选择用导线测量的方法先作图根控制网，经过外业观测，内业计算，然后，就可以测绘地形图。本节将介绍导线测量是如何进行的。

6.2.1　导线测量形式

　　将测区内相邻控制点连成直线而构成的折线图形称为导线。构成导线的控制点称为导线点。导线测量就是依次测定各导线边的长度和各转折角值；再根据起算数据，推算各边的坐标方位角，从而用坐标正算方法求出各导线点的坐标。

　　用经纬仪测量转折角，用钢尺测定边长的导线，称为经纬仪导线；若用光电测距仪测定导线边长，则称为光电测距导线。

　　导线测量是建立小地区平面控制网常用的一种方法。根据测区的具体情况，单一导线的布设有闭合导线、附合导线和支导线 3 种基本形式(图 6.5)。

　　(1) 闭合导线——由测区内相邻的控制点连接而成的闭合多边形。导线的起点和终点为同一个已知点，在图 6.5 中，以高级控制点 A、B 中的 A 点为起始点，并以 AB 边的坐标方位角 $\alpha_{A,B}$ 为起始坐标方位角，经过 1、2、3、4 点仍回到起始点 A 形成一个闭合导线。

　　(2) 附合导线——敷设在两个已知点之间的导线称为附合导线。在图 6.5 中，以高级控制点 A、B 中的 B 点为起始点，以 AB 边的坐标方位角 $\alpha_{A,B}$ 为起始边的坐标方位角，经过 5、6、7、8 点后，附合到另一个已知点 C 上，并以 $\alpha_{C,D}$ 为终边坐标方位角，这样的导线称为附合导线。

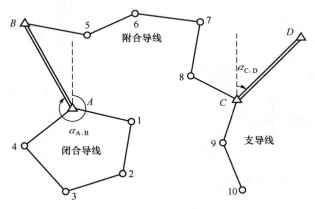

图 6.5　导线布设形式

　　(3) 支导线——支导线也称自由导线，它从一个已知点出发不回到原点，也不附合到另外已知点上。在图 6.5 中，由已知点 C 出发延伸出去(如 9、10 两点)的导线即为支导线。由于支导线的观测数据缺少严密的检核条件，故布设时应加以限制，规范规定支导线不得超过 3 条边。

6.2.2　导线测量的外业工作

　　导线测量的外业工作包括：踏勘选点及建立标志、量边、测角和连测，现分述如下。

1. 踏勘选点及建立标志

在踏勘选点前，应调查收集测区已有地形图和高一级控制点的成果资料，把控制点展绘在地形图上，然后在地形图上拟定导线的布设方案，最后到野外去踏勘，实地核对、修改、落实点位。如果测区没有地形图资料，则需详细踏勘现场，根据已知控制点的分布、测区地形条件及测图和施工需要等具体情况，合理地选定导线点的位置。

特别提示

实地选点时，应注意下列选点原则。

(1) 相邻点间通视良好，地势较平坦，便于测角和量距。

(2) 点位应选在土质坚实处，便于保存标志和安置仪器。

(3) 地势高爽，视野开阔，便于测绘周围地物和地貌。

(4) 导线边长应大致相等，避免过长、过短，相邻边长之比不应超过3倍。除特别情形外，对于二、三级导线，其边长应不大于350m，也不宜小于50m，平均边长参见表6-3和表6-4。

(5) 导线点应有足够的密度，且分布均匀，便于控制整个测区。

导线点选定后，应在地面上建立标志，并沿导线走向顺序编号，绘制导线略图。要在每个点位上打一大木桩(图6.6)，桩顶钉一小钉，作为临时性标志；对于高等级导线点应按规范埋设混凝土桩(图6.7)，桩顶刻"十"字，作为永久性标志。并在导线点附近的明显地物(房角、电杆)上用油漆注明导线点编号和距离，并绘制草图，注明尺寸，称为"点之记"，如图6.8所示。

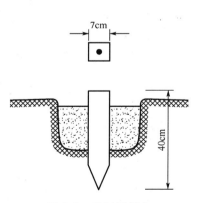

图6.6 临时导线点

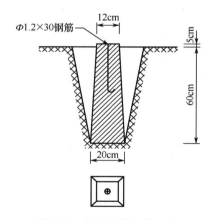

图6.7 永久导线点的埋设

2. 观测导线边长

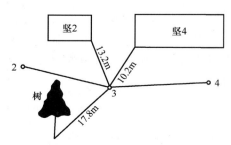

图6.8 点之记

导线边长可用光电测距仪测定，测量时要同时观测竖直角，供倾斜改正之用。若用钢尺丈量，钢尺必须经过检定。对于一、二、三级导线，应按钢尺量距的精密方法进行丈量。对于图根导线，用一般方法往返丈量，取其平均值，并要求其相对误差不大于1/3000。钢尺量距结束后，应进行尺长改正、温度改正和倾斜改正，3项改正后的结果作为最终成果。

3. 观测转折角

导线角度测量有转折角测量和连接角测量。在各待定点上所测的角为转折角，导线与高级控制边连接形成的夹角为连接角。

用测回法施测导线左角（位于导线前进方向左侧的角）或右角（位于导线前进方向右侧的角）。一般在附合导线或支导线中是测量导线的左角，在闭合导线中均测内角。若闭合导线按顺时针方向编号计算，则其内角就是右角。不同等级的导线的测角主要技术要求已列入表 6-3 及表 6-4。对于图根导线，一般用 DJ$_6$ 级光学经纬仪观测一个测回。若盘左、盘右测得角值的较差不超过 $40''$，则取其平均值作为一测回成果。

测角时，为了便于瞄准，可用测钎、觇牌作为照准标志，也可在标志点上用仪器的脚架吊一垂球线作为照准标志。

4. 与高级点连测

导线应与高级控制点连测，才能得到起始方位角，这一工作称为连接角测量，也称导线定向。目的是将导线点坐标纳入国家坐标系统或该地区统一坐标系统。

如图 6.9 所示，导线与高级控制点连接，必须观测连接角 β_B、β_1，连接边 D_{B1}，作为传递坐标方位角和传递坐标之用。如果附近无高级控制点，则应用罗盘仪施测导线起始边的磁方位角，并假定起始点的坐标作为起算数据。

连接角测量一般缺乏严密的检核条件，如图 6.9 所示，所以连接角应采用方向观测法测量，其圆周角闭合差应 $\leqslant \pm 40''$。

导线的外业测量数据应填入"导线测量记录表"，也可参照本书项目 3 角度测量和项目 4 距离测量的记录格式，做好导线测量的外业记录，并要妥善保存。

6.2.3 坐标正、反计算

在掌握了坐标方位角的概念后，即可解决地面点的平面坐标计算问题。由项目 1 中概念知道，平面控制网中，地面点的坐标不是直接测定的，而是在测定了有关点位的相对坐标位置后，由已知点的坐标推算出未知点的坐标的。任意两点在平面直角坐标系中的相互位置关系有两种表示方法。

1. 直角坐标表示法

直角坐标表示法就是用两点间的坐标增量 Δx、Δy 来表示。如图 6.10 所示，当 1 点的坐标 x_1、y_1 已知时，2 点的坐标即可根据 1、2 两点间的坐标增量算出。即

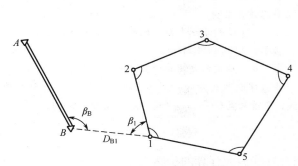

图 6.9 导线与高级点连测

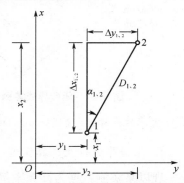

图 6.10 直角坐标与极坐标之间的关系

$$x_2 = x_1 + \Delta x_{1,2} \quad \left.\right\} \qquad (6-1)$$
$$y_2 = y_1 + \Delta y_{1,2}$$

2. 极坐标表示法

极坐标法就是用两点间连线的坐标方位角 α 和水平距离 D 来表示。

这两种坐标可以互相换算，图 6.10 所示为两点间直角坐标和极坐标的关系。根据测量出的相关位置关系数据，利用这两种坐标之间的换算关系即可求出所需的平面坐标。

3. 坐标正算（极坐标化为直角坐标）

在平面控制坐标计算中，将极坐标化为直角坐标又称坐标正算，如图 6.10 所示，若 1、2 两点间的水平距离 $D_{1,2}$ 和坐标方位角 $\alpha_{1,2}$ 都已经测量出来，即可计算此两点间的坐标增量 $\Delta x_{1,2}$、$\Delta y_{1,2}$，其计算式为

$$\Delta x_{1,2} = D_{1,2} \cdot \cos\alpha_{1,2} \quad \left.\right\}$$
$$\Delta y_{1,2} = D_{1,2} \cdot \sin\alpha_{1,2} \qquad (6-2)$$

上式计算时，sin 和 cos 函数值有正、有负，因此算得的坐标增量同样有正、有负。

4. 坐标反算（直角坐标化为极坐标）

由直角坐标化为极坐标的过程称坐标反算，即已知两点的直角坐标或坐标增量 Δx、Δy 计算两点间的水平距离 D 和坐标方位角 α。根据式（6-2）可得

$$D_{1,2} = \sqrt{\Delta x_{1,2}^2 + \Delta y_{1,2}^2} \quad \left.\right\}$$
$$\alpha_{1,2} = \arctan \frac{\Delta y_{1,2}}{\Delta x_{1,2}} \qquad (6-3)$$

需要特别说明的是：式（6-3）等式左边的坐标方位角，其角值范围为 $0° \sim 360°$，而等式右边的 arctan 函数，其值域为 $-90° \sim 90°$，两者是不一致的。故当按式（6-3）的反正切函数计算坐标方位角时，计算器上得到的是象限角值，因此，应根据坐标增量 Δx 与 Δy 的正、负号，按其所在象限再把象限角换算成相应的坐标方位角。

6.2.4 导线内业计算案例

特别提示

图 6.11　闭合导线算例

导线测量内业计算的目的就是求得各导线点的平面坐标。

计算之前，应注意以下几点。

（1）应全面检查导线测量外业记录、数据是否齐全，有无记错、算错，成果是否符合精度要求，起算数据是否准确。

（2）绘制导线略图，把各项数据标注在图上相应位置，如图 6.11 所示。

（3）确定内业计算中数字取位的要求。内业计算中数字的取位对于四等以下各级导线，角值取至秒（″），边长及坐标取至毫米（mm）。对于图根导线，角值取至秒（″），边长和坐标取至厘米（cm）。

1. 闭合导线内业计算案例

现以某实测数据为计算案例，说明闭合导线内业计算的步骤。

1）准备工作

将校核过的外业观测数据及起算数据填入"闭合导线内业计算表"（表6-9）中，起算数据用双线标明。

2）角度闭合差的计算与调整

（1）计算角度闭合差。测量规范规定，闭合导线要观测内角，根据平面几何多边形内角和的理论值

$$\sum \beta_{理} = (n-2) \times 180° \tag{6-4}$$

式中，n 为内角的个数，在图 6.11 中，$n=4$。

由于野外观测的角度不可避免地含有误差，致使实测的多变边形内角之和 $\sum \beta_{测}$ 不等于多变边形的内角之和理论值 $\sum \beta_{理}$，因而产生角度闭合差 f_β，其计算公式为

$$f_\beta = \sum \beta_{测} - \sum \beta_{理} = \sum \beta_{测} - (n-2) \times 180° \tag{6-5}$$

在本例中，$f_\beta = \sum \beta_{测} - (n-2) \times 180° = 359°59'10'' - 360° = -50''$。

（2）对角度闭合差进行调整。不同等级的导线规定有相对应的角度闭合差的容许值 $f_{\beta容}$，见表6-3及表6-4，若 $f_\beta \leqslant f_{\beta容}$，即可进行角度闭合差的调整。否则，则说明所测角不符合要求，应重新检测角度。调整的原则是：将角度闭合差 f_β 反其符号平均分配到各观测角中，即可算得各个观测角的改正数 v_β。

$$v_\beta = -f_\beta / n \tag{6-6}$$

当 f_β 不能被 n 整除时，将余数均匀分配到若干较短边所夹观测角度中。本例中，按式（6-6）所计算的角度闭合差改正数分别为：$+13''$、$+13''$、$+12''$ 和 $+12''$。

检核：当式 $\sum v_\beta = -f_\beta = +50''$ 成立，则说明改正数分配正确。否则，重新计算，直至该式成立为止。然后计算改正角 $\beta_{改} = \beta_{测} + v_{\beta_i}$。

改正角之和应为 $\sum \beta_{改} = \sum \beta_{理} = (n-2) \times 180°$，本例应为 360°，以作计算校核。

3）推算各边的坐标方位角

根据起始边的已知坐标方位角及改正后的水平角，即可按项目4中式（4-43）推算其他各导线边的坐标方位角，即

$$\alpha_{前} = \alpha_{后} + 180° \pm \beta_{改} \tag{6-7}$$

特别提示

在本例中，因推算坐标方位角的顺序是按 1—2—3—4—1 方向推算的，所有观测角都是在前进方向的左侧，一般称之为左角，故式 6-7 中的 β 之前应取 "+" 号。如果按 1—4—3—2—1 方向推算，所有观测角都是在前进方向的右侧，一般称之为右角，故式 6-7 中的 β 之前应取 "-" 号。

例如：$\alpha_{2,3} = \alpha_{1,2} + 180° + \beta_{2改} = 125°30'00'' + 180° + 107°48'43'' = 413°18'43''$

因推算出的 23 边坐标方位角 $\alpha_{2,3} \geqslant 360°$，应减去 360°，故 $\alpha_{2,3} = 53°18'43''$。

按上式推算出其他导线边的坐标方位角，列入表6—9的第6栏。在推算过程中必须注意以下几点。

（1）如果推算出的 $\alpha_{前} \geqslant 360°$，则应减去 360°。

（2）如果推算出的 $\alpha_{前} < 0°$，则应加上 360°。

（3）闭合导线各边坐标方位角的推算，直至最后再推算出的起始边坐标方位角，与原

有的起始边已知坐标方位角值相等方可，否则说明计算有错，应重新检查计算。

4）坐标增量的计算及其闭合差的调整

（1）坐标增量的计算。如图 6.11 所示，设点 1 的坐标$(x_1，y_1)$和 1、2 边的坐标方位角 $\alpha_{1,2}$ 均为已知，水平距离 $D_{1,2}$ 也已测得，则点 2 的坐标为

$$x_2 = x_1 + \Delta x_{1,2} \tag{6-8}$$
$$y_2 = y_1 + \Delta y_{1,2}$$
$$\Delta x_{1,2} = D_{1,2} \cdot \cos\alpha_{1,2}$$
$$\Delta y_{1,2} = D_{1,2} \cdot \sin\alpha_{1,2} \tag{6-9}$$

式（6-9）中，$\Delta x_{1,2}$ 及 $\Delta y_{1,2}$ 的正负号由 $\cos\alpha_{1,2}$ 及 $\sin\alpha_{1,2}$ 的正负决定。

本例按上式所算得的其他各边的坐标增量填入表 6-9 中的第 7、8 两栏中。

（2）坐标增量闭合差的计算。从图 6.12 上可以看出，闭合导线纵、横坐标增量代数和的理论值应为零，即

$$\sum \Delta x_{理} = 0$$
$$\sum \Delta y_{理} = 0 \tag{6-10}$$

实际上由于转折角测量的残余误差和边长测量误差的存在，往往使 $\sum \Delta x_{测}$、$\sum \Delta y_{测}$ 不等于零，因而产生纵坐标增量闭合差 f_x 与横坐标增量闭合差 f_y，即

$$f_x = \sum \Delta x_{测} - \sum \Delta x_{理} = \sum \Delta x_{测}$$
$$f_y = \sum \Delta y_{测} - \sum \Delta y_{理} = \sum \Delta y_{测} \tag{6-11}$$

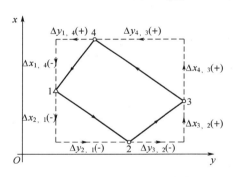

图 6.12　导线坐标增量计算

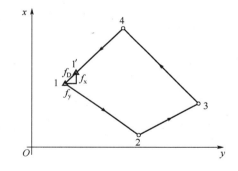

图 6.13　坐标增量闭合差

从图 6.13 上看出，由于 f_x、f_y 的存在，使导线不能闭合，1—1′之长度 f_D 称为导线全长的绝对闭合差，并用式（6-12）计算

$$f_D = \sqrt{f_x^2 + f_y^2} \tag{6-12}$$

由于每条导线的总长度不同，仅从 f_D 值的大小还不能说明导线测量的精度是否满足要求，故应当将 f_D 与导线全长 $\sum D$ 相比，以分子为 1 的分数来表示导线全长的相对闭合差，即

$$K = \frac{f_D}{\sum D} = \frac{1}{\sum D / f_D} \tag{6-13}$$

即以导线全长的相对闭合差 K 来衡量的精度较为合理。K 的分母值越大，精度越高。不同等级的导线全长的相对闭合差容许值 $K_容$ 已列入表 6-3 和表 6-4。若 K 超过 $K_容$，则说明成果不合格，此时应首先检查内业计算有无错误，必要时重测导线边长。若 K 不超

过 $K_容$，则说明成果符合精度要求，可以进行调整。其调整的原则是：将 f_x、f_y 反其符号按边长成正比分配到各边的纵、横坐标增量中去，进行各边坐标增量的改正。以 v_{xi}、v_{yi} 分别表示第 i 边的纵、横坐标增量改正数，即

$$\left.\begin{aligned} v_{xi} &= -\frac{f_x}{\sum D} \cdot D_i \\ v_{yi} &= -\frac{f_y}{\sum D} \cdot D_i \end{aligned}\right\} \tag{6-14}$$

纵、横坐标增量改正数之和应满足式(6-15)。

$$\left.\begin{aligned} \sum v_x &= -f_x \\ \sum v_y &= -f_y \end{aligned}\right\} \tag{6-15}$$

计算出的各边坐标增量改正数填入表 6-9 中的第 7、8 两栏坐标增量计算值的右上方（如 -2、+2 等）。

（3）坐标增量改正值的计算。

$$\begin{aligned} \Delta x_{改i} &= \Delta x_{计i} + v_{xi} \\ \Delta y_{改i} &= \Delta y_{计i} + v_{yi} \end{aligned} \tag{6-16}$$

按式(6-16)计算出导线各边的坐标增量改正值，填入表 6-9 中的第 9、10 两栏。

检核：$\sum \Delta x_{改} = 0$；$\sum \Delta y_{改} = 0$，即改正后纵、横坐标增量之代数和分别为零，则说明坐标增量改正值计算正确。

5）计算各导线点的坐标

根据起点 1 的已知坐标及改正后的各边的坐标增量，用下式依次推算出 2、3、4 等各点的坐标

$$\begin{aligned} x_前 &= x_后 + \Delta x_{改正} \\ y_前 &= y_后 + \Delta y_{改正} \end{aligned} \tag{6-17}$$

算得的坐标值填入表 6-9 中的第 11、12 两栏。最后还应推算起点 1 的坐标，其值应与原有的已知数值相等，以作校核。

2. 附合导线坐标计算案例

附合导线的坐标计算步骤与闭合导线相同，角度闭合差与坐标增量闭合差的计算公式和调整原则也与闭合导线相同，即

$$f_\beta = \sum \beta_测 - \sum \beta_理 \tag{6-18}$$

$$\left.\begin{aligned} f_x &= \sum \Delta x_测 - \sum \Delta x_理 \\ f_y &= \sum \Delta y_测 - \sum \Delta y_理 \end{aligned}\right\} \tag{6-19}$$

但对于附合导线，闭合差计算公式中的 $\sum \beta_理$、$\sum \Delta x_理$、$\sum \Delta y_理$ 与闭合导线不同。下面着重介绍其不同点。

1）角度闭合差中 $\sum \beta_理$ 的计算

设有附合导线如图 6.14 所示，已知起始边 AB 的坐标方位角 $\alpha_{A,B}$ 和终边 CD 的坐标方位角 $\alpha_{C,D}$。观测所有左角（包括连接角 β_B 和 β_C），由式(6-5)有

$$\begin{aligned} \alpha_{B,1} &= \alpha_{A,B} + 180° + \beta_B \\ \alpha_{1,2} &= \alpha_{B,1} + 180° + \beta_1 \end{aligned}$$

$$\alpha_{2,C} = \alpha_{1,2} + 180° + \beta_2$$
$$\alpha_{C,D} = \alpha_{2,C} + 180° + \beta_C$$

将以上各式左、右分别相加，得

$$\alpha_{C,D} = \alpha_{A,B} + 4 \times 180° + \sum \beta_左$$

写成一般公式为

$$\alpha_终 = \alpha_始 + n \times 180° + \sum \beta_左 \qquad (6-20)$$

式中，n 为水平角观测个数。满足上式的 $\sum \beta_左$ 即为其理论值。将上式整理可得

$$\sum \beta_{左_理} = \alpha_终 - \alpha_始 - n \times 180° \qquad (6-21)$$

若观测右角，同样可得

$$\sum \beta_{右_理} = \alpha_始 - \alpha_终 + n \times 180° \qquad (6-22)$$

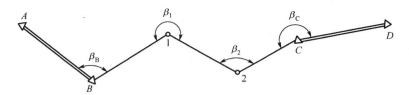

图 6.14　附合导线

2）角度闭合差 f_β 的计算

将式（6-21）、式（6-22）分别代入式（6-18），可求得附和导线角度闭合差的计算公式。

转折角为左角时的角度闭合差计算公式为

$$f_\beta = \sum \beta_测 + \alpha_始 - \alpha_终 + n \times 180°$$

转折角为右角角时的角度闭合差计算公式为

$$f_\beta = \sum \beta_测 - \alpha_始 + \alpha_终 - n \times 180°$$

3）坐标增量闭合差中 $\sum \Delta x_理$、$\sum \Delta y_理$ 的计算

$$\Delta x_{B,1} = x_1 - x_B$$
$$\Delta x_{1,2} = x_2 - x_1$$
$$\Delta x_{2,C} = x_C - x_2$$

将以上各式左、右分别相加，得

$$\sum \Delta x = x_C - x_B$$

写成一般公式为

$$\sum \Delta x_理 = x_终 - x_始 \qquad (6-23)$$

同样可得

$$\sum \Delta y_理 = y_终 - y_始 \qquad (6-24)$$

即附合导线的坐标增量代数和的理论值应等于终、始两点的已知坐标值之差。

附合导线的导线全长闭合差、全长相对闭合差和容许相对闭合差的计算，以及增量闭合差的调整等，均与闭合导线相同。附合导线坐标计算的全过程见表6-10的算例。

表6-9 闭合导线坐标计算表

点号	观测角（左角）° ′ ″	改正数 ″	改正角 ° ′ ″ (4=2+3)	坐标方位角 α ° ′ ″	距离 D /m	增量计算值 Δx/m	Δy/m	改正后增量 Δx/m	Δy/m	坐标值 x/m	y/m	点号
1	2	3	4	5	6	7	8	9	10	11	12	13
1										506.321	215.652	1
	107 48 30	+13	107 48 43	125 30 00	105.22	-2 / -61.10	+2 / +85.66	-61.12	+85.68			
2										445.201	301.332	2
	73 00 20	+12	73 00 32	53 18 43	80.18	-2 / +47.90	+2 / +64.30	+47.88	+64.32			
3										493.081	365.652	3
	89 33 50	+13	89 34 03	306 19 15	129.34	-3 / +76.61	+2 / -104.21	+76.58	-104.19			
4										569.661	261.462	4
	89 36 30	+12	89 36 42	215 53 18	78.16	-2 / -63.32	+1 / -45.82	-63.34	-45.81			
1				125 30 00						506.321	215.652	1
Σ	359 59 10	+50	360 00 00		392.90	+0.09	-0.07	0.00	0.00			

辅助计算

$\sum\beta_{测}=359°59'10''$
$-\sum\beta_{理}=360°00'00''$
$f_\beta=-50''$
$f_{容}=\pm60''\sqrt{4}=\pm120''$

$f_x=\sum\Delta x_{测}=+0.09\text{m}$, $f_y=\sum\Delta y_{测}=-0.07\text{m}$

导线全长闭合差 $f_D=\sqrt{f_x^2+f_y^2}=\pm0.11\text{m}$

导线全长相对闭合差 $K=\dfrac{0.11}{392.90}\approx\dfrac{1}{3400}$

容许的相对闭合差 $K_{容}=\dfrac{1}{2000}$

示意图

表 6-10　附合导线坐标计算表

点号	观测角（左角）/° ′ ″	改正数/″	改正角/° ′ ″	坐标方位角 α/° ′ ″	距离 D/m	增量计算值 Δx/m	增量计算值 Δy/m	改正后增量 Δx/m	改正后增量 Δy/m	坐标值 x/m	坐标值 y/m	点号
	2	3	4=2+3	5	6	7	8	9	10	11	12	13
B				245 45 24								B
A	91 47 00	+6	91 47 06	157 32 30	215.20	+4 / −198.88	−4 / +82.21	−198.84	+82.17	2688.88	1686.66	A
1	170 42 50	+6	170 42 56	148 15 26	167.65	+3 / −142.57	−3 / +88.20	−142.54	+88.17	2490.04	1768.83	1
2	118 50 23	+6	118 50 29	87 05 55	163.19	+3 / +8.26	−2 / +162.98	+8.29	+162.96	2347.50	1857.00	2
3	193 45 25	+6	193 45 31	100 51 26	120.41	+2 / −22.68	−2 / +118.25	−22.66	+118.23	2355.79	2019.96	3
4	213 09 52	+6	213 09 58	134 01 24	192.39	+3 / −133.70	−3 / +138.34	−133.67	+138.31	2333.13	2138.19	4
C	111 25 06	+6	111 25 12	65 26 36						2199.46	2276.50	C
D												D
Σ	899 40 36	+36	899 41 12		858.84	−489.57	+589.98	−489.42	+589.84			

示意图

辅助计算

$f_\beta = 245°45'24'' + 899°40'36'' - 6 \times 180° - 65°26'36''$
$= -36''$
$f_容 = \pm 40'' \sqrt{6} = \pm 97''$

$f_x = \sum \Delta x_测 - (x_C - x_A) = -0.15\text{m}$
$f_y = \sum \Delta y_测 - (y_C - y_A) = +0.14\text{m}$
导线全长闭合差 $f_D = \sqrt{f_x^2 + f_y^2} \approx \pm 0.21\text{m}$
导线全长相对闭合差 $K = \dfrac{0.21}{858.84} = \dfrac{1}{4200}$
导线全长容许相对闭合差 $K_容 = \dfrac{1}{2000}$

3. 支导线的坐标计算

支导线中没有多余观测值，因此也没有闭合差产生，导线转折角和计算的坐标增量均不需要进行改正。支导线的计算步骤如下所示。

（1）根据观测的转折角推算各边坐标位角。

（2）根据各边坐标方位角和边长计算坐标增量。

（3）根据各边的坐标增量推算各点的坐标。

以上各计算步骤的计算方法同闭合导线。

4. 导线测量错误的查找方法

在导线计算中，如要发现闭合差超限，则应首先复查导线测量外业观测记录、内业计算时的数据抄录和计算。如果都没有发现问题，则说明导线外业中的测角、量距有错误，应到现场去返工重测。但在去现场之前，如果能分析判断错误可能发生在某处，就应首先到该处重测，这样就可以避免角度或边长的全部重测，大大减少返工的工作量。下面介绍仅有一个错误存在的查找方法。

1）一个角度测错的查找方法

在图 6.15 上设附合导线的第 3 点上的转折角发生一个错误，使角度闭合差超限。

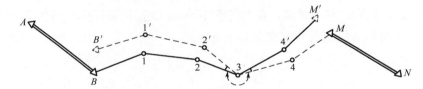

图 6.15　一个角度测错的查找方法

如果分别从导线两端的已知坐标方位角推算各边的坐标方位角，则到测错角度的第 3 点为止，导线边的坐标方位角仍然是正确的。经过第 3 点的转折角以后，导线边的坐标方位角开始向错误方向偏转，使以后各边坐标方位角都包含错误。

因此，一个转折角测错的查找方法为：分别从导线两端的已知坐标方位角出发，按支导线计算导线各点的坐标。则所得到的同一个点的两套坐标值非常接近的点最有可能为角度测错的点。对于闭合导线，方法也相类似。只是从同一个已知点及已知坐标方位角出发，分别沿顺时针方向和逆时针方向，按支导线计算两套坐标值，去寻找两套坐标值接近的点。

2）一条边长测错的查找方法

当角度闭合差在容许范围以内，而坐标增量闭合差超限时，说明边长测量有错误，在图 6.16 上设闭合导线中的 3—4 边 $D_{3,4}$ 发生错误量为 ΔD。由于其他各边和各角没有错误，因此从第 4 点开始及以后各点，均产生一个平行于 3—4 边的移动量 ΔD。如果其他各边、角中的偶然误差忽略不计，则按式(6-17)计算的导线全长的绝对闭合差即等于 ΔD，即

$$f = \sqrt{f_x^2 + f_y^2} = \Delta D \qquad (6-25)$$

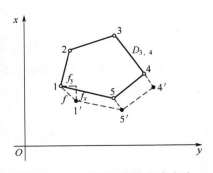

图 6.16　一条边长测错的查找方法

计算的全长闭合差的坐标方位角即等于 3—4 边或 4—3 边的坐标方位角 $\alpha_{3,4}$（或 $\alpha_{4,3}$），即

$$\alpha_{\mathrm{f}} = \arctan\frac{f_{\mathrm{y}}}{f_{\mathrm{x}}} = \alpha_{3,4}\text{（或 }\alpha_{4,3}\text{）} \qquad (6-26)$$

据此原理，求得的 α_{f} 值等于或十分接近于某导线边方位角（或其反方位角）时，此导线边就可能是量距错误边。

6.2.5 交会定点

1. 前方交会

当原有控制点不能满足工程需要时，可用交会法加密控制点，称为交会定点。常用的交会法有前方交会、后方交会和距离交会。

如图 6.17(a)所示，在已知点 A、B 分别对 P 点观测了水平角 α 和 β，求 P 点坐标，称为前方交会。为了检核，通常需从 3 个已知点 A、B、C 分别向 P 点观测水平角，如图 6.17(b)所示，分别由两个三角形计算 P 点坐标。P 点精度除了与 α、β 角观测精度有关外，还与 α 角的大小有关。α 角接近 90°精度最高，在不利条件下，α 角也不应小于 30°或大于 120°。

现以一个三角形为例说明前方交会的定点方法。

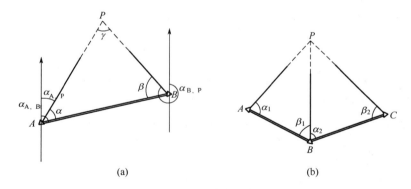

(a)   (b)

图 6.17 前方交会

（1）根据已知坐标计算已知边 AB 的方位角和边长。

$$\left.\begin{array}{l} \alpha_{\mathrm{A,B}} = \arctan\dfrac{y_{\mathrm{B}} - y_{\mathrm{A}}}{x_{\mathrm{B}} - x_{\mathrm{A}}} \\[2mm] D_{\mathrm{A,B}} = \sqrt{(x_{\mathrm{B}} - x_{\mathrm{A}})^2 + (y_{\mathrm{B}} - y_{\mathrm{A}})^2} \end{array}\right\} \qquad (6-27)$$

（2）推算 AP 和 BP 边的坐标方位角和边长。

由图 6.17 得

$$\left.\begin{array}{l} \alpha_{\mathrm{A,P}} = \alpha_{\mathrm{A,B}} - \alpha \\[1mm] \alpha_{\mathrm{B,P}} = \alpha_{\mathrm{B,A}} + \beta \end{array}\right\} \qquad (6-28)$$

$$D_{A,P} = \left. \frac{D_{A,B}\sin\beta}{\sin\gamma} \right\}$$
$$D_{B,P} = \frac{D_{A,B}\sin\alpha}{\sin\gamma}$$
(6－29)

式中，$\gamma = 180° - (\alpha + \beta)$。 (6－30)

（3）计算 P 点坐标。

分别由 A 点和 B 点按下式推算 P 点坐标，并校核。

$$x_P = x_A + D_{A,P}\cos\alpha_{A,P}$$
$$y_P = y_A + D_{A,P}\sin\alpha_{A,P}$$
$$x_P = x_B + D_{B,P}\cos\alpha_{B,P}$$
$$y_P = y_B + D_{B,P}\sin\alpha_{B,P}$$
(6－31)

另外介绍一种应用电子计算器直接计算 P 点坐标的公式，公式推导从略。

$$x_P = \frac{x_A\cot\beta + x_B\cot\alpha + (y_B - y_A)}{\cot\alpha + \cot\beta}$$
$$y_P = \frac{y_A\cot\beta + y_B\cot\alpha - (x_B - x_A)}{\cot\alpha + \cot\beta}$$
(6－32)

应用式(6－32)时，A、B、P 的点号须按逆时针次序排列，如图 6.17 所示。

2. 距离交会

随着电磁波测距仪的应用，距离交会也成为加密控制点的一种常用方法。如图 6.18 所示，在两个已知点 A、B 上分别量至待定点 P_1 的边长 D_A 和 D_B，求解 P_1 点坐标，称为距离交会。

（1）利用 A、B 已知坐标求方位角 $\alpha_{A,B}$ 和边长 $D_{A,B}$。

（2）过 P_1 点作 AB 垂线交于 Q 点。垂距 P_1Q 为 h，AQ 为 r，利用余弦定理求 A 角。

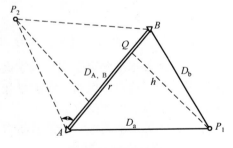

图 6.18 距离交会

$$D_b^2 = D_{A,B}^2 + D_a^2 - 2D_{A,B}D_a\cos A$$
$$\cos A = \frac{D_{A,B}^2 + D_a^2 - D_b^2}{2D_{A,B}D_a}$$
(6－33)

$$r = D_a\cos A = \left. \frac{1}{2D_{A,B}}(D_{A,B}^2 + D_a^2 - D_b^2) \right\}$$
$$h = \sqrt{D_a^2 - r^2}$$
(6－34)

（3）P_1 点坐标如下。

$$x_{P,1} = x_A + r\cos\alpha_{A,B} - h\sin\alpha_{A,B}$$
$$y_{P,1} = y_A + r\sin\alpha_{A,B} + h\cos\alpha_{A,B}$$
(6－35)

上式 P_1 点在 AB 线段右侧（A、B、P_1 顺时针构成三角形）。若待定点 P_2 在 AB 线段左侧（A、B、P_2 逆时针构成三角形），公式为

$$x_{P,2} = x_A + r\cos\alpha_{A,B} + h\sin\alpha_{A,B}$$
$$y_{P,2} = y_A + r\sin\alpha_{A,B} - h\cos\alpha_{A,B}$$
(6－36)

距离交会计算表见表6-11。

表6-11 距离交会计算表

略图与公式					$r=\dfrac{1}{2D_{A,B}}(D_{A,B}^2+D_A^2-D_B^2)$ $h=\sqrt{D_A^2-r^2}$ $x_P=x_A+r\cos\alpha_{A,B}\pm h\sin\alpha_{A,B}$ $y_P=y_A+r\sin\alpha_{A,B}\mp h\cos\alpha_{A,B}$	
已知坐标	x_A	1035.147	y_A	2601.295	观测数据	D_A	703.760
	x_B	1501.295	y_B	3270.053		D_B	670.486
$\alpha_{A,B}$	55°07′20″		$D_{A,B}$	815.188	r	435.641	
h	552.716		x_P	1737.692	y_P	2642.625	

6.3 小地区高程控制测量

6.3.1 三、四等水准测量

1. 三、四等水准测量的主要技术要求

三、四等水准测量除用于国家高程控制网的加密外,还常用作小地区的首级高程控制,以及工程建设地区内工程测量和变形观测的基本控制。三、四等水准网应从附近的国家高一级水准点引测高程。

三、四等水准路线一般沿道路布设,尽量避开土质松软地段,水准点间的距离一般为2～4km,在城市建筑区为1～2km。水准点应选在地基稳固,能长久保存和便于观测的地方。水准点应埋设普通水准标石或临时水准点标志,也可利用埋石的平面控制点作为水准点。在厂区内则注意不要选在地下管线上方,距离厂房或高大建筑物不小于25m,距震动影响区5m以外,距回填土边不少于5m。

三、四等水准测量的要求和施测方法如下。

(1)三、四等水准测量使用的水准尺,通常是双面水准尺。两根标尺黑面的尺底均为0,红面的尺底一根为4.687m,一根为4.787m。

(2)三、四等水准测量的主要技术要求参看表6-5,在观测中,每一测站的技术要求见表6-12。

表6-12 三、四等水准测量测站技术要求

等级	标准视线长度/m	前后视距差/m	前后视距累计差/m	视线距地面最低高度/m	红黑面读数差/mm	红黑面高差之差/mm
三	75	3.0	5.0	0.3	2.0	3.0
四	100	5.0	10.0	0.2	3.0	5.0

2. 三、四等水准测量的方法

1) 观测方法

三、四等水准测量的观测应在通视良好、望远镜成像清晰稳定的情况下进行。若用普通 DS₃水准仪观测，则应注意：每次读数前都应精平。如果使用自动安平水准仪，则无需精平，工作效率大为提高。以下介绍用双面水准尺法在一个测站的观测顺序。

(1) 后视水准尺黑面，读取上、下视距丝和中丝读数，记入记录表（表6－13）中(1)、(2)、(3)位置。

(2) 前视水准尺黑面，读取上、下视距丝和中丝读数，记入记录表中(4)、(5)、(6)位置。

(3) 前视水准尺红面，读取中丝读数，记入记录表中(7)位置。

(4) 后视水准尺红面，读取中丝读数，记入记录表中(8)位置。

这样的观测顺序简称为"后—前—前—后"，其优点是可以抵消水准仪与水准尺下沉产生的误差。四等水准测量每站的观测顺序也可以为"后—后—前—前"，即"黑—红—黑—红"。每个测站共需读8个读数，并立即进行测站计算与检核。满足三、四等水准测量的有关限差要求后（表6－12）方可迁站。表中各次中丝读数(3)、(6)、(7)、(8)是用来计算高差的。因此，在每次读取中丝读数前，都要注意使附合气泡的两个半像严密重合。

2) 测站计算与检核

(1) 视距计算与检核。根据前、后视的上与下视距丝读数，计算前、后视的视距。

$$后视距离：(9)=100 \times [(1)-(2)]$$
$$前视距离：(10)=100 \times [(4)-(5)]$$
$$计算前、后视距差(11)：(11)=(9)-(10)$$
$$计算前、后视距离累积差：(12)=上站(12)+本站(11)$$

以上计算得前、后视距、视距差及视距累积差均应满足表6－12要求。

(2) 尺常数 K 检核。尺常数 K 为同一水准尺黑面与红面读数差。尺常数误差计算式为

$$(13)=(6)+K_i-(7)$$
$$(14)=(3)+K_j-(8)$$

$K_{i,j}$ 为双面水准尺的红面分划与黑面分划的零点差（A 尺：$K_1=4.687$m；B 尺：$K_2=4.787$m）。对于三等水准测量，尺常数误差不得超过 2mm；对于四等水准测量，不得超过 3mm。

(3) 高差计算与检核。按前、后视水准尺红和黑面中丝读数分别计算该站高差。

$$黑面高差：(15)=(3)-(6)$$
$$红面高差：(16)=(8)-(7)$$
$$红黑面高差之误差：(17)=(15)-(16)\pm 0.100m$$

对于三等水准测量，(17)不得超过 3mm，对于四等水准测量，(17)不得超过 5mm。

红黑面高差之差在容许范围以内时，取其平均值作为该站的观测高差。

$$(18)=\{(15)+[(16)\pm 0.100m]\}/2$$

上式计算时，若(15)＞(16)，0.100m 前取正号计算，若(15)＜(16)，0.100m 前取负号计算。总之，平均高差(18)应与黑面高差(15)接近。

表 6-13 三（四）等水准测量观测手簿

测段：*A*～*B*		日期：2008 年6 月12 日		仪器型号：苏光 DZS2			
开始：8 时20 分		天气：多云		观测者：××			
结束：9 时30 分		成像：清晰稳定		记录者：××			

测站编号	点号	后尺 下丝 上丝 后视距 视距差	前尺 下丝 上丝 前视距 累计差	方向及尺号	水准尺中丝读数 黑面	水准尺中丝读数 红面	K＋黑－红/mm	平均高差/m	备注
		(1)	(4)	后	(3)	(8)	(14)		
		(2)	(5)	前	(6)	(7)	(13)		
		(9)	(10)	后－前	(15)	(16)	(17)	(18)	
		(11)	(12)						
1	*A*～TP$_1$	1.587	0.755	后 106	1.400	6.187	0		
		1.213	0.379	前 107	0.567	5.255	－1		
		37.4	37.6	后－前	＋0.833	＋0.932	＋1	＋0.8325	
		－0.2	－0.2						
2	TP$_1$～TP$_2$	2.111	2.186	后 107	1.924	6.611	0		
		1.737	1.811	前 106	1.998	6.786	－1		
		37.4	37.5	后－前	－0.074	－0.175	＋1	－0.0745	*K* 为水准尺常 数，表中 K_{106}＝4.787 K_{107}＝4.687
		－0.1	－0.3						
3	TP$_2$～TP$_3$	1.916	2.057	后 106	1.728	6.515	0		
		1.541	1.680	前 107	1.868	6.556	－1		
		37.5	37.7	后－前	－0.140	－0.041	＋1	－0.1405	
		－0.2	－0.5						
4	TP$_3$～TP$_4$	1.945	2.121	后 107	1.812	6.499	0		
		1.680	1.854	前 106	1.987	6.773	＋1		
		26.5	26.7	后－前	－0.175	－0.274	－1	－0.1745	
		－0.2	－0.7						
5	TP$_4$～*B*	0.675	2.902	后	0.466	5.254	－1		
		0.237	2.466	前	2.684	7.371	0		
		43.8	43.6	后－前	－2.218	－2.117	－1	－2.2175	
		＋0.2	－0.5						

（4）每页水准测量记录计算校核。每页水准测量记录应作总的计算校核。

高差校核

$$\sum(3) - \sum(6) = \sum(15)$$

$$\sum(8) - \sum(7) = \sum(16)$$

或

$$\sum(15) + \sum(16) = 2\sum(18) \text{（偶数站）}$$

$$\sum(15) + \sum(16) = 2\sum(18) \pm 0.100\text{m（奇数站）}$$

视距差校核

$$\sum(9) - \sum(10) = \text{末站}(12)$$

本页总视距

$$\sum(9) + \sum(10)$$

3. 三、四等水准测量的成果整理

三、四等水准测量的闭合或附合线路的成果整理首先应按表 6-1 的规定，检验测段往返测高差不符值，及附合或闭合线路的高差闭合差。如果在容许范围以内，则测段高差取往、返测的平均值，线路的高差闭合差则应反其符号按测段的长度或测站数成正比例进行分配。

6.3.2　光电测距三角高程测量

当地形高低起伏较大不便于水准测量时，由于光电测距仪和全站仪的普及，可以用光电测距三角高程测量的方法测定两点间的高差，从而推算各点的高程。

1. 三角高程测量的计算公式

三角高程测量是根据测站与待测点间的水平距离和测站向目标点所观测的竖直角来计算两点间的高差的。

如图 6.19 所示，已知 A 点的高程 H_A，要测定 B 点的高程 H_B，可安置全站仪于 A 点，量取仪器高 i_A；在 B 点安置棱镜，量取其高度称为棱镜高 v_B；用全站仪中丝瞄准棱镜中心，测定竖直角 α。再测定 A、B 两点间的水平距离 D，则 A、B 两点间的高差计算式为

$$h_{A,B} = D\tan\alpha + i_A - v_B \tag{6-37}$$

如果用经纬仪配合测距仪测定两点间的斜距 D' 及竖直角 α，则 A、B 两点间的高差计算式为

$$h_{AB} = D'\sin\alpha + i_A - v_B \tag{6-38}$$

以上两式中，α 为仰角时 $\tan\alpha$ 或 $\sin\alpha$ 为正，俯角时为负。求得高差 $h_{A,B}$ 以后，按式（6-39）计算 B 点的高程。

$$H_B = H_A + h_{AB} \tag{6-39}$$

上述是在假定地球表面为水平面，认为观测视线是直线的条件下导出的。当地面上两点间的距离小于 300m 时是适用的。两点间距离大于 300m 时就要顾及地球曲率，加以曲率改正，称为球差改正。同时，观测视线受大气垂直折光的影响而成为一条向上凸起的弧

线，必须加以大气垂直折光差改正，称为气差改正。以上两项改正合称为球气差改正，简称二差改正。

三角高程测量按式(6-38)、式(6-39)计算的高差应进行地球曲率影响的改正称为球差改正 f_1，如图6.20所示。

$$f_1 = \Delta h = \frac{D^2}{2R} \tag{6-40}$$

式中，R 为地球平均曲率半径，一般取 $R=6371\text{km}$。另外，由于视线受大气垂直折光影响而成为一条向上凸的曲线，使视线的切线方向向上抬高，测得竖直角偏大，如图6.20所示。因此还应进行大气折光影响的改正，称为气差改正 f_2（f_2 恒为负值）。

气差改正 f_2 的计算公式为

$$f_2 = -k \cdot \frac{D^2}{2R} \tag{6-41}$$

式中，k 为大气垂直折光系数。球差改正和气差改正合称为球气差改正 f，则 f 应为

$$f = f_1 + f_2 = (1-k) \cdot \frac{D^2}{2R} \tag{6-42}$$

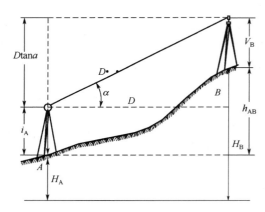

图6.19　三角高程测量原理

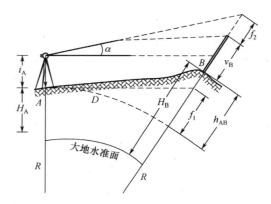

图6.20　球曲率和大气折光影响

大气垂直折光系数 k 随气温、气压、日照、时间、地面情况和视线高度等因素而改变，一般取其平均值，令 $k=0.14$。在表6-14中列出水平距离 $D=100\sim1000\text{m}$ 的球气差改正值 f，由于 $f_1>f_2$，故 f 恒为正值。

$$f = \frac{D^2}{2R} - \frac{D^2}{14R} \approx 0.43\frac{D^2}{R} = 6.7D^2(\text{cm})$$

考虑球气差改正时，三角高程测量的高差计算公式为

$$h_{AB} = D\tan\alpha + i_A - v_B + f \tag{6-43}$$

$$h_{AB} = D'\sin\alpha + i_A - v_B + f \tag{6-44}$$

由于折光系数的不定性，使球气差改正中的气差改正有较大的误差。但是如果在两点间进行对向观测，即测定 h_{AB} 及 h_{BA} 而取其平均值，则由于 f_2 在短时间内不会改变，而高差 h_{BA} 必须反其符号与 h_{AB} 取平均，因此，f_2 可以抵消，故 f 的误差也就不起作用，所以作为高程控制点进行三角高程测量时必须进行对向观测。

表6-14　三角高程测量地球曲率和大气折光改正($k=0.14$)

D/m	f/mm	D/m	f/mm	D/m	f/mm	D/m	f/mm
100	1	350	8	500	24	850	49
170	2	400	11	550	29	900	55
200	3	450	14	700	33	950	51
250	4	500	17	750	38	975	54
300	5	550	20	800	43	1000	57

2. 三角高程测量的观测与计算

1）三角高程测量的观测

在测站上安置经纬仪（或全站仪），量取仪器高 i，在目标点上安置棱镜，量取棱镜高 v。i 和 v 用小钢卷尺量两次取平均，读数至1mm。

用经纬仪望远镜中丝瞄准目标，将竖盘水准管气泡居中，读取竖盘读数，竖直角观测的测回数及限差规定见表6-15。然后用全站仪测定两点间斜距 D'（或平距 D）。

表6-15　全站仪测距三角高程测量的主要技术要求

等级	仪器	测 回 数		指标差较差/″	垂直角较差/″	对向观测高差较差/mm	附合环形闭合差/mm
		三丝法	中丝法				
四等	DJ$_2$	—	3	≤7	≤7	$40\sqrt{D}$	$20\sqrt{\sum D}$
五等	DJ$_2$	1	2	≤10	≤10	$50\sqrt{D}$	$30\sqrt{\sum D}$

四等应起讫于不低于三等水准的高程点上，五等应起讫于四等的高程点上。其边长均不应超过1km，边数不应超过5条。当边长不超过0.5km或单纯作高程控制时，边数可增加1倍。

对向观测应在较短时间内进行。计算时，应考虑地球曲率和折光差的影响。

三角高程的边长测定应采用不低于Ⅱ级精度的测距仪。四等应采用往返各一测回；五等应采用一测回。仪器高度、反射镜高度或觇牌高度应在观测前后量测，四等应采用测杆量测，其取值精确到1mm，当较差不大于2mm时，取用平均值；五等取值精确至1mm，当较差不大于4mm时，取用平均值。

四等竖直角观测宜采用觇牌为照准目标。每照准一次，读数两次，两次读数较差不应大于3″。

2）三角高程测量的计算

三角高程测量的往测或返测高差按式（6-43）或式（6-44）计算。由对向观测所求得往、返测高差（经球气差改正）之差的容许值为

$$f_{\Delta h容} = \pm 40\sqrt{D}\,(\text{mm}) \tag{6-45}$$

内业计算中，竖直角的取值，应精确到0.1″；高程的取值应精确到1mm。图6.21所示为三角高程测量实测数据略图，在 A、B、C 这3点间进行三角高程测量，构成闭合线路，已知 A 点的高程为255.432m，已知数据及观测数据注明于图上，在表6-16中进行高差计算。

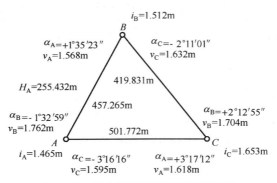

图 6.21　三角高程测量实测数据略图

表 6-16　三角高程测量高差计算

单位：m

测站点	A	B	B	C	C	A
目标点	B	A	C	B	A	C
水平距离 D	457.255	457.255	419.831	419.831	501.772	501.772
竖直角 α	−1°32′59″	+1°35′23″	−2°11′01″	+2°12′55″	+3°17′12″	−3°15′15″
测站仪器高 i	1.455	1.512	1.512	1.553	1.553	1.455
目标镜高 v	1.752	1.558	1.523	1.704	1.518	1.595
初算高差 h′	−12.558	12.534	−15.119	15.099	28.750	−28.808
球气差改正 f	0.014	0.014	0.012	0.012	0.017	0.017
单向高差 h	−12.554	+12.548	−15.107	+15.111	+28.777	−28.791
平均高差	−12.551		−15.109		+28.784	

由对向观测所求得的高差平均值计算闭合环线或附合线路的高差闭合差的容许值为

$$f_{h容} = \pm 20\sqrt{\sum D}\,(\text{mm}) \qquad (6-46)$$

式中，D 以 km 为单位。

本例的三角高程测量闭合线路的高差闭合差计算、高差调整及高程计算在表 6-17 中进行。高差闭合差按两点的距离成正比反号分配。

表 6-17　三角高程测量成果整理

点　号	水平距离/m	观测高差/m	改正值/m	改正后高差/m	高程/m
A	457.255	−12.551	−0.008	−12.559	255.432
B					243.773
	419.831	−15.109	−0.007	−15.115	
C					227.557
	501.772	+28.784	−0.009	+28.775	
A					255.432
Σ	1378.858	+0.024	−0.024	0.000	
备　注	\multicolumn{5}{c}{$f_h=\pm0.024m$，$\sum D=1.379km$ $f_{h容}=\pm20\sqrt{\sum D}=23.5mm$　　$f_h \leqslant f_{h容}$（合格）}

6.4　施工场地控制测量

在工程建设勘测阶段已建立了测图控制网，但是由于它是为了测图而建立的，未考虑施工的要求，因此起控制点的分布、密度、精度都难以满足施工测量的要求。此外，平整场地时控制点大多受到破坏，因此，在施工之前必须重新建立专门的施工控制网。

6.4.1　施工坐标与测量坐标的换算

1. 施工坐标系统

为了工作上的方便，在建立施工平面控制网和进行建筑物定位时，多采用一种独立的直角坐标系统，称为建筑坐标系，也叫施工坐标系。该坐标系的纵横坐标轴与场地主要建筑物的轴线平行，坐标原点常设在总平面图的西南角，使所有建筑物的设计坐标均为正值。

为了与原测量坐标系统区别，规定施工坐标系统的纵轴为 A 轴，横轴为 B 轴。由于建筑物布置的方向受场地地形和生产工艺流程的限制，建筑坐标系通常与测量坐标系不一致。故在测量工作中需要将一些点的施工坐标换算为测量坐标。

2. 测量坐标系统

测量坐标系与施工场地地形图坐标系一致，工程建设中地形图坐标系有两种情况，一种是高斯平面直角坐标，另一种是测区独立平面直角坐标系，用 XOY 表示。

3. 坐标换算公式

如图 6.22 所示，测量坐标为 XOY，施工坐标为 $AO'B$，原点 O' 在测量坐标系中的坐标为 $X_{0'}$、$Y_{0'}$。设两坐标轴之间的夹角为 α（一般由设计单位提供，也可在总平面图按图解法求得），P 点的施工坐标为 (A_p, B_p)，测量坐标为 (X_p, Y_p)，则 P 点的施工坐标可按式（6-47）换算成测量坐标。

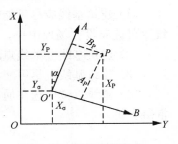

图 6.22　测量坐标各点

$$X_p = X_{0'} + A_P \cdot \cos\alpha - B_p \cdot \sin\alpha \qquad (6-47)$$
$$Y_p = Y_{0'} + A_P \cdot \sin\alpha + B_p \cdot \cos\alpha$$

P 点的测量坐标可按式（6-48）换算成施工坐标。

$$A_P = (x_P - x_{0'})\cos\alpha + (y_P - y_{0'})\sin\alpha$$
$$B_P = -(x_P - x_{0'})\sin\alpha + (y_P - y_{0'})\cos\alpha \tag{6-48}$$

6.4.2 建筑基线

1. 建筑基线的布设

建筑基线是建筑场地的施工控制基准线，即在场地中央放样一条长轴线或若干条与其垂直的短轴线。它适用于建筑设计总平面图布置比较简单的小型建筑场地。

建筑基线的布设形式是根据建筑物的分布、场地地形等因素来确定的。其常见的形式有"一"字形、"L"字形、"T"字形、"十"字形，如图6.23所示。建筑基线的形式可以灵活多样，适合于各种地形条件。

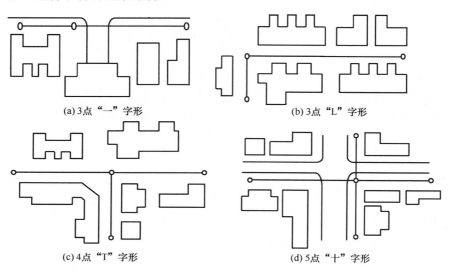

(a) 3点"一"字形　　　　　(b) 3点"L"字形

(c) 4点"T"字形　　　　　(d) 5点"十"字形

图6.23　建筑基线布置形式

设计建筑基线时应该注意以下几点：①建筑基线应平行或垂直于主要建筑物的轴线；②建筑基线主点间应相互通视，边长为100～400m；③主点在不受挖土损坏的情况下应尽量靠近主要建筑物，且平行主体建筑的主轴线；④建筑基线的测设精度应满足施工放样的要求；⑤基线点应不少于3个，以便检测建筑基线点有无变动。

2. 建筑基线的布设要求

（1）建筑基线应尽可能靠近拟建的主要建筑物，并与其主要轴线平行或垂直，长的基线尽可能布设在场地中央，以便使用比较简单的直角坐标法进行建筑物定位。

（2）建筑基线上基线点应不少于3个，以便相互检核。

（3）建筑基线应尽可能与施工场地的建筑红线相联系。

（4）基线点位应选在通视良好和不易被破坏的地方，为能长期保存，要埋设永久性的混凝土桩。

3. 建筑基线的测设方法

根据施工场地的条件不同，建筑基线的测设方法有以下两种。

1）根据建筑红线测设建筑基线

由测绘部门测定的建筑用地边界线称为建筑红线。

在城市建设区，建筑红线可用作建筑基线测设的依据，如图 6.24 所示，AB、AC 为建筑红线，1、2、3 为建筑基线点，利用建筑红线测设建筑基线的方法如下所示。

首先，从 A 点沿 AB 方向量取 d_2 定出 P 点，沿 AC 方向量取 d_1 定出 Q 点。然后过 B 点作 AB 的垂线，沿垂线量取 d_1 定出 2 点，作出标志；过 C 点作 AC 的垂线，沿垂线量取 d_2 定出 3 点，作出标志；用细线拉出直线 $P3$ 和 $Q2$，两条直线的交点即为 1 点，作出标志。最后，在 1 点安置经纬仪，精确观测∠213，其与 90°的差值应小于±20″。

2）根据附近已有控制点测设建筑基线

在新建区可以利用建筑基线的设计坐标和附近已有控制点的坐标，用极坐标法测设建筑基线。如图 6.25 所示，1、2、3 为附近已有控制点，A、O、B 为选定的基线点。测设方法如下所示。

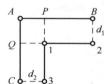

图 6.24　根据建筑红线测设建筑基线

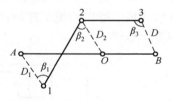

图 6.25　根据控制点测设建筑基线

首先，根据已知控制点和建筑基线点的坐标计算出测设数据 β_1、D_1、β_2、D_2、β_3、D_3。然后，用经纬仪和钢尺按极坐标法测设 A、O、B 点。最后，用经纬仪检查∠AOB 是否等于 180°，若差值超过规定（一般为±20″），则对点位进行横向调整，直至满足要求为止。如图 6.26 所示，调整方法是将各点横向移动改正值 δ，且 A'、B' 两点与 O' 点的移动方向相反。改正值 δ 可按式（6-49）计算。

$$\delta = \frac{a \cdot b}{2 \cdot (a+b)} \times \frac{180° - \beta}{\rho''} \tag{6-49}$$

式中，a 指 AO 距离，b 指 OB 距离，$\rho'' = 206265''$。

横向调整后，精密量取 OA 和 OB 距离，若实量值与设计值之差超过规定（大于 1/10000），则应以 O 点为准，按设计值纵向调整 A 和 B 点位置，直至满足要求为止。

如果是图 6.27 所示的"十"字形建筑基线，则当 A、O、B 3 点调整后，再安置经纬仪于 O 点，照准 A 点，分别向右、左测设 90°，并根据基线点间的距离，在实地标定出 C' 和 D'，如图 6.27 所示。再精确地测出∠AOC' 和∠AOD'，分别算出它们与 90°之差 ε_1、ε_2，并按式 $l = d \cdot \dfrac{\varepsilon''}{\rho''}$ 计算出改正数 l_1、l_2，式中 d 为 OC' 或 OD' 的距离。

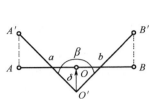

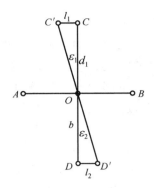

图 6.26 "一"字形建筑基线横向调整　　图 6.27 "十"字形建筑基线横向调整

将 C'、D' 两点分别沿 OC 及 OD 的垂直方向移动 l_1、l_2，得 C、D 点，C'、D' 的移动方向按观测角值的大小而定。然后再检测 $\angle COD$ 应等于 $180°$，其误差应在容许范围内。

6.4.3　建筑方格网

对于地势较平坦，建筑物多为矩形且布置比较规则和密集的大、中型的施工场地，可以采用由正方形或矩形组成的施工控制网，称为建筑方格网，如图 6.28 所示。下面简要介绍其布设和测设步骤。

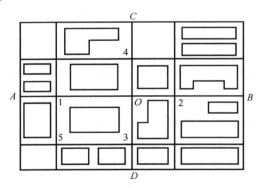

图 6.28　建筑方格网

1. 建筑方格网的布设

首先应根据设计总图上的各建（构）筑物，各种管线的位置，结合现场地形，选定方格网的主轴线 AOB 和 COD，其中 A、O、B、C、D 为主点，然后再布设其他各点。主轴线应尽量布设在建筑区中央，并与主要建筑物轴线平行或垂直，其长度应能控制整个建筑区；各网点可布设成正方形或矩形；各网点、线在不受施工影响条件下，应靠近建筑物；纵横格网边应严格垂直。正方形格网的边长一般为 $100\sim200\mathrm{m}$，矩形网一般为几十米至几百米的整数长度。

2. 建筑方格网的测设

首先测设主轴线 AOB 和 COD，按前述测设十字形建筑基线的方法，利用测量控制点将 A、O、B 和 C、O、D 点测设于实地，然后再测设各方格网点。

建筑方格网具有使用方便、计算简单、精度较高等优点，它不仅可以作为施工测量的依据，还可以作竣工总平面图施测的依据。但是它的测设工作量过大，精度要求高，因此，一般由专业测量人员进行。

6.4.4　施工场地高程控制测量

在一般情况下，施工场地平面控制点也可兼作高程控制点。高程控制网可分首级网和加密网，相应的水准点称为基本水准点和施工水准点。

基本水准点应布设在不受施工影响、无振动、便于施测和能永久保存的地方，按四等水准测量的要求进行施测。而对于为连续性生产车间、地下管道放样所设立的基本水准点，则需按三等水准测量的要求进行施测。为了便于成果检测和提高测量精度，场地高程控制网应布设成闭合环线、附合路线或结点网形。

施工水准点用来直接放样建筑物的高程。为了放样方便和减少误差，施工水准点应靠近建筑物，通常可以采用建筑方格网点的标志桩加设圆头钉作为施工水准点。

为了放样方便，在每栋较大的建筑物附近还要布设±0.000水准点（一般以底层建筑物的地坪标高为±0.000），其位置多选在较稳定的建筑物墙、柱的侧面，用红油漆绘成"▽"形，其顶端表示±0.000位置。

6.5　全球定位系统简介

全球定位系统（Global Positioning System，GPS）于1973年由美国组织研制，1993年全部建成。全球定位系统最初的主要目的是为美国海陆空三军提供实时、全天候和全球性的导航服务。

GPS由24颗在轨卫星构成其空间运行系统，能在24h不间断地向地球上发射导航信号，供海、陆、空各种载体上的固定和移动接收机天线所接收，实现在地球上任何地方和任何时刻的导航和定位。由于GPS定位技术的高度自动化及其所达到的高精度，使得GPS精密定位技术已广泛地渗透到了经济建设和科学技术的许多领域，尤其是在大地测量学及其相关学科领域，如民用导航、大型设备安装、地球物理勘探和资源勘探、精密工程测量、变形监测等方面得到广泛应用。

与常规测量技术相比，GPS技术具有以下优点。

（1）测站点间不要求通视。可根据需要布点，无须建造觇标，节省经费。

（2）自动化程度高，观测速度快。可大大减少野外作业时间和劳动强度。

（3）定位精度高。目前单频接收机的相对定位精度可达到$5mm+D\times10^{-6}$，双频接收机甚至可优于$5mm+D\times10^{-6}$。

（4）可提供三维坐标，即在精确测定测站平面位置的同时还可以精确测定测站的大地高程。

（5）全天候作业。可在任何时间、任何地点连续观测，一般不受天气状况的影响。

但由于进行GPS测量时，要求观测站上空开阔，以便接收卫星信号，因此GPS测量在有些环境下并不适用，如地下工程测量、两边有高大楼房的街道或巷内的测量及紧靠建筑物的一些测量工作等。有关GPS的详细内容见本书的配套教材《建筑工程测量实验与实习指导（第2版）》。

本项目小结

1. 测量控制网的建立

遵守从整体到局部，先控制后碎部这样的程序开展测量工作，首先进行控制测量建立测量控制网，这样可以避免测量误差累积，保证测图和施工放样的精度均匀，同时，通过控制网的建立，将一个大测区分成若干小测区，各小区的测量工作可同时进行，以提高工作效率，加快工作进度，缩短工期，还可以节省人力、物力、节省经费开支。

2. 坐标正算

以知直线的水平距离、坐标方位角和一个端点的坐标，求算直线另一端点的坐标的工作称为坐标正算。

3. 坐标反算

已知直线两个端点的坐标，求算直线的水平距离和坐标方位角的工作称为坐标反算。

4. 建筑基线是根据建筑物的分布、场地地形等因素，布设成一条或几条轴线，以此作为施工控制测量的基准线。

5. 建筑基线测设的依据

(1) 根据建筑红线测设。

(2) 根据建筑控制点测设。

6. 建筑方格网的布设

建筑方格网的测设一般分两步走，先进行主轴线的测设，然后是方格网的测设。测设时须控制测角和测距的精度。

7. 水准网应布设

水准网应布设成闭合水准路线、附合水准路线或结点网形，测量精度不宜低于三等水准测量的精度，测设前应对已知高程控制点进行认真检核。

一、选择题

1. 导线测量的外业作业是（　　）。

　A. 选点、测角、量边

　B. 埋石、造标、绘草图

　C. 距离丈量、水准测量、角度测量

2. 导线的布设形式有（　　）。

　A. 一级导线、二级导线、图根导线

　B. 单向导线、往返导线、多边形导线

　C. 闭合导线、附合导线、支导线

3. 导线测量角度闭合差的调整方法是将闭合差反符号后（　　）。

　A. 按角度大小成正比例分配

　B. 按角度个数平均分配

　C. 按边长成正比例分配

4. 导线坐标增量闭合差的调整方法是将闭合差反符号后（　　）。

　A. 按角度个数平均分配

　B. 按导线边数平均分配

　C. 按边长成正比例分配

5. 四等水准测量中，黑面高差减红面高差±0.1m 应不超过（　　）。

    A. 2mm   B. 3mm   C. 5mm

二、简答题

1. 什么叫控制点？什么叫控制测量？

2. 什么叫碎部点？什么叫碎部测量？

3. 选择测图控制点(导线点)应注意哪些问题？

4. 象限角与坐标方位角有何不同？如何换算？

5. 何谓坐标正算？何谓坐标反算？写出相应的计算公式。

6. 何谓连接角、连接边？它们有什么用处？

7. 在三角形高程测量中，取对向观测高差的平均值可消除球气差的影响，为何在计算对向观测高差的较差时还必须加入球气差的改正？

8. 施工平面控制网有几种形式？它们各适用于哪些场合？

9. 在测设 3 点一字形的建筑基线时，为什么基线点不应少于 3 个，若 3 点不在一条直线上，如何调整？

10. 什么是测量坐标？什么是建筑坐标？两者为何不一致，如何换算？

11. 与常规测量技术相比，GPS 技术具有哪些优点？

三、计算题

1. 按表 6-18 已知数据计算闭合导线各点的坐标值。

表 6-18　闭合导线坐标计算用数据

点号	观测角（右角） /° ′ ″	坐标方位角 /° ′ ″	距离/m	坐标值 x/m	坐标值 y/m	备　注
1				1000.00	1000.00	
		128 30 30	103.85			
2	139 05 00		114.57			
3	94 15 54		162.46			
4	88 36 36		133.54			
5	122 39 30		123.68			
1	95 23 30					

2. 附合导线 AB123CD 中 A、B、C、D 为高级点，已知 $\alpha_{A,B}=48°48'48''$，$x_B=1438.38m$，$y_B=4973.66m$，$\alpha_{C,D}=331°25'24''$，$x_C=1660.84m$，$y_C=5296.85m$；测得导线左角：$\angle B=271°36'36''$，$\angle 1=94°18'18''$，$\angle 2=101°06'06''$，$\angle 3=267°24'24''$，$\angle C=88°12'12''$。测得导线边长：$D_{B,1}=118.14m$，$D_{1,2}=172.36m$，$D_{2,3}=142.74m$，$D_{3,C}=185.69m$。计算 1、2、3 点的坐标值。

3. 已知 A 点高程 $H_A=182.232m$，在 A 点观测 B 点得竖直角为 $18°36'48''$，量得 A 点仪器高为 1.452m，B 点棱镜高 1.673m。在 B 点观测 A 点得竖直角为 $-18°34'42''$，B 点仪器高为 1.466m，A 点棱镜高为 1.615m。已知 $D_{A,B}=486.751m$，试求 $h_{A,B}$ 和 H_B。

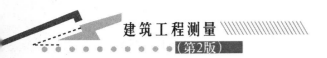

4. 图 6.29 为侧方交会图，试用表 6－19 所列数据计算 P 点坐标。

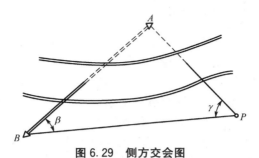

图 6.29　侧方交会图

表 6－19　用侧方交会数据计算 P 点坐标

点号	x/m	y/m
A	848.871	360.966
B	373.196	247.145
观测数据	$\beta=49°02'36''$	
	$\gamma=82°12'12''$	

5. 整理表 6－20 中的四等水准测量观测数据，并计算出 BM_2 的高程。

表 6－20　四等水准测量手簿

测站编号	点号	后尺 上丝 下丝	前尺 上丝 下丝	方向及尺号	水准尺读数/m 黑面	水准尺读数/m 红面	K＋黑 －红	平均高差/m	备　注
		后视距	前视距						
		视距差 d /m	累积差 $\sum d/m$						
		(1)	(4)	后视	(3)	(8)	(14)		
		(2)	(5)	前视	(6)	(7)	(13)		
		(9)	(10)	高差	(15)	(16)	(17)	(18)	
		(11)	(12)						
1	BM_1 ～TP_1	1.914	2.055	后视 K_1	1.726	6.513			K 为尺常数： $K_1=4.787$ $K_2=4.687$
		1.537	1.678	前视 K_2	1.866	6.554			
				高差					
2	TP_1 ～BM_2	1.965	2.141	后视 K_2	1.832	6.519			
		1.700	1.874	前视 K_1	2.007	6.793			
				高差					

项目 7

民用建筑施工测量

⚙ 学习目标

掌握民用建筑施工测量的内容、方法；掌握民用建筑的定位、放线、抄平的测量方法；掌握民用建筑中各种基础施工测量的方法；掌握高层民用建筑物的施工测量方法。

⚙ 学习要求

能 力 目 标	知 识 要 点	相 关 知 识	权 重	自测分数
掌握建筑物测设的基本方法	测设距离、角度和高程	测设已知水平距离、测设已知水平角、测设已知高程	20%	
掌握建筑物定位测量的方法	定位测量、放线	直角坐标法、极坐标法、角度交会法、距离交会法等方法的定位测量	20%	
掌握基础施工测量的方法	基础施工测量的方法	条形基础施工测量、网箱基础施工测量、深基坑基础施工测量	20%	
掌握墙体施工测量的方法	墙体施工测量的方法	墙体定位测量、墙体各部位的标高控制、墙体垂直度控制	20%	
了解高层建筑施工测量方法	高层建筑施工测量方法	高层建筑物轴线投测、标高传递	20%	

⚙ 学习重点

建筑物放样的准备工作，测设的基本工作，建筑物定位、放线、抄平测量，基础施工测量，墙体施工测量，高层建筑施工测量。

⚙ 最新标准

《工程测量规范》（GB 50026—2007）；《国家三、四等水准测量规范》（GB/T 12898—2009)和《城市测量规范》（CJJ/T 8—2011)

引 例

某工程为某房地产有限公司开发的商住楼工程，位于某市某大道 21#，由主楼（A、B 两栋）、裙楼和地下室组成。本工程总用地面积为 7456.91m²，总建筑面积为 20378.19m²。A 栋地上 11 层（含顶层跃层），B 栋地下 1 层，地上 15 层（含顶层跃层），主体均为现浇框架剪力墙结构，基础均为桩基础；裙楼地下 1 层，地上 3 层，主体为现浇框架结构，基础为桩基础。其中 B 栋和商场的负一层平时为地下车库，战时为人防工程，层高 4.7m；A 栋、B 栋和裙楼的 1～3 层组成商场，层高由±0.000 开始分别为：5.7、4.8、4.8m；A 栋、B 栋的 4 层及 4 层以上为住宅，标准层层高为 3.0m，A 栋檐高 42m，建筑总高度 45m，B 栋檐高 51m，建筑总高度 54m。商场檐高 15.250m，建筑总高度 18.250m。

如何进行该工程的建筑施工测量工作呢？项目 7 结合实际案例给大家进行解答一项民用建筑工程从开工到完工的全部测量工作。

7.1 建筑物放样的准备工作

民用建筑是指居民住宅楼、学校、办公楼、仓库、剧院、医院等建筑物。民用建筑施工测量是指在民用建筑施工过程中所进行的测量工作。民用建筑施工测量的目的是把图纸上设计的建（构）筑物的平面位置和高程，按设计和施工的要求放样（测设）到地面上，并在施工过程中进行一系列的测量工作，以指导和衔接各施工阶段各工种间的施工。建筑施工测量贯穿于整个施工过程中，施工测量是直接为工程施工服务的，因此它必须与施工组织、计划相协调，测量人员必须详细了解设计的内容、性质及其对测量工作的精度要求，随时掌握工程进度及现场变动，使测设精度和速度满足施工的需要。

施工测量的原则：为了保证各个建（构）筑物的平面位置和高程都符合设计要求，施工测量也应遵循"从整体到局部，先控制后碎部"的原则。即在施工现场先建立统一的平面控制网和高程控制网，然后根据控制点的点位测设各个建（构）筑物的位置。此外民用建筑施工测量的检核工作也很重要，因此必须加强外业和内业的检核工作。

7.1.1 现场勘察

进行现场勘察的主要目的是校核定位的平面控制点和水准点，甲方现场交桩。了解现场的地物、地貌以及控制点的分布情况，并调查与建筑施工测量有关的问题，根据实际情况安排测设方案。对施工场地上的平面控制点坐标、水准点的高程进行校核。做好平整场地测量，进行土石方工程量的量算。

7.1.2 图纸核查

在进行建筑施工测量之前必须建立健全的测量组织体系，仔细阅读设计总说明，核对设计图纸上与放样有关的建筑总平面图、建筑施工图、结构施工图、设备施工图等图上的尺寸，检查总尺寸和分尺寸是否一致，总平面图和大样详图尺寸是否一致，尺寸不符合处要在由甲方组织的四方（甲方、设计单位、监理单位、施工单位）图纸会审会上提出并进行修正。然后根据实际情况编制测设样图，计算测设数据。与测设工作有关的主要设计图纸有以下几种。

1. 建筑总平面图

建筑总平面图是假设在建设区的上空向下投影所得的水平投影图，它主要表达拟建房屋的位置和朝向与原有建筑物的关系，周围道路、绿化布置及地形地貌等内容，建筑总平面图可作为拟建房屋定位、施工放线、土方施工，以及施工总平面布置的依据。从建筑总平面图上可以查出或计算出设计建筑物与原有建筑物或与控制点之间、建筑物之间的平面尺寸和高差，并以此作为测设设计建筑物总体位置的依据，如图7.1所示。

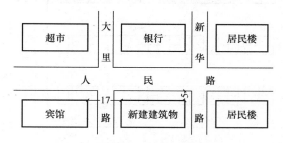

图 7.1   建筑总平面图示例

2.建筑平面图

如图7.2所示，建筑平面图主要反映房屋的平面形状、大小和房间布置，墙或柱的位置、厚度和材料，门窗的位置、开启方向等，在建筑平面图中可以查取建筑物的总尺寸和楼层内部各定位轴线之间的尺寸，建筑平面图是建筑施工测量的基本资料和重要依据。

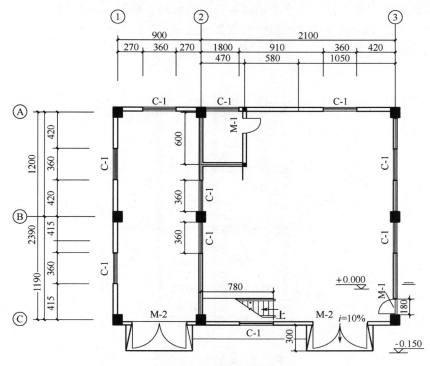

图 7.2   建筑平面图示例

3.建筑立面图

如图7.3所示，建筑物的立面图中可以清楚地表明建筑物的外形尺寸，如门窗、台阶、雨篷、阳台等位置的标高，可以查取建筑物的总标高、各楼层标高以及室内外地平标高。

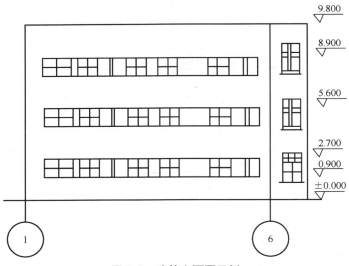

图 7.3　建筑立面图示例

4. 基础平面图

　　如图 7.4 所示，基础平面图是指相对标高±0.000 以下的结构图，是基础放线、开挖基坑、砌筑基础的重要依据，主要表达建筑物的基础墙、垫层、预留洞，以及梁、柱等构件的布置的平面关系。从基础平面图中查取基础边线与定位轴线的平面尺寸，以及基础布置与基础剖面的位置关系。

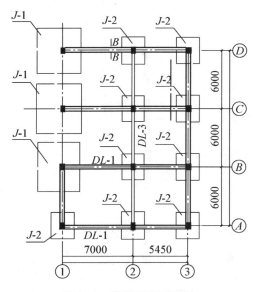

图 7.4　基础平面图示例

5. 基础详图

　　如图 7.5 所示，基础详图主要表达基础的尺寸、构造、材料、埋置深度及内部配筋的情况，从基础详图中查取基础立面尺寸、设计标高，以及基础边线与定位轴线的尺寸关系，是基础放样的重要依据。

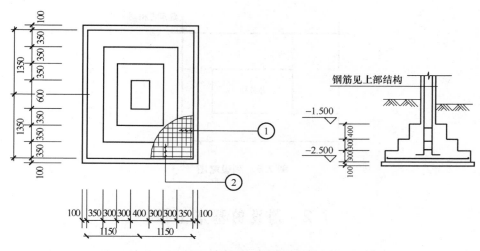

图 7.5   基础详图示例

7.1.3   制定测设方案

根据设计图纸、设计要求、施工计划、施工进度、定位条件，结合现场地形等因素制订测设方案，必须满足《工程测量规范》（GB 50026—2007)的建筑物施工放样的主要技术要求，测设方案包括测设方法、步骤，使用的仪器型号、精度，放样的精度要求见表 7-1，以及放样的时间安排等。

表 7-1   建筑物施工放样的主要技术要求

建筑物结构特征	测距相对中误差	测角中误差	施工水平面高程中误差	竖向传递轴线点中误差	测站高差中误差
土工竖向平整	1/1000	45	—	—	10
木结构、工业管线、公路、铁路	1/2000	30	—	—	5
6 层房屋、建筑物高度 15m 以下	1/3000	30	3	2	3
5~15 层房屋、建筑物高度 15~60m	1/5000	20	4	2.5	2.5
15 层房屋、建筑物高度 60~100m	1/10000	10	5	3	2

7.1.4   绘制测设略图、计算测设数据

在放样之前应根据设计总平面图和基础平面图绘制测设略图，准备好相应的测设数据，并对数据进行严格检核，把测设数据标注到测设略图上，使现场测设更方便、准确。

如图 7.6 所示，图中标有新建办公楼与建筑方格网之间的平面尺寸，按设计要求，新建办公楼与建筑方格网平行，各主轴线与建筑方格网的尺寸分别为 20m、10m，根据测设略图采用直角坐标法放样新建办公楼的 4 个主轴线交点。

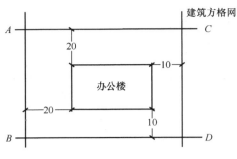

图 7.6　测设略图

7.2　测设的基本工作

在建筑场地上根据设计图纸所给定的条件和有关数据，为施工做出实地标志而进行的测量工作称为测设（或称放样）。

测设与前面所学的测量高差、水平角、水平距离有所不同，它在地面上尚无点的标志，而只有设计数据的情况下，根据设计数据和有关条件要求做出符合一定精度的实地标志。

测设的 3 项基本工作包括已知水平距离的测设、已知水平角测设、已知高程测设。

7.2.1　测设已知水平距离

已知水平距离的测设是从地面上一个已知点出发，沿给定的方向，量出已知（设计）的水平距离，在地面上定出这段距离另一端点的位置。

1. 钢尺测设

1）一般方法

当测设精度要求不高时，从已知点出发，沿给定的方向，用钢尺直接丈量出已知水平距离，定出这段距离的端点。为了检核，应返测丈量一次，若两次丈量的相对误差在 1/3000～1/5000 内，取平均位置作为该端点的最后位置。

2）精确方法

当测设精度要求 1/10000 以上时，则用精密方法，使用检定过的钢尺，用经纬仪定线，水准仪测定高差，根据已知水平距离 D 经过尺长改正 Δl_d、温度改正 Δl_t 和倾斜改正 Δl_h 后，用下列公式计算出实地测设长度 L，再根据计算结果，用钢尺进行测设。

$$L = D - \Delta l_d - \Delta l_t - \Delta l_h \tag{7-1}$$

【例 7-1】　如图 7.7 所示，已知待测设的水平距离 $D=26.000\text{m}$，在测设前进行概量定出端点，并测得两点间的高差 $h_{AB}=+0.800\text{m}$，所用钢尺的尺长方程式为 $l_t=30+0.005+0.000012\times30(t-20℃)\text{m}$，测设时温度 $t=25℃$，拉力与检定钢尺时拉力相同，求 L 的长度。

（1）尺长改正。

$$\Delta l_d = \frac{\Delta l}{l_0}D = \frac{0.005}{30.000} \times 26.000 = +0.0043\text{(m)}$$

（2）温度改正。

$$\Delta l_t = a(t-20)D = 0.000012 \times (25-20) \times 26.000 = +0.0016(\text{m})$$

（3）倾斜改正。

$$\Delta l_h = -\frac{h^2}{2D} = -\frac{0.8^2}{2 \times 26} = -0.0123(\text{m})$$

（4）最后结果。

$$L = D - \Delta l_d - \Delta l_t - \Delta l_h = 26 - 0.0043 - 0.0016 + 0.0123 = 26.0064(\text{m})$$

故测设时应在已知方向上量出 26.0064m 定出端点 B，要测设两次求其平均位置并进行校核。

2. 光电测距仪测设

随着电磁波测距仪的逐渐普及，现在测量人员已很少使用钢尺精密方法丈量距离，而采用光电测距仪（或全站仪）。

如图 7.8 所示，安置光电测距仪于 A 点，瞄准已知方向。沿此方向移动棱镜位置，使仪器显示值略大于测设距离 D，定出 C' 点。在 C' 点安置棱镜，测出棱镜的竖直角 α 及斜距 L 计算水平距离 $D' = L \cdot \cos\alpha$，求出 D' 与应测设的已知水平距离 D 之差 $\Delta D = D - D'$。根据 ΔD 的符号在实地用钢尺沿已知方向，用测距仪测设已知水平距离，改正 C' 至 C 点，并在木桩上标定其点位。为了检核，应将棱镜安置于 C 点，再实测 AC 的水平距离，与已知水平距离 D 比较，若不符合要求，应再次进行改正，直到测设的距离符合限差要求为止。

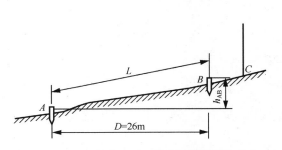

图 7.7 用钢尺测设已知水平距离的精确方法

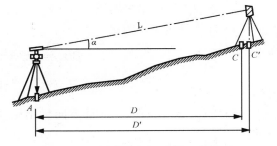

图 7.8 光电测距仪测设水平距离的方法

7.2.2 测设已知水平角

已知水平角的测设就是在已知角顶点并根据一个已知边方向，标定出另一边的方向，使两方向的水平角等于已知水平角角值。

1. 一般方法

当测设水平角的精度要求不高时，可采用盘左、盘右取中的方法测设。如图 7.9 所示，OA 为已知方向，欲在 O 点测设已知角值 β，定出该角的另一边 OB，可按下列步骤进行操作。

（1）安置经纬仪于 O 点，盘左瞄准 A 点，同时配置水平度盘读数为 $0°00'00''$。

（2）顺时针旋转照准部，使水平度盘增加角值 β 时，在视线方向定出一点 B'。

（3）纵转望远镜成盘右，瞄准 A 点，读取水平度盘读数。

（4）顺时针旋转照准部，使水平度盘读数增加角值 β 时，在视线方向上定出一点 B''。

若 B' 和 B'' 重合，则所测设之角已为 β。若 B' 和 B'' 不重合，取 B' 和 B'' 的中点 B，得到 OB 方向，则 $\angle AOB$ 就是所测设的 β 角。因为 B 点是 B' 和 B'' 的中点，故此法亦称为盘左、盘右取中法。

2. 精确方法

当水平角测设精度要求较高时，可采用垂线支距法进行改正。如图 7.10 所示，水平角测设步骤如下所示。

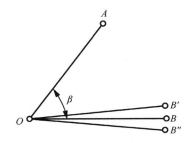

图 7.9 已知水平角测设的一般方法

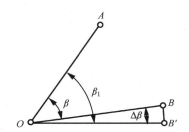

图7.10 已知水平角测设的精确方法

（1）在 O 点安置经纬仪，先用盘左、盘右取中的方法测设 β 角，在地面上定出 B' 点。

（2）用测回法对 $\angle AOB'$ 观测若干个测回（测回数根据要求的精度而定），求出各测回平均值 β_1，并计算 $\Delta\beta=\beta-\beta_1$ 值。

（3）量取 OB' 的水平距离。

（4）计算垂直支距距离。

$$BB' = OB\tan\Delta\beta \approx OB'\frac{\Delta\beta}{\rho''} \qquad (7-2)$$

式中，$\rho''=206265''$。

（5）自点 B' 沿 OB' 的垂直方向量出距离 BB'，定出 B 点，则 $\angle AOB$ 就是要测设的角度。

量取改正距离时，如 $\Delta\beta$ 为正，则沿 OB' 的垂直方向向外量取；如 $\Delta\beta$ 为负，则沿 OB' 的垂直方向向内量取。

【例 7-2】 如图 7.10 所示，已知地面上 A、O 两点，要测设直角 $\angle AOB$。

测设方法：在 O 点安置经纬仪，利用盘左、盘右取中方法测设直角，得中点 B'，量得 $OB'=50\mathrm{m}$，用测回法测了 3 个测回，测得 $\angle AOB'=89°59'30''$。

$$\Delta\beta=89°59'30''-90°00'00''=-30''$$

$$BB'=OB\frac{\Delta\beta}{\rho''}=50\times\frac{30''}{206265''}=0.007(\mathrm{m})$$

过点 B'，沿 OB' 的垂直方向向外量出距离 $BB'=0.007\mathrm{m}$，定得 B 点，则 $\angle AOB$ 即为直角。

7.2.3 测设已知高程

已知高程的测设是利用水准测量的方法，根据已知水准点，将设计高程测设到现场作业面上。

1. 在地面上测设已知高程

如图 7.11 所示，设某建筑物室内地坪设计高程为 41.495m，附近一水准点 R 的高程为 $H_R=41.345m$，现要将室内地坪的设计高程测设在木桩 A 上，作为施工时控制高程的依据。其测设方法如下所示。

（1）安置水准仪于水准点 R 和木桩 A 之间，读取水准点 R 上水准尺读数 $a=1.050m$。

（2）计算木桩 A 水准尺上的应读读数 $b_{应}$。

$$H_{视}=H_R+a=41.345+1.050=42.395(m)$$
$$b_{应}=H_R-H_{设}=42.395-41.495=0.900(m)$$

（3）将水准尺靠在木桩 A 的一侧上下移动，当水准仪水平视线读数恰好为 $b_{应}=0.900m$ 时，在木桩侧面沿水准尺底边画一条水平线，此线就是室内地坪设计高程(41.495m)的位置。

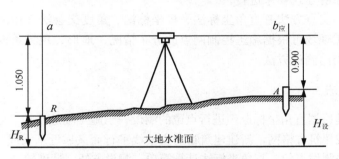

图 7.11　已知高程的测设

2. 高程传递与测设

当需要向低处或高处测设已知高程点时，由于水准尺长度有限，可借助钢尺进行高程的上、下传递和测设。

现以从高处向低处传递高程为例说明操作方法。

如图 7.12 所示，欲在一深基坑内设置一点 B，使其高程为 H。地面附近有一水准点 R，其高程为 H_R。

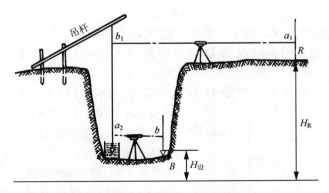

图 7.12　深坑高程测设的方法

（1）在基坑一边架设吊杆，杆上吊一根零点向下的经检定的钢尺，尺的下端挂上一个与要求拉力相等的重锤，放在油桶内。

（2）在地面安置一台水准仪，设水准仪在 R 点所立水准尺上读数为 a_1，在钢尺上读数

为 b_1。

（3）在基坑底安置另一台水准仪，设水准仪在钢尺上读数为 a_2。

（4）计算 B 点水准尺底高程为 $H_设$ 时，B 点处水准尺的读数 b 应为

$$b=(H_R+a_1)-(b_1-a_2)-H_设 \qquad (7-3)$$

用同样的方法也可从低处向高处测设已知高程的点。

7.3　建筑物定位测量

建筑物的定位测量就是将建筑物的外墙主轴线各交点按照设计要求测设（放样）到实地。根据现场的具体条件不同，民用建筑物的定位测量可以根据测量控制点、建筑方格网、建筑基线或原有建筑物来进行。

测设各轴线的交点方法有直角坐标法、极坐标法、角度交会法、距离交会法、正倒镜投点法等。在施工现场可根据施工控制网点的分布情况、地形、现场条件、仪器设备以及精度要求选择适当的测设方法。

7.3.1　直角坐标法

直角坐标法是根据直角坐标原理进行点位的测设。当施工场地平坦、建筑施工场地有彼此垂直的主轴线或建筑方格网，新建建筑物的主轴线平行而又靠近基线或方格网边线时，经常采用直角坐标法测设点位。直角坐标法计算简单，测设方便，精度较高，应用广泛。

如图 7.13 所示，已知 A、B、C、D 点为建筑方格网的 4 个交点，放样新建建筑物的主轴线的交点 1 和 2，根据设计要求用直角坐标法测设建筑物主轴线交点，具体测设步骤如下所示。

（1）计算放样数据：放样数据 a 和 b 可以直接用坐标差算得。

$$a=Y_1-Y_A=1030-1000=30(\text{m})$$
$$b=Y_2-Y_A=1080-1000=80(\text{m})$$
$$c=X_1-X_A=1030-1000=30(\text{m})$$
$$d=c$$

（2）在 A 点安置经纬仪，对中、整平、后视 D 点方向。

（3）以 A 点为起点用大钢尺沿 D 点方向量取 a（30m）钉上木桩，然后再准确量取30.000m定上小钉，该点为 D' 点。

（4）以 A 点为起点用大钢尺沿 D 点方向量取 b（80m）钉上木桩，然后再准确量取80.000m钉上小钉，该点为 B' 点。

（5）将仪器移至 D' 点，对中、整平，后视 D 点方向或 A 点方向，旋转90°，在此方向上量取 c（30m）得新建建筑物轴线交点 1 点。

（6）将仪器移至 B' 点，对中、整平，后视 D 点方向或 A 点方向，旋转90°，在此方向上量取 a（30m）得新建建筑物轴线交点 2 点。

（7）用大钢尺量取 1 和 2 的距离检查是否与设计距离相符，误差是否在允许范围内，然

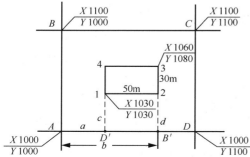

图 7.13　直角坐标法

后计算放样精度。

（8）同样的方法放样出其他各点 C、D，即得新建建筑物的准确位置。

7.3.2　极坐标法

极坐标法是在控制点上测设一个角度和一段距离来确定点的平面位置。适用于待定点距离控制点较近且便于量距的情况，若用全站仪测设则不受这些条件限制，用全站仪按极坐标法测设点的平面位置则更为方便，甚至不需预先计算放样数据。

如图 7.14 所示，A、B 为已知控制点，其坐标为 $A(X_A，Y_A)$，$B(X_B，Y_B)$，$CDEF$ 为新建建筑物的 4 个主轴线的交点，具体放样步骤如下所示。

（1）根据坐标反算公式计算放样数据：α 为坐标方位角，β 为已知方向与未知方向的夹角，D 为两点之间的水平距离。

$$\alpha_{AB} = \tan^{-1} \frac{Y_B - Y_A}{X_B - X_A} \qquad (7-4)$$

$$\alpha_{AC} = \tan^{-1} \frac{Y_C - Y_A}{X_C - X_A} \qquad (7-5)$$

$$\beta = \alpha_{AB} - \alpha_{AC} \qquad (7-6)$$

$$D_{AC} = \sqrt{(X_C - X_A)^2 + (Y_C - Y_A)^2} \qquad (7-7)$$

（2）在 A 点安置经纬仪，对中整平后瞄准 B 点定向，度盘读数置成零，采用正倒镜分中法放样，转动角 β 为 AC 方向。

（3）在 AC 方向上用大钢尺放样水平距离 D_{AC} 即得未知点 C 点。

（4）其他各点以此方法放样，可通过量取对角线 CE、DF 的距离来检查点位测设的准确性，计算放样精度是否满足设计要求。

若使用全站仪按极坐标法放样点的平面位置可直接将全站仪安置在 A 点，后视瞄准 B 点，对中整平后将仪器调置放样模式下，按仪器上的提示分别输入测站点 A、后视点 B 及待测设点 C 的坐标，仪器即自动计算并显示水平角 β 及水平距离 D，水平转动仪器直至角差度数显示为 $0°00'00''$，此视线方向即为需测设的方向。在该方向上指挥持棱镜者前后移动棱镜，直到距离改正值显示为零，则棱镜所在位置即为要放样的 C 点。

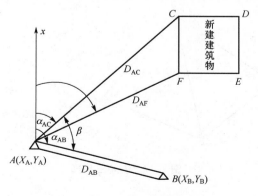

图 7.14　极坐标法

7.3.3 角度交会法

角度交会法是在两个或多个控制点上安置经纬仪，通过测设两个或多个已知角度交会出待定点的平面位置，这种方法又称为方向交会法。角度交会法适应于测设点离测量控制点较远且量距较困难的施工场地，或是测设点与控制点高差较大的施工场地，如放样桥墩中心、烟囱顶部中心等。

如图 7.15 所示，已知控制点 M、N 的坐标为 $M(X_M，Y_M)$ 与 $N(X_N，Y_N)$，待测放样点 P 的坐标为 $(X_P，Y_P)$，具体的放样步骤如下所示。

（1）利用坐标反算公式计算放样角值 a、b。建筑物的定位测量是建筑施工测量的重要环节，定位的准确性将影响建筑物在建筑总体规划中的位置，因此建筑物的定位测量必须准确，并应反复检核。

（2）将两台经纬仪分别安置在控制点 M、N 上，根据计算数据水平夹角 a、b 盘左、盘右，取平均值放样出 MP、NP 的方向线，在 MP 方向线上的 P 点附近打两个小木桩，桩顶钉小钉，在 NP 方向线上的 P 点附近打两个小木桩，桩顶钉小钉，如图 7.16 所示，两条方向线的交点即为需要放样的 P 点。

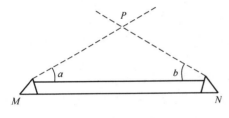

图 7.15 角度交会法

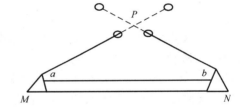

图 7.16 坐标反算法计算放样角值

（3）若在 3 个已知点上摆放仪器，定出 3 条方向线，没有误差的情况下三线应交于一点，但由于各种原因产生的误差使 3 条线不交于一点，产生一个很小的三角形，称为误差三角形。当误差三角形的边长超过 40mm 时，可取误差三角形的重心作为待测点 P 的位置，如图 7.17 所示。

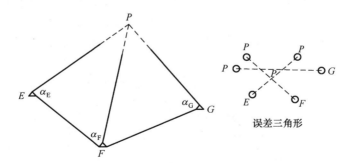

图 7.17 误差三角形

7.3.4 距离交会法

有些建筑物特征点需要利用实地已有建筑物的特征点来进行放样，距离交会法又称为长度交会法，根据测设的两段距离交会出点的平面位置。这种方法在场地平坦，量距方便，且控制点离测设点不超过一尺段长，测设精度要求不高时使用较多。该方法有测设简单，不需要其他仪器，实测速度快等优点。在施工中放样细部时常用此法。

如图 7.18 所示，A、B、C、D 为已有建筑物的 4 个外墙点，E、F、G、H 为新建建筑物的主轴线的 4 个交点。根据建筑总平面图，新建建筑物应根据已有建筑物两个角点 C、D 用距离交会得出。

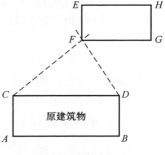

（1）根据坐标反算公式计算放样数据 S_{CF}、S_{DF}，或根据建筑总平面图在图上量取。

（2）在实地分别用两把钢尺以 C、D 为圆心，S_{CF}、S_{DF} 为半径划弧，两弧的交点即为新建建筑物的交点 F，此时要求 S_{CF}、S_{DF} 长度不超过一尺段。

图 7.18　距离交会法

（3）其他各点也同样按此法测设，用大钢尺量取各边边长、对角线长度进行检核，计算放样精度。

7.4　建筑物放线测量

建筑物的放线是指根据现场已测设好的建筑物定位点详细测设其他各轴线交点的位置，建筑物定位后，由于定位桩、中心桩在开挖基础时将被挖掉，一般在基础开挖前把建筑物轴线延长到安全地点，并作好标志，作为开槽后各阶段施工测量中恢复轴线的依据。延长轴线的方法有两种：一是在建筑物外侧设置龙门桩和龙门板；二是在轴线延长线上打木桩，称为轴线控制点（又称引桩）。

1. 龙门板法测设内墙轴线

在一般的民用建筑施工中，为了便于施工，在基槽开挖边界外 3～5m 处设置龙门板。如图 7.19 所示，龙门板是建筑施工测量的重要依据，龙门板设置得准确与否将直接影响施工的精度，龙门板的设置要求和龙门板的设置方法如下所示。

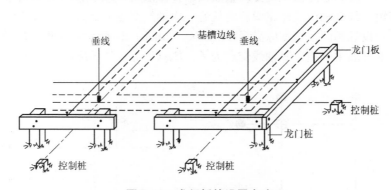

图 7.19　龙门板的设置方法

（1）在建筑物四角和中间隔墙的两端基槽之外 3～5m 处做一条与主轴线平行的线，竖直钉设龙门桩。根据附近的水准点，用水准仪将±0.000 测设在龙门桩上，并画横线表示。

（2）根据附近的水准点，用水准仪将±0.000 测设在龙门桩上，并画横线表示。

（3）把龙门板钉在龙门桩上，要求板的上边缘水平，并刚好对齐±0.000的横线。

（4）把仪器架设在主轴线的交点上，用另一端的主轴线交点定向，把主轴线投测到龙门板上，并钉上小钉，同法投测其他轴线。

（5）应用钢尺沿龙门板顶面检查轴线钉之间的距离，其精度应达到 1：2000～1：5000。经检验合格以后，以轴线钉为准将基础边线、基础墙边线、基槽开挖边线等标定在龙门板上。

其优点是使用方便，可以控制±0.000以下各层标高和基槽宽、基础宽、墙身宽。但它占用施工场地、影响交通、对施工干扰很大，一经碰动，必须及时校核纠正，且需要木材较多，钉设也比较麻烦，现已少用，不再详述。

2. 设置轴线控制点

龙门板使用方便，但它成本较高，且容易遭到破坏影响施工，近年来有些施工单位已不再设置龙门板，而只设置主轴线控制点。主轴线控制点一般设在基础开挖范围以外 5～15m 范围内，根据现场实际情况和建筑物高度设定，设在不受施工干扰、便于引测和保存桩位的地方，可以在一条主轴线上设3～4个轴线控制点用于相互之间检核，也可以将轴线投测到周围建筑物上作好标志代替引桩。如图 7.20 所示，A、B、C、D 为新建建筑物的外墙主轴线的 4 个交点，设置轴线控制点方法如下所示

（1）在 A 点上安置经纬仪，B 点定向，由 B 点向外量取一定的距离得 B_1 点。

（2）倒镜在该方向上由 A 向外量取一定距得 A_1 点。

（3）同样的方法测其他各轴线控制点，由于场地条件限制向外量取的距离不同，因此必须画轴线控制点略图。

设置轴线控制桩一定要严格对中整平仪器，反复检核边长，量距精度应达到 1：2000～1：5000。设置的轴线控制点一定要浇注混凝土，并做好明显标志以防遭到破坏，遭破坏的要立即恢复。

3. 细部各轴线交点的测设

测设细部轴线交点时要求精度相对较高，架设仪器时要精确对中整平，钢尺量距时要始终在一个主轴线交点为起点沿视线方向量取，这种做法可以减小钢尺对点误差，避免轴线总长度增长或减短。细部轴线放样完毕后要从另一主轴线交点开始逐一检核放样精度，检查各轴线间距是否与设计相同，精度应满足 1：3000。如图 7.21 所示：A 轴、E 轴、①轴、⑥轴是 4 条建筑物的外墙主轴线，其轴线交点为 A、B、C、D，具体测设步骤如下所示。

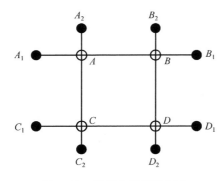

图 7.20 设置主轴线控制点

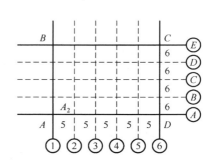

图 7.21 细部各轴线交点的测设

（1）在主轴线交点 A 安置经纬仪，D 点定向。

（2）在 AD 的方向线上以 A 点为起点量取5m打上小木桩，精确量距5.000m，钉上小钉即得细部轴线交点 A_2。

（3）在 AD 的方向线上以 A 点为起点量10m打上小木桩，精确量距10.000m，钉上小钉即得细部轴线交点 A_3。同样的方法量取其他细部轴线交点。

4．确定开挖边界线

开挖边界线是根据设计要求、基础深度、放坡系数、地质情况综合考虑而确定的。开挖边界应标注在龙门板上，在两龙门板间拉线绳，沿线绳撒出开挖边界线，施工时沿此线进行开挖。

7.5 建筑抄平测量

高程测量是民用建筑施工测量的重要组成部分。主要是基本水准点的引测和室内地坪标高的测设，为了便于施工可以根据现场情况测设50控制线。建筑施工场地的高程控制测量一般采用四等水准测量的方法施测，应根据施工场地附近的国家高程点或城市已知水准点测设施工场地的基本水准点，以便日后能纳入国家高程系统。基本水准点应布设在土质坚实、不受施工影响、无震动和便于施测的地方，并埋设永久性标志。

7.5.1 室内地坪测设

1．施工水准点的测设

在施工场地上基本水准点的密度往往不能满足施工的要求，还需增设一些水准点，这些水准点称为施工水准点。为了测设方便和减少误差，施工水准点应靠近建筑物，施工水准点的布置应尽可能满足安置一次仪器即可测设出所有点的高程，这样能提高施工水准点的精度。如果不能一次全部观测到，则应按四等水准的精度要求测设各点且要布设成附合水准路线或闭合水准路线。如果是高层建筑则应按三等水准测量的精度测设各施工水准点。测设完毕、检验合格后画出测设略图以保证施工时能准确使用。测设略图如图7.22所示。

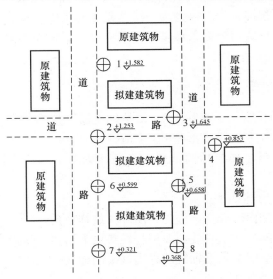

图7.22　施工水准点测设略图

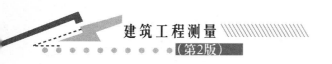
2. 室内地坪的测设

由于设计建筑物常以底层室内地坪标高±0.000 为高程起算面，为了施工引测方便，常在建筑物内部或建筑物附近测设±0.000 水准点。±0.000 水准点的位置一般设在原有建筑物的墙、柱的侧面，用红漆绘成顶为水平线的"▼"形，其顶面高程为±0.000。经检验合格后作为建筑物施工的基准点，以上各层的室内地坪标高都是以±0.000 处的标高为基准向上传递的。传递方法可以用大钢尺沿建筑物外墙或楼梯间直接量取，也可以用两台水准仪配合大钢尺按设计标高向施工楼层引测。

7.5.2 50 线的测设

50 线是指建筑物中高于室内地平±0.000 标高 0.5m 的水平控制线，作为砌筑墙体、屋顶支模板、洞口预留、室内装修地面装修的标高依据。50 线控制着整个施工过程的标高，50 线的精度非常重要，相对精度要满足 1/5000。50 线的测设步骤如下所示。

（1）检验水准仪的 i 角误差，i 角误差不大于 $20''$。

（2）为防止±0.000 点处标高下沉从高等级高程控制点重新引测±0.000 标高处的高程，检核±0.000 的标高。

（3）在新建建筑物内引测高于±0.000 处 0.5m 的标高点，复测 3 次取其平均值并准确标记在新建建筑物内。

（4）当墙体砌筑高于 1m 时，以引测点为准采用小刻度抄平尺（最小刻度不大于 1 mm）在墙上抄 50 线。

（5）50 线抄平完毕后用抄平水管进行检核，误差不超过±3mm。

7.6 基础施工测量

基础是建筑物地面以下的承重构件，它支撑着其上部建筑物的全部荷载，并将这些荷载及自重传给下面的地基。按使用的材料分为：灰土基础、砖基础、毛石基础、混凝土基础、钢筋混凝土基础。按埋置深度可分为：浅基础、深基础。按受力性能可分为：刚性基础和柔性基础。按构造形式可分为条形基础、独立基础、满堂基础和桩基础。基础按埋置深度可分为：浅基础、深基础。

7.6.1 条形基础施工测量

条形基础：当基础长度大于或等于 10 倍基础宽度时称为条形基础。条形基础按结构形式可分为墙下条形基础和柱下条形基础，如图 7.23 所示。

条形基础的施工测量主要包括两部分：一是基础的平面位置控制，一是基础的标高控制。

平面位置控制方法所述如下。

（1）根据基础施工平面图和基础施工详图计算放样数据。

（2）根据建筑方格网、建筑基线或龙门板在垫层上用经纬仪投测建筑物主轴线。

（3）按放样数据在垫层上依据轴线放样出基础的边线。

基础的标高控制所述如下。

为了控制挖基槽深度、修平基槽底和打基础垫层，一般在基槽壁各拐角处、深度变化处和基槽壁上每隔 3～4m 测设一些水平桩。为了控制基槽的开挖深度，当要挖到槽底设计标高时，应用水准仪根据地面上±0.000m 点，在基槽壁上测设一些水平小木桩(称为水平桩)。

如图 7.24 所示，使木桩的上表面离槽底的设计标高为一固定值(如 0.300m)。根据这些小木桩支护模板，支护完毕用水准仪根据±0.000 标高对模板进行复测、校正使其标高正好为设计标高。

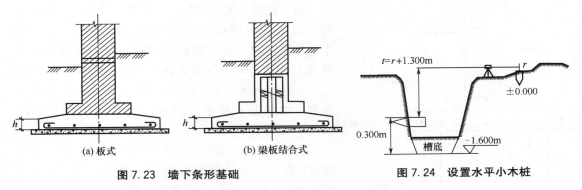

图 7.23　墙下条形基础　　　　　　　　　图 7.24　设置水平小木桩

7.6.2　箱形基础施工测量

所谓箱形基础是指基础由钢筋混凝土墙纵横交错相交组成，并且基础高度比较高，形成一个箱子形状的维护结构的基础，它的承重能力要比单独的条形基础高出很多。箱形基础是高层建筑广泛采用的基础形式，但其材料用量较大，且为保证箱基刚度要求设置较多的内墙，墙的开洞率也有限制，故箱基作为地下室时，对使用带来一些不便，因此要根据使用要求比较确定，如图 7.25 所示。箱形基础的施工测量比较繁琐，首先放样基础地板以及内墙的位置，待施工完毕后对顶板进行放样。

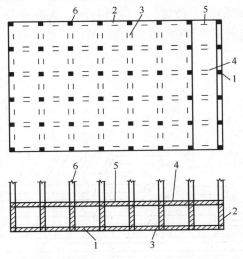

图 7.25　箱形基础

1—底板；2—外墙；3—内横隔墙；4—内墙纵墙；5—顶板；6—柱子

箱形基础平面位置控制方法所述如下。

(1) 依据基础施工平面图和基础施工详图计算基础内墙与各主轴线间的位置关系。

(2) 根据建筑方格网、建筑基线或龙门板在垫层上用经纬仪投测建筑物主轴线。

(3) 依据主轴线放样出箱形基础的边线及各内墙中线。

(4) 用墨线弹出基础边线及内墙边线用于控制钢筋的绑扎和模板的支护。

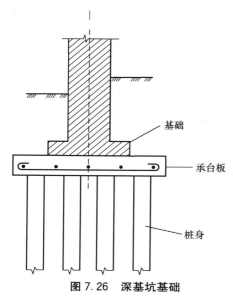

图 7.26　深基坑基础

7.6.3　深基坑基础施工测量

通常把位于天然地基上、埋置深度小于 5m 的一般基础(柱基或墙基)以及埋置深度虽超过 5m,但小于基础宽度的大尺寸基础(如箱形基础)统称为天然地基上的浅基础。位于地基深处承载力较高的土层上,埋置深度大于 5m 或大于基础宽度的基础称为深基础,如桩基、地下连续墙、墩基和沉井等,如图 7.26 所示。

桩基的施工测量包括桩位测设和测量桩入土深度。定桩位是根据施工设计图计算放样数据,计算出每个桩的坐标,用经纬仪根据建筑方格网或龙门板放样出桩位,或用全站仪根据场地控制点放样每个桩位,钉上小木桩。放样完后对桩位进行检核,桩位的放线允许误差为:群桩±20mm,单排桩±10mm。

7.6.4　基础墙标高的控制

基础墙是指±0.000m 以下的砖墙,它的高度是用基础皮数杆来控制的。基础墙皮数杆是一根木制的杆子,如图 7.27 所示,在杆上按照设计尺寸,将砖、灰缝厚度画出线条,并标明±0.000m 和防潮层的标高位置。立皮数杆时,先在立杆处打一木桩,用水准仪在木桩侧面定出一条高于垫层某一数值(如 0.15m)的水平线,然后将皮数杆上标高相同的一

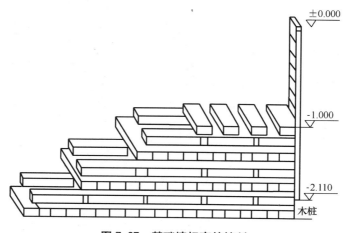

图 7.27　基础墙标高的控制

条线与木桩上的水平线对齐，并用大铁钉把皮数杆与木桩钉在一起，作为基础墙的标高依据。基础施工结束后，应检查基础面的标高是否符合设计要求（也可检查防潮层）。可用水准仪测出基础面上若干点的高程和设计高程比较，允许误差为±10mm。

7.7 墙体施工测量

在民用建筑中墙体施工测量是整个施工过程测量控制的一个重要组成部分。墙体施工测量包括墙体定位测量、标高控制和垂直度控制。框架式结构中各层墙体影响不大，但砖混式结构就应严格控制墙体的施工。

7.7.1 墙体的定位测量

当基础施工完毕以后，应严格检查各轴线控制桩、龙门板上的主轴线，经检核无误后，将各轴线投测到基础墙体的侧面上，以便于能准确地向上层传递轴线。墙体的定位可以根据轴线控制桩用经纬仪测设主轴线到防潮层或基础墙体±0.000上，根据墙边线与主轴线的位置关系放样墙体边线，也可以直接利用龙门板上的墙体边用垂球直接把墙体边线放样到防潮层或基础墙体±0.000上。

如图7.28所示，利用轴线控制点测设墙体边线的具体操作步骤如下所示。

（1）将经纬仪安置在轴线控制桩上，以另一侧轴线控制桩定向。

（2）将主轴线投测到防潮层或基础墙体±0.000上，用同样的方法投测其他主轴线。

（3）用大钢尺检查各主轴线间的尺寸是否符合设计要求，检查主轴线交角是否垂直。

（4）经检查合格后根据主轴根据设计要求放样墙边线。放样完后检查墙边线的内角和外角是否是90°。

（5）检验合格后根据主轴线或墙边线放样细部墙边线，同时也应放样出门窗和其他洞口的位置并标记在基础墙体立面上。严格检核各细部尺寸是否与设计尺寸相同，相对误差不应大于1/3000。

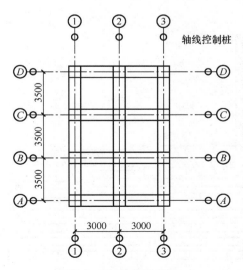

图7.28 墙体的定位

7.7.2 墙体各部位的标高控制

在民用建筑墙体施工中,墙体的各部位标高一般也是用皮数杆来控制的,如图 7.29 所示 。在施工过程中皮数杆可以控制墙身各部位构件的准确位置,如:窗台、门窗洞口高度、过梁的高度等。通过皮数杆间挂施工线可以保证每皮砖都在同一水平面上且每皮砖间的灰缝厚度均匀。

墙体的标高控制及皮数杆的设立如下所示。

(1) 在基础施工完后将使±0.000 标高引至建筑物内,设在建筑物的隔墙或转角处,每隔 10m 左右测设一处,以便设立皮数杆。

(2) 皮数杆由±0.000 起按墙体设计高度划分砖的皮数,一般按 63mm 或 64mm 划分。根据设计的不同和实际情况而定,并在皮数杆上标明窗台、门窗洞口、过梁的位置。

(3) 将皮数杆设立在引测±0.000 标高的位置,皮数杆上的 ±0.000 位置与引测的 ±0.000标高对齐并固定,用水准仪检查其标高,用垂球检查其垂直度。

(4) 在墙体砌筑到窗台以后,在室内墙身上弹出一条高于±0.000 标高 0.500m 的标高线,作为该层地面施工和室内装修用的标高依据。

(5) 二层以上的墙体施工中,要用水准仪将标高传递到施工层,在施工层测设与皮数杆±0.000 标高相同的水平线,并以此作为立皮数杆的标志。

框架式结构的民用建筑,墙体砌筑是在框架结构施工完毕以后进行的,因此可在柱面上引测±0.000 标高并按设立皮数杆的尺寸画线,代替皮数杆。

7.7.3 墙体垂直度控制

墙体施工时在控制其标高的同时也应严格控制墙体的垂直度,用垂球制作墙体垂直度靠尺,边砌筑边控制检查墙体的垂直情况。当墙体砌筑完毕以后,用专用的墙体垂直度检查尺检查整个墙体的垂直度及平整度,一般要求整个墙体的垂直度不超过±3mm,平整度不超过±5mm。检查合格后方可进行下一道工序的施工,墙体垂直度超限要拆除重新砌筑以保证室内装修的精度。

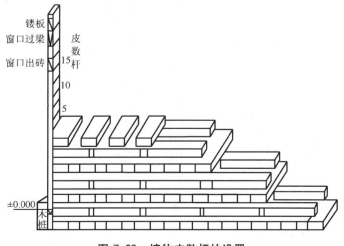

图 7.29 墙体皮数杆的设置

7.7.4 激光扫平仪简介

激光扫平仪是一种新型的平面定位仪器，激光扫平仪可用于确定平面、垂直面及其他方位面，并且激光扫平仪还具有垂准功能，在监控和检测建筑物水平精度、铅垂精度以及室内的水平性和铅垂性等方面得到广泛应用。图 7.30 为激光扫平仪的基本构造。

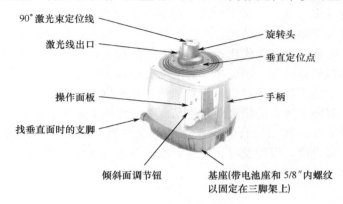

图 7.30 激光扫平仪

激光扫平仪由激光二极管作为激光光源，出射光为可见红光，在室内作业时，激光平面与墙壁相交形成一个可见的激光水平面，使测量更为直观、简便。激光扫平仪由手柄、旋转头、倾斜面调节钮、操作面板、激光线出口、90°激光束定位线、垂直定位点等各部分组成。激光扫平仪设有补偿器自动报警装置，当仪器倾斜超出补偿器工作范围（± 8″）时，激光停止扫描，补偿器报警灯闪亮，当调整仪器至补偿器工作范围内时，仪器自动恢复工作。激光扫平仪还设有低压报警装置，当电源电压低于正常值时，低压报警灯闪亮。仪器有手动和遥控两种操作方式，在作业中不需人员监视和维护。表 7 - 2 为德国生产 PR16 激光扫平仪技术的参数，使用激光扫平仪的具体操作步骤如下所示。

（1）在扫描区域范围内安置扫平仪，使用脚螺旋将仪器调平。

（2）开启电源开关，使仪器预热一段时间。

（3）待激光平面稳定后开始观测所要扫描的区域面。

表 7 - 2 PR16 激光扫平仪技术参数

范围（区域半径）	30m（100 英尺）抓光板（Specification）
	50m（165 英尺）抓光板（Typically）
	150m（500 英尺）激光抓光板
精度（ +25℃／+77℉）	± 1.0mm@10m（± 3/32″@60 英尺）
自动找平范围	±5°
激光类别	Visible，635nm，laser class 2（Ⅱ）
电池寿命	≥80h 碱性电池
（at +25℃／+77℉）	≥25h NiCd 电池／≥40h NiMH 电池
温度范围	-20～50℃（-4～122℉）
防水防尘等级	IP 42M〔Dripping water（15° tilted）in Rotation〕

7.8　高层建筑施工测量

高层建筑及超高层建筑在我国一般是这样划分的：2 层及 2 层以下的为低层建筑，2～8 层为多层建筑，8～16 层为中高层建筑，16～20 层的为高层建筑，24 层以上为超高层建筑物。高层建筑有很多特点，在施工方面：建筑工地多为窄地带、受周围建筑物的限制，多采用现浇钢筋混凝土多层框架结构，对施工技术要求较高；在设计方面：投资大，造价高，地基需要特殊处理，设备现代化，楼与楼的间距较大，等等。在高层建筑工程施工测量中，由于高层建筑的体形大、层数多、高度高、造型多样化、建筑结构复杂、设备和装修标准高，因此，在施工过程中对建筑物各部位的水平位置、轴线尺寸、垂直度和标高的要求都十分严格，对施工测量的精度要求也高。为确保施工测量符合精度要求，应事先认真研究和制订测量方案，选用符合精度要求的测量仪器，拟定出各种误差控制和检核措施，并密切配合工程进度，以便及时、快速、准确地进行测量放线，为下一步施工提供平面和标高依据。

7.8.1　轴线投测

定位放线是确定高层建筑物平面位置和进行基础施工的关键环节，施测时必须保证精度，因此一般用 $2''$ 的全站仪采用极坐标法进行定位测量。高层建筑物要保证其垂直度，轴线投测尤为重要。《高层建筑混凝土结构技术规程》（JGJ 3—2010）规定，轴线竖直方向误差在本层内不得大于 3mm ，全楼竖向误差累积值不大于 $3H/10000$（ H 为建筑物总高度）。对于高层建筑轴线的传递方法有吊线坠投测法、经纬仪投测法和铅垂仪投测法等。

1. 吊线坠投测法

在建筑物内地平面上设置与主轴线相距1m左右的几个轴线控制点并预埋标志，以上的各层楼板相应位置上预留 150mm×150 mm 的轴线传递孔。在预留孔处安装十字架，利用直径 0.5～0.8mm 的钢丝悬吊重 10～20kg 的特制大垂球，以底层轴线控制点为准，通过预留孔将其点位垂直投测到任一楼层，每个点的投测应进行几次，投点偏差在高度小于5m 时不大于 3mm，高度大于 5m 时不大于 5mm，取其平均位置固定。检核各个楼层与地面点的偏差，距离角度相差不大时可进行调整以达到准确定位的目的。吊线坠投测法经济、简单，但误差较大，受外界条件影响大，不适合超高层建筑物。

2. 经纬仪投测法

经纬仪投测法亦称作经纬仪引桩投测，在建筑物外部利用经纬仪，根据建筑物中心轴线控制桩来进行轴线的竖向投测。具体操作方法如图 7.31 所示。

（1）在建筑物定位完毕后精确放样细部轴线，并用经纬仪引测 B 轴、E 轴、③轴、⑥轴的轴线控制桩，引测距离一般不小于新建建筑物的高度。

（2）在建筑物建到±0.000后，把 B 轴、E 轴、③轴、⑥轴投测到墙体立面上，随着建筑物不断升高，要逐层将轴线向上传递。

（3）将经纬仪分别安置在轴线控制桩 B_1、B_2、E_1 和 E_2 上，严格对中、整平仪器，后视建筑物立面墙上标出的建筑物轴线点，用盘左和盘右分别向上投测到每层楼板上，并取其中点作为该层 B 轴、E 轴的投影点。

（4）用同样的方法在 K_1、K_2、K_3、K_4 分别安置仪器投测③轴、⑥轴。

（5）投测结束后用大钢尺检查投影层各轴线之间的距离是否与设计值相同，检查对角线长度、相对误差不得大于 1：2000～1：5000，合格后才能在楼板上弹线施工下一道工序。

（6）当楼房逐渐增高，而轴线控制桩距建筑物又较近时，望远镜的仰角较大，操作不便，投测精度也会降低，为此，要将原轴线控制桩引测到更远的安全地方，或者附近建筑物的顶面上。

3. 铅垂仪投测法

在基础施工完毕后，在首层地平面上，距轴线 500～800mm 的位置设置与主轴线平行的辅助轴线，并在辅助轴线交点或端点处埋设标志，如图 7.32 所示。在建筑底层地面选择与主轴线平行的 4 个控制点 E、F、G、H，距主轴线 0.8m，EF 与 GH 垂直于 EH 与 FG，并在其正上方各层楼面上预留 150mm×150mm 的洞口，作为激光束通光孔。在各通光孔上固定一个水平的激光接收靶，靶上刻有坐标格网，可以读出激光斑中心的纵横坐标值。将激光铅垂仪分别安置于 E、F、G、H 4 点上，使其严格对中、整平，接通激光电源即可发射竖直激光基准线。在接收靶上，激光光斑所指示的位置即为地面 E、F、G、H 4 点的竖直投影位置。大钢尺检查投影层各轴线点之间的距离是否与设计值相同，检查各方向的连线是否垂直，其相对误差不得大于 1：2000～1：5000，检验合格后做好标志，供施工测量细部放样使用。

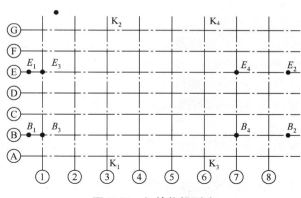

图 7.31 经纬仪投测法

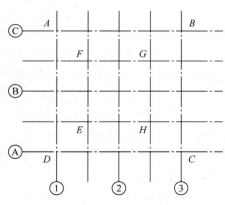

图 7.32 铅垂仪投测法

7.8.2 激光垂准仪介绍

激光垂准仪是一种专用的铅直定位仪器，激光垂准仪是在光学垂准系统的基础上增加半导体激光器，分别给出上下同轴的两根激光垂准线，并与望远镜视准轴同心、同轴、同焦；另配网格激光接收标靶，方便测量。激光垂准仪适用于高层建筑物、烟囱、水塔等建筑物的垂直定位测量。

激光垂准仪的基本构造如图 7.33 所示，主要由氦氖激光管、发射望远镜、激光光斑调焦螺旋、圆水准器气泡、长水准器气泡、基座、精密竖轴、对点/垂准切换开关、电源开关、仪器手柄及激光电源等部分组成。激光器通过两组固定螺钉固定在套筒内，激光铅垂仪的竖轴是空心筒轴，两端有螺扣上、下两端分别与发射望远镜和氦氖激光发射器套筒相连接，二者位置可对调向下或向上发射激光束，通过精密竖轴与望远镜连成一体。激光垂准仪的具体操作步骤如下所示。

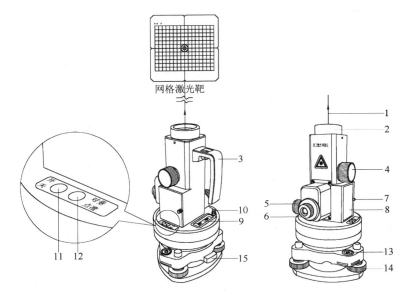

网格激光靶

图 7.33　DZJ₂ 型激光垂准仪

1—望元镜端激光束；2—物镜；3—手柄；4—物镜调焦螺旋；5—激光光斑调焦螺旋；
6—目镜；7—电池合盖固定螺丝；8—电池合盖；9—管水准器；10—管水准器校正螺丝；
11—电源开关；12—对点垂准激光切换开关；13—圆水准器；
14—脚螺旋；15—轴套锁定钮

（1）打开电源开关，按对点/垂准激光切换开关，使仪器向下发射激光，转动激光光斑调焦螺旋，使由物镜发射而形成的一个红色小光斑聚焦于地面一点。

（2）然后按照经纬仪的对中、整平操作方法安置好垂准仪。

（3）按对点/垂准激光切换开关，使仪器通过望远镜向上发射激光，转动激光光斑调焦螺旋，使激光光斑聚焦于施工层上一点。

（4）将网格激光接收标靶放置在施工层的需要投测面上，网格接收标靶上的激光点即为地面点的投测点。

激光垂准仪的仪器电源 DC3V（5 号碱性电池两节），半导体波长及等级为 635nm（2级），仪器的对点误差（在 1.5m 以内）≤1mm，激光白天的有效射程大于 120m，夜间的有效射程大于 300m。向上投测一测回垂直测量标准偏差差为 1/40000。

当将激光垂准仪安置于高层建筑物内投测轴线时，可利用电梯间、楼梯间、通风道等竖直空间，或者在各层楼面的投测点处预留孔洞，洞口大小一般为 300mm×300mm。如图 7.34 所示，用激光铅垂仪轴线投测的示意图。

当采用预留空洞时，应在基础施工完成后，于首层上适当位置设置与主轴线平行的辅助轴线。辅助轴线宜离开主轴线（500～800mm），在辅助轴线端点处预埋标志，在每层楼面的相应处都预留空洞。

激光垂准仪操作简单，精度高，大大提高了施测速度和精度，加快了施工速度，提高了经济效益，基本不受场地限制，是一种应用前景广阔的先进投测方法。

7.8.3　标高传递

高程传递是建筑高层建筑施工的关键工序，高程要由下层±0.000 标高传递到上层，

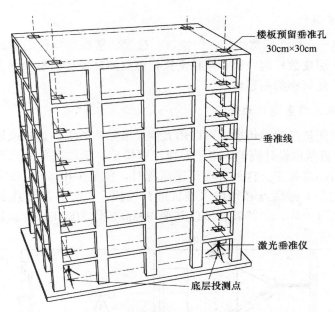

楼板预留垂准孔
30cm×30cm

垂准线

激光垂准仪

底层投测点

图 7.34 激光垂准仪轴线投测示意图

使得建筑物上层各部位标高符合设计要求。经过严格检验后方可进行该施工层的标高基准,高程检验高层建筑施工的标高偏差限差见表 7-3。

标高传递的方法有以下几种。

1. 悬吊钢尺法

悬吊钢尺法传递高程精度较高,适合高层建筑,但最好不高于一尺段长。具体的测设方法如图 7.35 所示。

(1)检验两台水准仪的 i 角误差,i 角误差应不大于 $20''$。检验钢尺,根据温度等因素计算钢尺的尺长改正数。

(2)在外墙或楼梯间悬吊钢尺,钢尺下端悬挂重物,并放在水桶中稳定。分别在底层和施工层上安置水准仪,底层水准仪读取 ± 0.000 标高处水准尺读数 a(水准尺应为小刻度水准尺)。

(3)上下楼层同时读取钢尺上的读数 b、c,施工层上的仪器读取做好标记处的水准尺读数 d。

(4)计算标记点高程 $H=a+b+c-d$,改变仪器高,同法测量该标记点高程,取其平均值。两次误差不超过 3mm。

表 7-3 高层建筑竖向及标高施工偏差限差

结构类型	竖向施工偏差限差/mm		标高偏差限差/mm	
	每层	全高	每层	全高
现浇混凝土	± 8	$H/1000$(最大 30)	± 10	± 30
装配式框架	± 5	$H/1000$(最大 20)	± 10	± 30
大模板施工	± 5	$H/1000$(最大 30)	± 10	± 30
滑模施工	± 5	$H/1000$(最大 50)	± 10	± 30

2. 皮数杆传递高程

在皮数杆上自±0.000 标高线起，门窗口、过梁、楼板等构件的标高都已注明。一层楼砌好后，则从一层皮数杆起一层一层往上接，但皮数杆传递高程，误差连续累积精度不高，适合普通高层建筑物的高程传递。

3. 高层建筑施工测量高程的传递

高层建筑施工测量高程的传递也可以用大钢尺沿结构外墙、边柱或楼梯间由底层标高±0.000 线向上竖直量取设计高差，但钢尺应经过检定，量取高差时尺身应铅直和用规定的拉力，并应进行温度改正。这种方法传递高程时，应至少由 3~4 处底层标高线向上传递，同一施工层的几个标高点必须用水准仪进行校核，检查各标高点是否在同一水平面上，其误差应不超过±3mm。检验合格以其平均标高值作为施工层标高控制线。

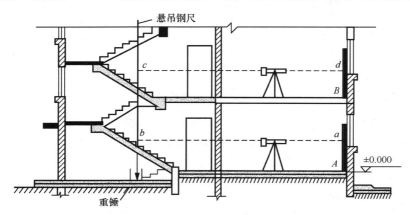

图 7.35 悬吊钢尺法高程传递

本项目内容是民用建筑施工测量的基础，在实际工程运用中具有重要作用。在学习中应重点学会测设的 3 项基本工作内容和方法，掌握建筑物的定位和放线测量的基本原理。能够结合施工图纸进行基础施工测量和墙体施工测量工作，会用经纬仪和激光铅垂仪进行高层建筑物的轴线投测工作。

|习| |题| |

一、选择题

1. 民用建筑施工测量中测设主轴线交点的方法有( )。

A. 直角坐标法、极坐标法、角度交会法、距离交会法、正倒镜投点法等

B. 直角坐标法、极坐标法、角度交会法、距离交会法、经纬仪投点法等

C. 直角坐标法、极坐标法、角度交会法、偏心交会法、正倒镜投点法等

2. 不是民用建筑施工测量中高层建筑轴线投测方法的有（　　）。

A. 吊线坠投测法　　　　B. 铅垂仪投测法　　　　C. 交会投点法

3. 用极坐标法测设点位时，要计算的放样数据为（　　）。

A. 距离和高程　　　　B. 距离和角度　　　　C. 角度

4. 按构造形式可分为桩基础、独立基础、满堂基础和（　　）。

A. 条形基础　　　　　B. 毛石基础　　　　　C. 混凝土基础

5. 条形基础的施工测量主要包括两部分：一是基础的平面位置控制，一是（　　）。

A. 基础的质量控制　　　B. 基础的标高控制　　　C. 基础的坐标控制

二、简答题

1. 什么是民用建筑？民用建筑施工测量包括哪些主要测量工作？

2. 与测设工作有关的主要设计图纸有哪几种？

3. 测设的 3 项基本工作是什么？

4. 侧设点的平面位置有哪几种方法？各适合什么施工场地？需要哪些测设数据？

5. 民用建筑施工测量的基本原则有哪些？

三、计算题

1. 利用高程为 159.365m 的水准点 A，欲测设出高程为 159.758m 的 B 点。若水准仪安置在 A、B 两点之间，A 点水准尺读数为 1.738m，问 B 点水准尺读数应是多少？并绘图说明。

2. 现要在施工场地上测设一条轴线，其水平长度是 28m，所以钢尺的名义长度是 30m，在标准温度 20℃时，钢尺的鉴定长度为 30.006m，测设时的温度为 29℃，所用拉力与检定时的拉力相同，钢尺的膨胀系数为 0.0000125，测得两点之间的高差为 +1.02m，是计算在地面上应测设的长度。

3. 用精密方法测设水平角 $\angle AOB$，其设计角值为 $\angle AOB = 90°00'00''$。测设后用测回法测得该角度为 $\angle AOB' = 89°59'12''$。如新测设的角的边长为 50.00m，问应该如何调整，才能满足设计要求？并绘图说明之。

4. 根据图 7.36 计算放样数据，M、N 为已知坐标点，P 点为待测的主轴线的交点，简述极坐标法测设点 P 的步骤。

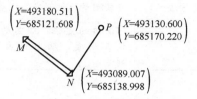

图 7.36　计算题 4 图

项目 8

工业建筑施工测量

学习目标

掌握工业建筑厂房控制网的测设方法；掌握厂房基础施工测量的方法；了解钢柱施工测量；掌握柱子、吊车梁及屋架等厂房构件的安装测量方法；了解烟囱及水塔施工测量的全过程。

学习要求

能 力 目 标	知 识 要 点	权　重	自测分数
掌握厂房控制网的测设方法	厂房矩形控制网放样方案的制订，计算测设数据，厂房控制点的测设	30%	
掌握厂房柱列轴线的测设和柱施工测量的方法	厂房柱列轴线的测设，柱基定位和放线，柱基测设	30%	
掌握柱子、吊车梁、屋架等厂房构件的安装测量方法	柱子安装测量，吊车梁的安装测量，屋架安装测量	20%	
学会进行烟囱、水塔施工测量	烟囱的定位，烟囱的基础施工测量，烟囱筒身施工测量	20%	

学习重点

厂房矩形控制网的测设、厂房基础施工测量、厂房构件安装测量

最新标准

《工程测量规范》（GB 50026—2007）；《建筑变形测量规程》（JGJ 8—2007）

随着我国从农业大国向工业大国的快速转移和蓬勃发展，工业建设也发生了巨大变化，现代化的工艺流程逐步取代传统的粗放式操作流程，节能环保型企业将取代高耗能高污染型企业，各种各样的厂房生产车间、各式各样的精密设备安装其要求精度也越来越高，对测量精度要求随之也要求更高。本项目主要介绍工业建筑施工测量的过程。

8.1 厂房控制网的建立

工业建筑主要是指工业企业的生产性建筑，例如厂房、运输设施、动力设施及仓库等，其中主要是生产厂房。厂房较多的采用预制钢筋混凝土柱装配式单层厂房，但近几年钢结构装配式结构也广泛应用于厂房和仓储建筑中。厂房施工中的测量工作包括：厂房矩形控制网的测设，厂房柱列轴线测设，基础施工测量，厂房构件安装测量和设备安装测量等。工业建筑施工测量的工作主要是保证这些预制构件安装到位。

8.1.1 厂房矩形控制网放样方案的制订

工业建筑同民用建筑一样在施工测量之前，必须做好测设前的准备工作，首先熟悉设计图纸，然后对施工场地现场踏勘，便可按照施工进度计划制订详细的测设方案。主要内容包括矩形控制网、距离指示桩的点位、点位的测设方法及对应的测设数据的计算和测设草图。

对于一般中、小型工业厂房，可测设一个单一的矩形控制网，即基础开挖线以外约4m，测设一个与厂房轴线平行的控制网，即可满足放样的需要。对于大型厂房或设备基础复杂的厂房，为保证厂房各部分精度一致，需先测设一条主轴线，然后以此主轴线测设出矩形控制网。

厂房矩形控制网的放样方案是根据厂区平面图、厂区控制网和现场地形情况等资料制定的。在确定主轴线点及矩形控制网的位置时，必须保证控制点长期保存，要避开地上和地下管线。距离指示桩的间距一般等于柱子间距的整数倍，但不能超过所用钢尺的长度。

8.1.2 计算测设数据

某塑料机械厂的新区平面图如图8.1所示，其厂区控制网为建筑方格网，现进行厂区机加厂房的施工。厂房控制网 P、Q、R、S 这4个点可根据厂区建筑方格网直角坐标法进行测设，如图8.2所示，其4个角点的设计位置距离厂房轴线向外4m，由此可计算出4个控制点的设计坐标，同时可计算出各点实地设计时的放样数据，具体数据标注于测设简图上。

8.1.3 绘制放样略图

图8.2是根据设计总平面图和施工平面图，按一定的比例绘制的放样略图。图上标有厂房矩形控制网4个角点的坐标及按照直角坐标法进行测设的放样数据，其各角点的测设依据厂区方格控制点进行放样。

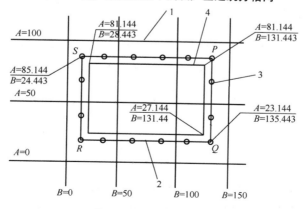

图 8.1　某厂区建筑总平面及厂区建筑方格网

图 8.2　建筑物定位图

1—建筑方格网；2—厂房矩形控制网；3—距离指示桩；4—车间外墙

8.2　柱列轴线和柱基的测设

8.2.1　厂房控制网的测设

1. 单一厂房矩形控制网的测设

对于中、小型厂房而言，测设成一个四边围成的简单矩形控制网即可满足放线需要。现介绍依据建筑方格网，按直角坐标法建立厂房控制网的方法，如图 8.3 所示，E、F、G、H 是厂房边轴线的交点，F、H 两点的建筑坐标已在总平面图中标明。P、Q、R、S 是布设在基坑开挖边线以外的厂房控制网的 4 个角桩，称为厂房控制桩。控制网的边与厂房轴线相平行。测设前，先根据 F 与 H 的建筑坐标推算出控制点 P、Q、R、S 的建筑坐标，然后以建筑方格网点 M、N 为依据，计算测设数据。

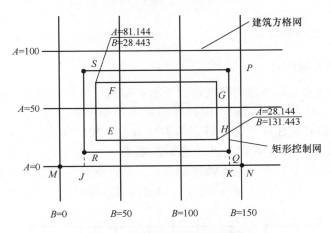

图 8.3　厂房矩形控制网测设简图

测设时根据放样数据，从建筑方格网点 M 起始，通过丈量在地面上定出 J、K 两点，然后将经纬仪分别安置在 J、K 两点上，采用直角坐标法测设出厂房控制点 P、Q、R、S 并用大木桩标定。最后还应实测 $\angle S$ 和 $\angle P$ 是否等于 $90°$，误差不应超过 $10''$；精密丈量 SP 的距离，与设计长度进行比较，其相对误差不应超过 $1/10000$。

2. 大型工业厂房矩形控制网的测设

对于大型或设备基础复杂的工业厂房，由于施测精度要求较高，为了保证后期测设的精度，需要建立有主轴线的较为复杂的矩形控制网。主轴线一般选定与厂的柱列轴线相重合，以方便后面的细部放样。主轴线的定位点及控制网的各控制点应与建筑物基础的开挖线保持 2～4m 的距离，并能长期使用和保存。控制网的边线上，除厂房控制桩外，还应增设距离指示桩。桩位宜选在厂房柱列轴线或主要设备的中心线上，以便于直接利用指示桩进行厂房的细部测设。

如图 8.4 所示为某大型厂房的矩形控制网，主轴线 AOB 和 COD 分别选在厂房中间部位的柱列轴线Ⓑ和⑧轴上，P、Q、R、S 为控制网的 4 个控制点。测设时，首先将长轴线 AOB 测定于地面，再以长轴线为依据测设短轴 COD，并对短轴进行方向改正，使两轴线

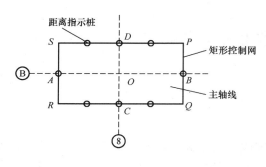

图 8.4 主轴线测设控制网

严格正交，交角的限差为±5″。主轴线方向确定后，从 O 点起始，用精密丈量的方法定出轴线端点，使主轴线长度的相对误差不超过 1/50000。主轴线测定后，可测设矩形控制网，即通过主轴线端点测设 90°角，交会出控制点 P、Q、R、S；最后丈量控制网边线，其精度应与主轴线相同。若量距和角度交会得到的控制点位置不一致时，应进行调整。边线量时同时定出距离指示桩。

特别提示

根据主轴线测设矩形网，是便于以后进行厂房细部施工放线。矩形网的高精度测设使细部放线精度有保证。应熟练掌握根据主轴线测设矩形控制网的方法。

8.2.2 柱列轴线和柱基的测设

1. 厂房柱列轴线的测设

厂房矩形控制网建立后经检测精度符合要求，根据厂房控制桩和距离指示桩，按照施工图上设计的厂房跨度和柱列间距，用钢尺沿矩形控制网各边量出各柱列轴线端点的位置，并设置轴线控制桩且在柱顶钉小钉，作为柱基放样和厂房构件安装施工测量的依据。如图 8.5 所示，F、R、1、6 点即为外轮廓轴线端点；2、3、4、5 点即为柱列轴线端点。然后用两台经纬仪分别安置于外轮廓轴线端点，分别后视对应端点即可交会出厂房的外轮廓轴线角桩点 M、N、P、Q，厂房轴线及柱列轴线测设同时打上角桩标志。

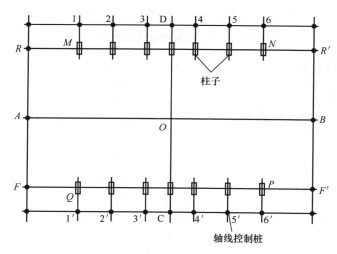

图 8.5 柱列轴线和基础定位图

2. 柱基定位和放线

柱基的测设应以柱列轴线为基线，按基础施工图中基础与柱列轴线的关系尺寸进行。

如图8.6所示,现以Ⓡ轴⑤轴交点处的基础详图为例,说明柱基的测设方法。首先将两台经纬仪分别安置在Ⓡ轴和⑤轴一端的轴线控制桩上,瞄准各自轴线另一端的轴线控制桩,交会出轴线交点作为该基础的定位点。沿轴线在基础开挖边线以外1~2m处的轴线上打入4个基坑定位小木桩,并在桩上用小钉标示柱子轴线的中心线,作为基坑开挖恢复轴线和立模的依据,并按柱基础施工图的尺寸用白灰撒出基础开挖边线。

3. 柱基施工测量

当基坑开挖到接近基坑设计底标高时,在基坑壁的4个角上测设相同高程的水平桩,水平桩的上表面与坑底设计标高一般相差0.5m,以此作为修正坑底和控制垫层高程的依据。如图8.7所示,基础垫层打好后,根据基坑旁的基础定位小木桩,用拉线吊垂法将基础轴线投侧到垫层上,弹出墨线,用红漆画出标记,作为柱基立模和布置钢筋的依据。立模时,将模板底线对准垫层上的定位线,并用垂球检查模板是否竖直,最后将柱基顶面设计标高测设在模板内壁。

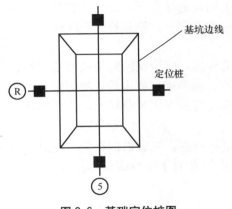

图8.6 基础定位桩图

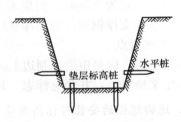

图8.7 基坑抄平测量

8.2.3 钢柱基础施工测量

随着经济的发展,我国的建筑行业发展较快,除了过去常用的砖木结构、混凝土结构外,目前的建筑也大批量采用钢结构,为此,掌握钢结构建筑的施工特点及相应的施工测量方法,以保证工程建设的顺利进行。其基本测设程序与工业建筑、民用建筑的施测程序基本相同,现简单介绍钢柱结构的施工测量。

对于钢结构柱子基础,顶面通常设计为一平面,通过锚栓将钢柱与基础连成整体。施工时应注意保证基础顶面标高及锚栓位置的准确。钢结构下面支承面的允许偏差,高度为±2cm,倾斜度为1/1000,锚栓位置的允许偏差,在支座范围内为±5mm。

钢柱基础定位与基坑底层抄平方法均与混凝土杯形基础相同,其特点是基坑较深且基础下面有垫层以及进行与混凝土形成基础整体的地脚螺栓的埋设,其施工方法与步骤如下。

1. 钢柱基础垫层中线投点和抄平

垫层混凝土凝结后,应在垫层面上投测柱基中线,并根据中线点弹出墨线,绘出地脚螺栓固定架的位置,以作为安置螺栓固定架及根据中线支立模板的依据,如图8.8所示。

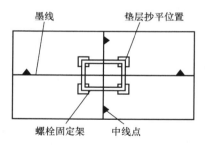

墨线　　垫层抄平位置

螺栓固定架　中线点

图 8.8　地脚螺栓固定架放线

投测中线时，经纬仪必须安置在基坑旁，保证视线能看到坑底，然后照准矩形控制网上基础中心线的两端点，用正倒镜法，先将经纬仪中心导入中心线内，而后进行中线点的投点，并在垫层面上作标志。

螺栓固定架位置在垫层上绘出后，即可在固定架外框4个角落测设标高，以便用来检查并修平垫层混凝土面，使其符合设计标高，以便于固定架的安装。如基础过深，从地面上直接引测基础地面标高，标尺不够长时，可采用悬吊钢尺的方法测设。

2．地脚螺栓固定架中线投点与抄平

1）固定架的安置

固定架一般用钢材制作，用以锚定地脚螺栓及其他埋设件。根据垫层上的中心线和所画的位置将其安置在垫层上，然后根据在垫层上测定的标高点，进行地脚抄平，将高处混凝土打去一些，低的地方垫以小块钢板并与底层钢网焊牢，使其符合设计标高。

2）固定架抄平

固定架安置好后，用水准仪测出4根横梁的标高，以检查固定架高度是否符合设计要求，其容许偏差为±5mm，但应不高于设计标高。标高满足要求后，将固定架与底层钢筋焊牢，并加焊支撑钢筋。若是深基坑固定架，应在其脚下浇筑混凝土，使其稳固。

3）中线投点

在投点前，应对矩形控制边上的中心端点进行检查，然后根据相应两端点，将中线投测在固定架横梁上，并刻绘标志。其中线投点偏差（相对于中线端点）为±（1～2）mm。

3．地脚螺栓的安装与标高测量

根据垫层上和固定架上投测的中心点，把地脚螺栓安放在设计位置。为了测定地脚螺栓的标高，在固定架的斜对角处焊两根小角钢，在其上引测同一数值的标高点，并刻绘标志，其高度应比地脚螺栓的设计标高稍低一些。然后在角钢上两标点处拉一细钢丝，以定出螺栓的安装高度。待螺栓安装好后，测出螺栓第一个螺纹扣的标高。地脚螺栓的高度不应低于其设计标高，容许偏高（5～25）mm。

4．支立模板与浇筑混凝土时的测量工作

钢柱基础支模阶段的测量工作与混凝土杯形基础相同。特别之处在于，在浇灌基础混凝土时，为了保证地脚螺栓位置及高度的正确，应进行看守观测，若发现其变动应立即通知施工人员及时处理。

5．小型钢柱的地脚螺栓定位测量

由于小型设备钢柱的地脚螺栓直径小，重量轻，为了节约钢材，可以不用钢筋固定架，而采用木架固定，这种木架与基础模板连接在一起，在模板与木架支撑牢固后，即在其上投点放线，如图8.9所示。地脚螺栓安装以后，检查螺栓第一螺

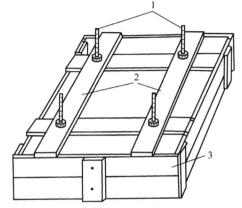

图 8.9　小型钢柱的地脚螺栓定位图
1—地脚螺栓；2—木支架；3—基础模板

纹扣标高是否符合设计要求，合格后即可将螺栓焊牢在钢筋网上。由于木架稳定性较差，为了保证质量，模板与木架必须支撑牢固，在浇筑混凝土的过程中必须进行看守观测。

6. 钢柱的弹线及垂直校正

钢柱的弹线和垂直校正方法与混凝土柱的方法基本相同。区别在于，钢筋混凝土柱是插入杯口内，而钢柱是在基础面上，基础面的高差用垫板找平。

钢柱牛腿面的设计标高减去柱底至牛腿面的长度等于柱底面的标高，柱底面标高减去基础面标高等于柱底垫板厚度。

弹线方法如下：首先量出牛腿面至柱底面的实际长度（也应在柱3个侧面弹出水平线，量出4个角的实际长度），计算出柱底各角的标高。然后测出垫板位置、基础面标高，计算出每个角的垫板厚度。安放垫板时，要用水准仪抄平，垫板标高及±0.000标高的测量误差为±2mm。钢柱在基础面上就位，要使柱中线与基础面上中线对齐。

8.3　工业厂房构件的安装测量

8.3.1　柱子安装测量

单层工业厂房主要由柱子、吊车梁、屋架、天窗和屋面板等主要构件组成，如图 8.10 所示。其构件是按照设计图纸尺寸预制，而后在施工现场吊装。所有吊装必须按照设计要求进行，才能确保各构件的正确位置关系。特别是柱子的吊装，它的位置和标高正确与否，直接影响到梁、轨的位置能否正确。柱子的安装就位准确符合设计要求，才能保证吊车梁、吊车轨道及屋架等的安装质量。柱子吊装测量必须满足限差要求。

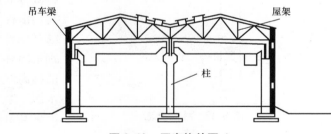

图 8.10　厂房构件图

(1) 柱脚中心线与相应柱列轴线一致，容许误差为±15mm。

(2) 牛腿面顶面及柱顶面的实际标高与设计标高的容许误差：当柱高在 5m 以下时为±5mm，5m 以上时为±8mm。

(3) 柱身垂直度容许误差：当柱高小于 5m 时应不大于±5mm；柱高在 5～10m 时应不大于±10mm；当柱高超过 10m 时，限差为柱高的 1/1000，且不超过 20mm。

1. 安装前的准备工作

(1) 首先将每根柱子按轴线位置编号，并检查柱子尺寸是否符合设计要求。

(2) 在柱身的三面用墨线弹出柱中心线，并在每条中心线的上、中、下端画上"▲"标记，如图 8.11 所示，以供校正时对照。

(3) 基础杯口顶面弹线。柱子安装前，应根据轴线控制桩用经纬仪将柱列轴线投测到基础杯口顶面，并弹出墨线，用红漆画上"▲"标志，作为柱子吊装时确定轴线的依据。当柱列轴线不通过杯口中心时，还应以轴线为基准加弹中心定位线，并用红油漆画上

"▲"标志，作为柱子校正的照准目标。同时，还要在杯口内壁测设一条标高线，作为杯口底面找平之用，如图 8.12 所示。

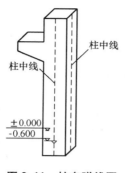

图 8.11　柱身弹线图

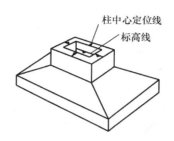

图 8.12　基础杯口弹线

　　（4）调整杯底标高。为了保证吊装后的柱子牛腿面符合设计标高 H，标准是杯底标高 H' 加上柱底到牛腿长度 L 等于牛腿面的设计标高 H，即

$$H = H' + L \qquad (8-1)$$

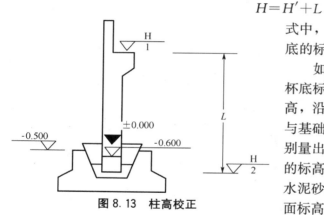

图 8.13　柱高校正

式中，H 为牛腿面的设计标高；H' 为基础杯底的标高；L 为柱底到牛腿面的设计标高。

　　如经检查不能满足设计要求，必须调整杯底标高。具体做法是先根据牛腿面设计标高，沿柱子的中心线用钢尺量出一标高线，与基础杯口内壁上已测设的标高线相同，分别量出杯口内标高线至杯底的高度，与柱身的标高线至柱底的高程进行比较，以确定用水泥砂浆找平层的厚度后修整杯底，使牛腿面标高符合设计要求，如图 8.13 所示。

2. 柱子安装时的测量工作

　　柱子安装应满足的条件是保证柱子的平面位置和高程均符合设计要求，且柱身垂直。当柱子被吊入基础杯口时，将柱中心线与杯口顶面的定位中心对齐，并使柱身大概垂直后，在杯口处插入木楔块或钢楔块暂时固定。柱身脱离吊钩柱脚沉到杯底后，应复查中心线的对位情况，再用水准仪检测柱身上已标定 ±0.000 线，确定高程定位误差。这两项检测均符合精度要求之后将楔块打紧，使柱初步固定，然后进行竖直校正。

　　如图 8.14 所示，在基础纵、横柱列轴线上，与柱子的距离不小于 1.5 倍柱高的位置，各安置一台经纬仪，瞄准柱下部的中心线，固定照准部，再仰视柱顶，当两个方向上柱中心线与十字丝的竖丝均重合时，说明柱子是竖直的；若不重合，则应在两个方向先后进行垂直度调整，直到满足要求为止，应立即灌浆，以固定柱子位置。

　　在实际安装工作中，一般是先将成排的柱子吊入杯口并初步固定，然后再逐根进行竖直校正。在这种情况下，应在柱列轴线的一侧与轴线成 15°左右的方向上安置仪器进行校正。仪器在一个位置可先后校正几根柱子。

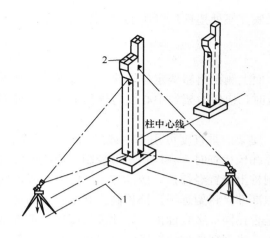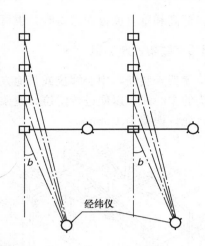

图 8.14　柱子安装测量

1—梁中心线；2—定位轴线

8.3.2　吊车梁安装测量

吊车梁安装时，测量工作的主要任务是使安置在柱子牛腿上的平面位置、顶面标高及梁端面中心线的垂直度均符合设计要求。

1. 吊车梁安装时的中线测量

在吊车梁安装前，先在吊车梁两端面及顶面上弹出梁的中心线，然后根据厂房矩形控制网或柱中心轴线端点，在地面上测设出两端吊车梁中心线（亦即吊车轨道中心线）控制桩。并在一端点安置经纬仪，瞄准另一端将吊车梁中心线投测在每根柱子牛腿面上，且弹出墨线，吊装时吊车梁中心线与牛腿面的吊车轨道中心线对齐，其允许误差为±3mm。安装完毕后用钢尺丈量吊车梁中心线间距，即吊车轨道中心线间距，检验是否符合行车跨度，其偏差不超过±5mm，如图 8.15 所示。

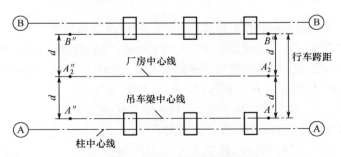

图 8.15　吊车梁安装测量图

2. 吊车梁安装时的高程测量

吊车梁平面位置安装到位后，应进行吊车梁顶面标高检查。检查时，用钢尺自±0.000 标高线起沿柱身向上量至吊车梁面，求得标高误差。由于安装柱子时，已根据牛腿顶面至柱底的实际长度对杯底标高进行调整，因而吊车梁的标高一般不会有较大误差，若不满足时可采用修平或抹灰进行调整。另外，还应吊垂球检查吊车梁端面中心线的垂直度。标高和垂直度存在误差时，也可在吊车梁底支座处垫铁加以纠正。

8.3.3 屋架安装测量

屋架安装前，用经纬仪或其他方法在柱顶面上测设出屋架定位轴线，并应弹出屋架两端头的中心线，以便进行定位。屋架吊装就位时，应使屋架的中心线与柱顶上的定位线对准，允许误差为±5mm。

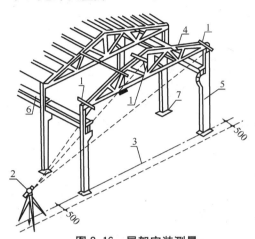

图 8.16　屋架安装测量

1—卡尺；2—经纬仪；3—定位轴线；4—屋架；
5—柱；6—吊车梁；7—柱基

屋架的垂直度可用垂球或经纬仪进行检查。用经纬仪检查时，在厂房矩形控制网边线的轴线控制桩上安置经纬仪，照准柱子上的中心线，固定照准部，将望远镜逐渐抬高，观察屋架的中心线是否在同一竖直面内，以此进行屋架的垂直度校正。当观察屋架顶有困难时，也可在屋架上安装 3 把卡尺，如图 8.16 所示，一把卡尺安装在屋架上弦中点附近，另外两把卡尺分别安装在屋架的两端。自屋架几何中心沿卡尺向外量出一定距离，一般为 500mm，并作标志。然后，在地面上距屋架中心线同样距离处安置经纬仪，观测 3 把卡尺上的标志是否在同一竖直面内，若屋架竖向偏差较大，则用机具校正，最后将屋架固定。

> **特别提示**
>
> 吊车梁、吊车轨的安装测量及屋架的吊装测量均需严格按讲述方法进行。

8.4　烟囱、水塔施工测量

烟囱和水塔多为截圆锥形的高大建筑物，它们的特点是基础平面尺寸较小、主体高、地基负荷大，整体稳定性较差，这就要求在施工测量时要严格控制筒身中心线的垂直偏差，以减小偏心带来的不利影响。按规范规定，砖混、混凝土烟囱筒身中心线的垂直度偏差为当高度在 100m 以下，偏差值应小于 0.15%H，且不大于 100mm；当高度在 100mm 以上，偏差值应小于 0.1%H，筒身任意截面的直径允许偏差值为该截面直径的 1%，且不大于 50mm。

烟囱与水塔的施工测量相近，其主要工作是严格控制中心的定位，保证筒身的竖直。现以烟囱为例介绍这类建筑物的施工测量方法。

8.4.1 烟囱定位测量

在烟囱基础施工测量中，应先进行基础的定位。如图 8.17所示，利用场地已有的测图控制网、建筑方格网或原

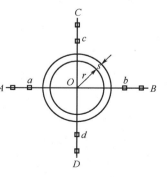

图 8.17　烟囱定位放线

有建筑物，采用直角坐标法或极坐标法，先在地面上测设出基础中心点 O。然后将经纬仪安置在 O 点，测设出 O 点正交的两条定位轴线 AB 和 CD，其方向的选择以便于观测和保存点位为准。轴线的每一侧至少应设置两个轴线控制桩，用以在施工过程中投测简身的中心位置。桩点至中心点 O 的距离以不小于高度的 1.5 倍为宜。为便于校核桩位有无变动及施工过程中灵活方便地投测，也可适当多设置几个轴线控制桩。控制桩应牢固耐久并妥善保护，以便长期使用。

8.4.2 烟囱基础的施工测量

基础的开挖通常采用"大开口法"进行施工。定出烟囱中心 O 后，以中心控制点 O 为圆心，以 $R=r+b$ 为半径（r 为烟囱底部半径，b 为基坑放坡宽度），用皮尺在地面上画圆并撒上灰线，标明挖坑范围。

当基坑挖到接近设计标高时，用水准仪在基坑内壁测设水平控制桩，作为检查挖坑深度和浇筑混凝土垫层控制之用。在基础抄平后，根据烟囱的中心控制桩，用经纬仪将烟囱中心投测在基坑内，以供基础绑扎钢筋、支模时掌握尺寸，并作为浇筑混凝土基础的中心控制点。

浇筑混凝土基础时，应在烟囱中心位置埋设钢筋作为标记。根据定位轴线桩，用经纬仪把烟囱中心投测到标记上，并刻上"十"字，作为简身施工时控制烟囱中心垂直度和控制烟囱半径的依据。

8.4.3 简身施工测量

烟囱主体向上砌筑时，简身中心线、半径、收坡都要严格控制。简身施工时，需要随时将中心点引测到施工作业面上，以检查施工作业面的中心与基础中心是否在同一铅垂线上。引测的方法常采用吊锤线法、经纬仪投点法和激光导向法。

1. 吊锤线法

如图 8.18 所示，吊锤线法是在施工作业面上架设直径控制杆，它由一根方木和一根刻划尺杆组成，尺杆一端铰接在方木中心，在控制杆中心处挂线坠。线坠用直径 1mm 细钢丝吊一个质量为 8~12kg 的大垂球，线坠重量视烟囱高度而定，烟囱越高则使用的垂球越重。将垂球尖对准基础面上的中心标记，则方木中心就是该作业面的中心位置。旋转刻画尺就可以检测简身半径及外皮尺寸是否符合设计要求。一般砖烟囱每砌筑一步架引测一次中心，混凝土烟囱每升高一次则模板引测一次中心。

吊锤线法是一种垂直投测的传统方法，使用简单，但其易受风的影响，有风时吊锤线发生摆动和倾斜，随着简身的增高，对中的精度会越来越低。因此，仅适用于高度在 100m 以下的烟囱。

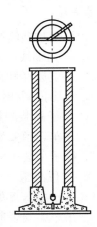

2. 经纬仪投点法

高度不大的烟囱一般每增高 10m 均要用经纬仪复测一次。检查时，在轴线延长线的控制桩 A、B、C、D 上依次安置经纬仪，分别瞄准相应的定位桩 a、b、c、d，抬高望远镜把各轴线控制点投测到施工作业面上并做标记。然后，按标记 4 点拉线法交出烟囱 **图 8.18 简身施工测量**

的中心点，该中心点用来检核垂球引测的中心点和简身尺寸是否有偏差便于立即进行纠正。

3. 激光导向法

对于高度高钢筋混凝土烟囱常采用滑升模板施工，若仍采用吊锤线或经纬仪投测烟囱中心点，无论是投测精度还是投测速度，都难以满足施工要求。为保证精度要求，采用激光铅垂仪投测中心点进行烟囱铅垂定位，投测时，将激光铅直仪安置在烟囱底部的中心标志"十"字上，在施工作业面中央安置接收靶，烟囱模板滑升 25～30cm 浇灌一层混凝土，每次模板滑升前后各都应进行铅垂定位测量，并及时调整偏差。在筒身施工过程中激光铅垂仪要始终放置在基础的"十"字上，要经常对仪器进行激光束的垂直度检验和校正，以保证施工质量。

8.4.4 筒体高程测量

烟囱筒身标高控制，一般是先用水准仪在烟囱底部的外壁上测设出某一高度（如＋0.500m）的标高线，然后以此线为准，用钢尺直接向上量距来控制烟囱施工的高度。筒身四周水平，应经常用水平尺检查上口水平，发现偏差应随时纠正。烟囱外壁收坡控制，除用尺杆画圆控制外，还应随时用靠尺板来检查。

本项目小结

本项目介绍了厂房和烟囱等工业厂房建筑施工测量的方法。厂房控制网是测设厂房施工放样的依据，对厂房控制网的测设严格执行规范的规定。在厂房基础施工测量中，特别注意柱基础中心线的测设和基础标高的控制。在厂房构件安装测量中，主要做好各项准备工作，同时在安装完毕后要进行检核。烟囱是细长高耸的建筑物，在测设时一定要注意中心线直度的检核，以保证工程质量。

习题

一、选择题

1. 厂房基础施工测量有（　　）几项。
 A. 柱列轴线的测设　　　　　　　B. 基础定位
 C. 基坑放样和抄平　　　　　　　D. 基础模板的定位
2. 厂房预制构件的吊装测量包括（　　）几项。
 A. 柱子吊装测量　　　　　　　　B. 吊车梁安装测量
 C. 吊车轨道安装测量　　　　　　D. 屋架吊装测量
3. 柱子吊装中的测量包括（　　）工作。
 A. 定位测量　　　　　　　　　　B. 标高控制
 C. 柱子垂直度的控制　　　　　　C. 柱子垂直偏差的测算
4. 吊车梁安装前的测量是指（　　）工作。
 A. 在牛腿面上测弹梁中线　　　　B. 在吊车梁上弹出中心线

    C. 牛腿面标高抄平   D. 在柱面上量弹吊车梁面标高线

二、简答题

1. 在工业建筑的定位放线中,现场已有建筑方格网作为控制,为何还要测设矩形控制网?

2. 试述杯形基础定位放线的基本工作过程,如何检查才能满足测设要求?

3. 试述吊车梁的吊装测量过程,具体有哪些检核测量工作?

三、案例分析

如图 8.19 所示,已知机加工车间两个对角点的坐标,测设时顾及基坑开挖线范围,拟将厂房控制网设置在厂房角点以外 6m,试求厂房控制网四角点 T、U、R、S 的坐标,并简述其测设方法(利用施工控制点进行放样)。

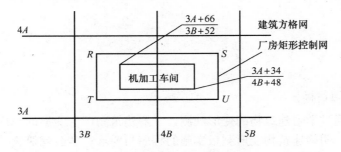

图 8.19　案例分析题图

项目 9

变形观测及竣工测量

🎱 学习目标

通过学习建筑物的变形观测，了解建筑物产生变形的原因以及变形观测的分类；明确建筑物变形测量实施的程序与要求；学会建筑物的沉降观测、倾斜观测、裂缝与位移观测的方法；了解竣工总平面图的编绘过程。

🎱 学习要求

能 力 目 标	知 识 要 点	权　　重	自测分数
了解建筑物的变形观测基本内容	建筑物产生变形的原因以及变形观测的分类，变形测量实施的程序与要求，变形测量等级和精度要求	30%	
掌握常规变形观测的测量方法	建筑物的沉降观测、倾斜观测、裂缝与位移观测的测量方法以及数据处理方法	50%	
学会竣工总平面图的编绘	竣工测量内容与方法，竣工总平面图的编绘方法	20%	

🎱 学习重点

建筑物沉降观测、倾斜观测、位移观测、裂缝观测的原理和方法

🎱 最新标准

《工程测量规范》(GB 50026—2007)；《建筑变形测量规程》(JGJ 8—2007)

引 例

在沉降观测中，观测点的布设起着非常重要的作用，它是沉降观测工作的基础，是能否合理、科学、准确地反映、分析、预测出整体建筑物沉降状况的关键性工作。观测点的布设是沉降观测工作中一个很重要的环节，观测点布设的优劣直接影响到观测数据能否反映出建筑物的整体沉降趋势和局部与局部间的沉降特点。但是规范中对观测点如何布设没有明确规定，那么高层建筑物沉降观测点布设应注意哪些因素？怎样布设高层建筑物观测点更合理？

本项目主要介绍变形观测和竣工测量的知识。对于高耸的建筑物或构造物，为了保证施工质量和使用安全，必须进行变形监测。虽然施工都是按图施工的，但有些工程由于各种原因，在施工过程中经常变更图纸，使完工的建筑物与原来的设计图纸有很多变化，因此，也必须进行竣工测量。通过本项目的学习将回答上面的问题。

9.1 建筑物变形观测概述

建筑物的变形观测，在我国还是一门比较"年轻"的科学。由于各种因素的影响，在这些建筑物及其设备的运营过程中，都会产生变形，这种变形在一定限度之内，应认为是正常的现象，但如果超过了规定的限度，就会影响建筑物的正常使用，严重时还会危及建筑物的安全。因此，在建筑物的施工和运营期间，必须对其进行变形观测。

建筑变形测量，虽还属于工程测量范畴，但在技术方法、精度要求等方面具有相对独立的技术体系，应作为一门专业测量学科来考虑。

9.1.1 建筑物产生变形的原因

在变形观测的过程中，了解其产生的原因是非常重要的。一般来讲，建筑物变形主要是由以下两方面的原因引起的。

1. 客观原因

（1）自然条件及其变化，即建筑物地基地质构造的差别。

（2）土壤的物理性质的差别。

（3）大气温度。

（4）地下水位的升降及其对基础的侵蚀。

（5）土基的塑性变形。

（6）附近新建工程对地基的扰动。

（7）建筑结构与形式，建筑荷载。

（8）运转过程中的风力、震动等荷载的作用。

2. 主观原因

（1）过量地抽取地下水后，土壤固结，引起地面沉降。

（2）地质钻探不够充分，未能发现废河道、墓穴等。

（3）设计有误，对地基土的特性认识不足，对土的承载力与荷载估算不当，结构计算差错等。

（4）施工质量差。

（5）施工方法有误。

（6）软基处理不当引起地面沉降和位移。

9.1.2　建筑物变形观测的分类

1. 沉降类

（1）建筑物沉降观测。

（2）基坑回弹观测。

（3）地基土分层沉降观测。

（4）建筑场地沉降观测。

2. 位移类

（1）建筑物主体倾斜观测。

（2）建筑物水平位移观测。

（3）裂缝观测。

（4）挠度观测。

（5）日照变形观测。

（6）风振观测。

（7）建筑场地滑坡观测。

9.1.3　建筑物变形测量的定义、任务及目的

1. 定义

变形观测就是测定建筑物、构筑物及其地基在建筑荷载和外力作用下随时间而变形的工作。

2. 任务

变形观测通过周期性地对观测点进行重复观测，从而求得其在两个观测周期内的变量。

3. 目的

变形观测的目的是为了监测建筑物的安全运营，延长其使用寿命，发挥其最大效益；以及检验建筑物设计与施工的合理性，为科学研究提供依据。

9.1.4　建筑物变形测量的基本要求

建筑物变形测量应能确切反映建筑物、构筑物及其场地的实际变形程度或变形趋势，并以此作为确定作业方法和检验成果质量的基本要求。

测量开始前，应根据变形类型、测量目的、任务要求以及测区条件进行施测方案的设计。施测方案要与拟测变形的类型范围、大小及变形灵敏程度相适应。测量方法与测量工具的选择，主要取决于测量精度。而测量精度则需根据变形值与变形速度来决定，如观测的目的是为了确保建筑物的安全，使变形值不超过某一允许的数值，则观测的中误差应小于允许变形值的 $1/20 \sim 1/10$。例如，设计部门允许某大楼顶点的允许偏移值为 120mm，

以其 1/20 作为观测中误差，则观测精度为 $m=\pm 6mm$。如果观测目的是为了研究其变形过程，则中误差应比这个数小得多。通常，从实用目的出发，对建筑物的观测应能反映出 1~2mm 的沉降量。

9.1.5 建筑物变形测量实施的程序与要求

1. 建立观测网

按照测定沉降或位移的要求，分别选定测量点，测量点可分为控制点和观测点（变形点），埋设相应的标石，建立高程网和平面网，也可建立三维网。高程测量可采用测区原有的高程系统，平面测量可采用独立坐标系统。

2. 变形观测

按照确定的观测周期与总次数，对观测网进行观测。变形观测的周期，应以能系统地反映所测变形的变化过程而又不遗漏其变化时刻为原则。一般在施工过程中观测频率应大些，周期可以是 3 天、7 天、半个月等，到了竣工投产以后，频率可小一些，一般有 1 个月、2 个月、3 个月、半年及 1 年等周期。除了按周期观测以外，在遇到特殊情况时，有时还要进行临时观测。

3. 成果处理

对周期的观测成果应及时处理，进行平差计算和精度评定。对重要的监测成果应进行变形分析，并对变形趋势做出预报。

9.1.6 建筑物变形测量等级和精度要求

建筑物变形测量按不同的工程要求分为 4 个等级，其等级划分及精度要求见表 9-1。

表 9-1　建筑物变形测量的等级及精度要求

变形测量等级	沉降观测 观测点测站高差中误差/mm	位移观测 观测点坐标中误差/mm	适用范围
特级	≤0.05	≤0.3	特高精度要求的特种精密工程和重要科研项目变形观测
一级	≤0.15	≤1.0	高精度要求的大型建筑物和科研项目变形观测
二级	≤0.50	≤3.0	中等精度要求的建筑物和科研项目变形观测；重要建筑物主体倾斜观测、场地滑坡观测
三级	≤1.50	≤10.0	低精度要求的建筑物变形观测；一般建筑物主体倾斜观测、场地滑坡观测

注：1. 观测点测站高差中误差，系指几何水准测量测站高差中误差或静力水准测量相邻观测点相对高差中误差。

2. 观测点坐标中误差，系指观测点相对测站点（如工作基点等）的坐标中误差、坐标差中误差，以及等价的观测点相对基准线的偏差值中误差、建筑物（或构件）相对底部定点的水平位移分量中误差。

9.2　高程控制与沉降观测

随着建筑物的修建，建筑物的基础和地基所承受的荷载不断增加，从而引起基础及其四周地层变形，而建筑物本身因基础变形及外部荷载与内部应力的作用，也要发生沉降。这种沉降在一定范围内，可视为正常现象，但超过某一限度就会影响建筑物的正常使用，严重的还会危及建筑物的安全。为了建筑物的安全使用，研究变形的原因和规律，为建筑物的设计、施工、管理和科学研究提供可靠的资料，在建筑物的施工和运行管理期间需要进行建筑物的沉降观测。建筑物的沉降观测应按照沉降产生的规律进行，并在高程控制网的基础上进行。

9.2.1　高程控制网点与沉降观察点的布设

1. 高程控制网点的布设

高程控制网点分为水准基点和工作基点。

水准基点是确认固定不动且作为沉降观测的高程基准点。水准基点应埋设在建筑物变形影响范围之外不受施工影响的基岩层或原状土层中，地质条件稳定，附近没有震动源的地方。在建筑区内，与邻近建筑物的距离应大于建筑物基础最大宽度的 2 倍，其标石埋深应大于邻近建筑物基础的深度。水准点标石规格与埋设应符合《建筑变形测量规程》要求，点的个数一般不少于 3 个。

对于一些特大工程，如大型水坝等，基准点距变形点较远，无法根据这些点直接对变形点进行观测，为此还要在变形点附近相对稳定的地方，设立一些可以利用来直接对变形点进行观测的点作为过渡点，这些点称为工作基点。测定总体变形的工作基点，当按两个层次布网观测时，使用前应利用基准点或检核点对其进行稳定性检测。测定区段变形的工作基点可直接用做起算点。

根据地质条件的不同，高程基准点（包括工作基点）可采用深埋式或浅埋式水准点。深埋式是通过钻孔埋设在基岩上，浅埋式的基础与一般水准点相同。点的顶部均设有半球状的不锈钢或铜质标志。

当基准点与工作基点之间需要进行连接时应布设联系点。

沉降监测网一般是将水准基点布设成闭合水准路线或附合水准路线。通常使用 DS_{05} 或 DS_1 型精密水准仪，用光学测微器法施测。对精度要求较低的也可用中丝读数法施测。监测网应经常进行检核。

2. 高程控制网的观测技术要求

（1）对特级、一级沉降观测，应使用 DSZ_{05} 或 DS_{05} 型水准仪、因瓦合金标尺，按光学测微法观测；对二级沉降观测，应使用 DS_1 或 DS_{05} 型水准仪、因瓦合金标尺，按光学测微法观测；对三级沉降观测，可使用 DS_3 型仪器、区格式木质标尺，按中丝读数法观测，亦可使用 DS_1、DS_{05} 型仪器、因瓦合金标尺，按光学测微法观测。

（2）各等级观测中，每周期的观测线路数，可根据所选等级精度和使用的仪器类型确定。

（3）各等级水准观测的视线长度、前后视距差、视线高度，应符合表 9-2 的规定。

（4）各等级水准观测的限差应符合表 9-3 的规定。

（5）使用的水准仪、水准标尺，项目开始前应进行检验，项目进行中也应定期检验。

表 9-2 水准观测的视线长度、前后视距差和视线高度

单位：m

等　级	视线长度	前后视距差	前后视距累积差	视线高度
特级	≤10	≤0.3	≤0.5	≥0.5
一级	≤30	≤0.7	≤1.0	≥0.3
二级	≤50	≤2.0	≤3.0	≥0.2
三级	≤75	≤5.0	≤8.0	三丝能读数

表 9-3 水准观测的限差

单位：mm

等　级		基辅分（黑红面）读数之差	基辅分划（黑红面）所测高差之差	往返较差及附合或环线闭合差	单程双测站所测高差较差	检测已测段高差之差
特级		0.15	0.2	≤$0.1\sqrt{n}$	≤$0.07\sqrt{n}$	≤$0.15\sqrt{n}$
一级		0.3	0.5	≤$0.3\sqrt{n}$	≤$0.2\sqrt{n}$	≤$0.45\sqrt{n}$
二级		0.5	0.7	≤$1.0\sqrt{n}$	≤$0.7\sqrt{n}$	≤$1.5\sqrt{n}$
三级	光学测微法	1.0	1.5	≤$3.0\sqrt{n}$	≤$2.0\sqrt{n}$	≤$4.5\sqrt{n}$
	中丝读数法	2.0	3.0			

注：表中 n 为测站数

3. 沉降观测点的布设

观测点是设立在变形体上能反映其变形特征的点。点的位置和数量应根据地质情况、支护结构形式、基坑周边环境和建筑物（或构筑物）荷载等情况而定；点位埋设合理，就可全面、准确地反映出变形体的沉降情况。

建筑物上的观测点可设在建筑物四角、大转角、沿外墙间隔 10～15m 布设，或在柱上每隔 2～3 根柱设一点。烟囱、水塔、电视塔、工业高炉、大型储藏罐等高耸构筑物可在基础轴线对称部位设点，每一构筑物不得少于 4 个点。

在裂缝或沉降缝两侧、基础埋深相差悬殊处、人工地基和天然地基的接壤处、新旧建筑物或高低建筑物的交接处两侧以及重型设备基础的四角等也应设立观测点。

观测点应埋设稳固，不易遭破坏，能长期保存。点的高度、朝向等要便于立尺和观测。锁口梁、设备基础上的观测点，可将直径 20mm 的铆钉或钢筋头（上部锉成半球状）埋设于混凝土中作为标志［图 9.1(a)］。墙体上或柱子上的观测点，可将直径 20mm 的钢筋按图 9.1(b)、(c) 的形式设置。

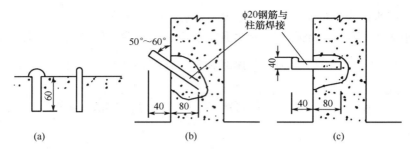

图9.1 沉降观测点埋设（单位：mm）

知 识 链 接 ••

下面分析本项目开头提出的问题。

1. 布设前应考虑的几个因素

1）地质因素

常见的建筑地基的岩土（地质类型）可分为岩石、碎石土、砂土、粉土、黏性土、人工填土及特殊土7种类型。参照岩土类型及其物理力学性质的差异，相对布设观测点的疏与密，是科学的。特别是人工填土和特殊土一定要加大观测点的密度。

2）结构形状

建筑物的形状不同，地表所承受的压力也不同，所产生的沉降量也有所不同。

3）荷载因素

楼层低的点位适当要稀；楼层高的，点位适当要密，以能控制住整体建筑物的整体沉降和局部沉降为准则。

4）经济因素

在布设观测点时，一定要考虑经济因素，以免造成经济上不必要的浪费。

2. 观测点的布设

1）在受力体上布点

确定点位时，应在线的主要受力体上布点。目前，高层建筑物的结构多以框架结构为主，附带有框剪、框筒等常见的几种结构形式。这几种结构的建筑物，它们的柱体、剪力墙、筒体均为受力体，都可选择观测点。

2）布设局部特征点

整体网点选定后，可根据建筑物本身的局部特征及设计方的要求来布设局部特征点。

3）点位在受力体上的方向

点位在图纸上基本确定以后，应根据建筑物的大小或根据观测点的点数，将其划分为若干个观测闭合环，然后按闭合环确定观测点在受力体上的埋设方向，以利于观测的方便和提高观测速度。

4）沿轴线布点

层面确定以后，沿建筑物设计的轴线布点，有时还需要上下交叉（地上，地下）布设。将点连成线，以线构成网，以网代表面，才能控制整幢大楼。

9.2.2 沉降观测

1. 沉降观测周期和观测时间的确定

沉降观测的周期应根据建筑物（构筑物）的特征、变形速率、观测精度和工程地质条件等因素综合考虑，并根据沉降量的变化情况适当调整。

深基坑开挖时，锁口梁会产生较大的水平位移，沉降观测周期应较短，一般每隔1～2天观测一次；浇筑地下室底板后，可每隔3～4天观测一次，至支护结构变形稳定。当出现暴雨、管涌或变形急剧增大时，要严密观测。

建筑物主体结构施工阶段的观测应随施工进度及时进行。一般建筑可在基础完工后或地下室砌完后开始观测，大型、高层建筑可在基础垫层或基础底部完成后开始观测。观测次数与间隔时间应视地基与加荷情况而定。民用建筑可每加高1～5层观测一次；工业建筑可按不同施工阶段(如回填基坑、安装柱子和屋架、砌筑墙体及设备安装等)分别进行观测。如建筑物均匀增高，应至少在增加荷载的25％、50％、75％和100％时各测一次。施工过程中如暂时停工，在停工时及重新开工时应各观测一次。停工期间可每隔2～3个月观测一次。

建筑物使用阶段的观测次数应视地基土类型和沉降速度大小而定。除有特殊要求者外，一般情况下可在第一年观测3～5次，第二年观测2～3次，第三年后每年1次，直至稳定为止。观测期限一般不少于如下规定：砂土地基2年，膨胀土地基3年，黏土地基5年，软土地基10年。

在观测过程中，如有基础附近地面荷载突然增减、基础四周大量积水、长时间连续降雨等情况，均应及时增加观测次数。当建筑物突然发生大量沉降、不均匀沉降或严重裂缝时，应立即进行逐日或几天一次的连续观测。

沉降是否进入稳定阶段，应由沉降量与时间关系曲线判定。对重点观测和科研观测工程，若最后3个周期观测中每周期沉降量不大于$2\sqrt{2}$倍测量中误差，可认为已进入稳定阶段。一般观测工程，若沉降速度小于(0.01～0.04)mm/d，可认为已进入稳定阶段，具体取值宜根据各地区地基土的压缩性确定。

2. 沉降观测方法

沉降观察点首次观测的高程值是以后各次观测用以比较的依据，如果首次观测的高程精度不够或存在错误，不仅无法补测，而且会造成沉降观测的矛盾现象。因此，必须提高初测精度，应在同期进行两次观测后取平均值。

沉降观测的水准路线(从一个水准基点到另一个水准基点)应形成闭合线路。与一般水准测量相比，不同的是视线长度较短，一般不大于25m，一次安置仪器可以有几个前视点。

每次观测应记载施工进度、增加荷载量、仓库进货吨位、气象及建筑物倾斜裂缝等各种影响沉降变化和异常的情况。

3. 沉降观测的成果整理

1) 整理原始记录

每次观测结束后，应检查记录的数据和计算是否正确，精度是否合格，然后调整高差闭合差，推算出各沉降观测点的高程，并填入《沉降观测记录表》(表9-4)中。

2) 计算沉降量

沉降量的计算内容和方法如下。

(1) 计算各沉降观测点的本次沉降量。

沉降观测点的本次沉降量＝本次观测所得的高程－上次观测所得的高程　　　（9－1）

（2）计算累积沉降量。

累积沉降量＝本次沉降量＋上次累积沉降量　　　　　（9－2）

将计算出的沉降观测点本次沉降量、累积沉降量和观测日期、荷载情况等记入《沉降观测记录表》中（表9－4）。

表9－4　沉降观测记录表

观测次数	观测时间	各观测点的沉降情况						...	施工进展情况	荷载情况/(t/m²)
		1			2			...		
		高程/m	本次下沉/mm	累积下沉/mm	高程/m	本次下沉/mm	累积下沉/mm	...		
1	2001.01.10	50.454	0	0	50.473	0	0	...	一层平口	
2	2001.02.23	50.448	−6	−6	50.467	−6	−6	...	三层平口	40
3	2001.03.16	50.443	−5	−11	50.462	−5	−11	...	五层平口	60
4	2001.04.14	50.440	−3	−14	50.459	−3	−14	...	七层平口	70
5	2001.05.14	50.438	−2	−16	50.456	−3	−17	...	九层平口	80
6	2001.06.04	50.434	−4	−20	50.452	−4	−21	...	主体完	110
7	2001.08.30	50.429	−5	−25	50.447	−5	−26	...	竣工	
8	2001.11.06	50.425	−4	−29	50.445	−2	−28	...	使用	
9	2002.02.28	50.423	−2	−31	50.444	−1	−29	...		
10	2002.05.06	50.422	−1	−32	50.443	−1	−30	...		
11	2002.08.05	50.421	−1	−33	50.443	0	−30	...		
12	2002.12.25	50.421	0	−33	50.443	0	−30	...		

注：水准点的高程　BM₁：49.538mm；BM₂：50.123mm；BM₃：49.776mm

3）绘制沉降曲线

如图9.2所示为沉降曲线图，沉降曲线分为两部分，即时间与沉降量关系曲线和时间与荷载关系曲线。

（1）绘制时间与沉降量关系曲线。首先，以沉降量 s 为纵轴，以时间 t 为横轴，组成直角坐标系。然后，以每次累积沉降量为纵坐标，以每次观测日期为横坐标，标出沉降观测点的位置。最后，用曲线将标出的各点连接起来，并在曲线的一端注明沉降观测点号码，这样就绘制出时间与沉降量关系曲线，如图9.2所示。

（2）绘制时间与荷载关系曲线。首先，以荷载 P 为纵轴，以时间 t 为横轴，组成直角坐标系。再根据每次观测时间和相应的荷载标出各点，将各点连接起来，即可绘制出时间与荷载关系曲线，如图9.2所示。

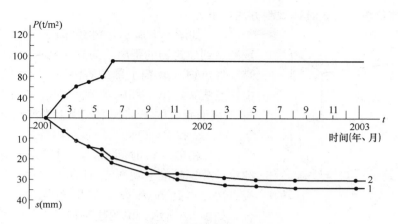

图 9.2 沉降曲线图

对观测成果的综合分析评价是沉降监测一项十分重要的工作。在深基坑开挖阶段，引起沉降的原因主要是支护结构产生大的水平位移和地下水位降低。沉降发生的时间往往比水平位移发生的时间滞后 2～7 天。地下水位降低会较快地引发周边地面大幅度沉降。在建筑物主体施工中，引起其沉降异常的因素较为复杂，如勘察提供的地基承载力过高，导致地基剪切破坏；施工中人工降水或建筑物使用后大量抽取地下水；地质土层不均匀或地基土层厚薄不均，压缩变形差大；设计错误或打桩方法、工艺不当等都可能导致建筑物异常沉降。

由于观测存在误差，有时会使沉降量出现正值，应正确分析原因。判断沉降是否稳定，通常当 3 个观测周期的累计沉降量小于观测精度时，可作为沉降稳定的限值。

🕐 **特别提示**

为了提高观测精度，应采用"四固定"的方法：即固定的人员，固定的仪器和尺子，固定的水准点，固定的施测路线与方法。沉降观测点的观测方法和技术要求与基准点施测要求相同。为保证观测精度，观测时前、后视宜使用同一根水准尺，前、后视距尽量相等。观测时仪器应避免安置在有空压机、搅拌机、卷扬机等振动影响的范围内，塔式起重机等施工机械附近也不宜设站。

9.3 建筑物的倾斜观测

9.3.1 一般建筑物主体的倾斜观测

建筑物主体的倾斜观测，应测定建筑物顶部观测点相对于底部观测点的偏移值，再根据建筑物的高度，计算建筑物主体的倾斜度，即

$$i = \tan\alpha = \frac{\Delta D}{H} \tag{9-3}$$

式中，i 为建筑物主体的倾斜度；ΔD 为建筑物顶部观测点相对于底部观测点的偏移值（m）；H 为建筑物的高度（m）；α 为倾斜角（°）。

由式（9-3）可知，倾斜测量主要是测定建筑物主体的偏移值 ΔD。偏移值 ΔD 的测定

一般采用经纬仪投影法，具体观测方法如下。

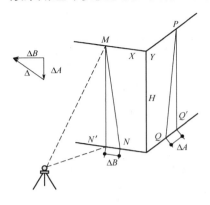

图9.3　一般建筑物主体的倾斜观测

(1) 如图 9.3 所示，将经纬仪安置在固定测站上，该测站到建筑物的距离，为建筑物高度的 1.5 倍以上。瞄准建筑物 X 墙面上部的观测点 M，用盘左、盘右分中投点法，定出下部的观测点 N。用同样的方法，在与 X 墙面垂直的 Y 墙面上定出上观测点 P 和下观测点 Q。M、N 和 P、Q 即为所设观测标志。

(2) 相隔一段时间后，在原固定测站上，安置经纬仪，分别瞄准上观测点 M 和 P，用盘左、盘右分中投点法，得到 N' 和 Q'。如果 N 与 N'、Q 与 Q' 不重合，如图9.3所示，说明建筑物发生了倾斜。

(3) 用尺子，量出在 X、Y 墙面的偏移值 ΔA、ΔB，然后用矢量相加的方法，计算出该建筑物的总偏移值 ΔD，即

$$\Delta D = \sqrt{\Delta A^2 + \Delta B^2} \tag{9-4}$$

根据总偏移值 ΔD 和建筑物的高度 H 用式(9-3)即可计算出其倾斜度 i。

9.3.2　圆形建(构)筑物主体的倾斜观测

对圆形建(构)筑物的倾斜观测，是在互相垂直的两个方向上，测定其顶部中心对底部中心的偏移值，具体观测方法如下。

(1) 如图 9.4 所示，在烟囱底部横放一根标尺，在标尺中垂线方向上，安置经纬仪，经纬仪到烟囱的距离为烟囱高度的 1.5 倍。

(2) 用望远镜将烟囱顶部边缘两点 A、A' 及底部边缘两点 B、B' 分别投到标尺上，得出读数为 y_1、y_1' 及 y_2、y_2'，如图 9.4 所示。烟囱顶部中心 O 对底部中心 O' 在 y 方向上的偏移值 Δy 为

$$\Delta y = \frac{y_1 + y_1'}{2} - \frac{y_2 + y_2'}{2} \tag{9-5}$$

(3) 用同样的方法，可测得在 x 方向上，顶部中心 O 的偏移值 Δx 为

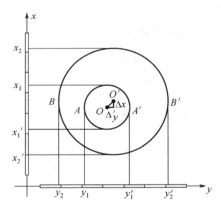

图9.4　圆形建筑的倾斜观测

$$\Delta x = \frac{x_1 + x_1'}{2} - \frac{x_2 + x_2'}{2} \tag{9-6}$$

(4) 用矢量相加的方法，计算出顶部中心 O 对底部中心 O' 的总偏移值 ΔD，即

$$\Delta D = \sqrt{\Delta x^2 + \Delta y^2} \tag{9-7}$$

根据总偏移值 ΔD 和圆形建(构)筑物的高度 H 用式(9-3)即可计算出其倾斜度 i。另外，也可采用激光铅垂仪或悬吊垂球的方法，直接测定建(构)筑物的倾斜量。

9.3.3　倾斜仪观测

倾斜仪一般能连续读数、自动记录和数字传输，又有较高的精度，故在倾斜观测中应用较多。常见的倾斜仪有水管式倾斜仪、水平摆倾斜仪、气泡式倾斜仪和电子倾斜仪 4 种，下面仅以气泡式倾斜仪为例进行简单介绍。

如图 9.5 所示，气泡式倾斜仪由一个高灵敏度的气泡水准管 e 和一套精密的测微器组成，测微器中包括测微杆 g、读数盘 h 和指标 k。气泡管水准管 e 固定在支架 a 上，a 可绕 d 点转动。a 下装一弹簧片 d，在底板 b 下为置放装置 m。将倾斜仪安置在需要的位置上，转动读数盘，使测微杆向上（向下）移动，直至管水准器气泡居中为止。此时在读数盘上读数，即可得出该处的倾斜度。

我国制造的气泡式倾斜仪灵敏度为 $2''$，总的观测范围为 $1°$。气泡式倾斜仪适用于观测较大的倾斜角或量测局部地区的变形，例如测定设备基础和平台的倾斜。

为了实现倾斜观测的自动化，可采用如图 9.6 所示的电子水准器。它是在普通的玻璃管水准器的上、下方装 3 个电极——1、2、3，形成差动电容器。电子水准器的工作原理是当玻璃管水准器倾斜时，气泡向旁边移动，介电常数发生变化，引起桥路两臂的电抗发生变化，因而桥路失去平衡，可用测量装置将其记录下来。这种电子水准器可固定地安置在建筑物或设备的适当位置上，能自动地进行动态的倾斜观测。当测量范围在 $200''$ 以内时，测定倾斜值的中误差在 $\pm 0.2''$ 以下。

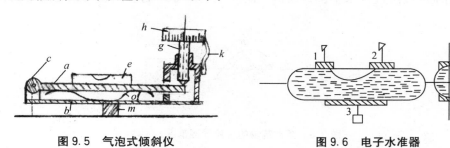

图9.5　气泡式倾斜仪　　　　　　图9.6　电子水准器

9.4　建筑物的裂缝与位移观测

9.4.1　建筑物的裂缝观测

当建筑物出现裂缝之后，应及时进行裂缝观测。常用的裂缝观测方法有以下两种。

1. 石膏板标志

用厚 10mm，宽 50~80mm 的石膏板（长度视裂缝大小而定），固定在裂缝的两侧。当裂缝继续发展时，石膏板也随之开裂，从而观察裂缝继续发展的情况。

2. 白铁皮标志

如图 9.7 所示，用两块白铁皮，一片取 150mm×150mm 的正方形，固定在裂缝的一侧。另一片为 50mm×200mm 的矩形，固定在裂缝的另一侧，使两块白铁皮的边缘相互平行，并使其中的一部分重叠。在两块白铁皮的表面，涂上红色油漆。如果裂缝继续发展，两块白铁皮将逐渐拉开，露出正方形上原被覆盖没有油漆的部分，其宽度即为裂缝加大的宽度。定期分别量取两组端线与边线之间的距离，取其平均值，即为裂缝扩大的宽度，连同观测时间一并记入手簿内。此外，还应观测裂缝的走向和长度等项目。

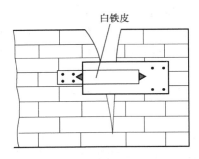

图 9.7　建筑物的裂缝观测

9.4.2　建筑物的位移观测

根据平面控制点测定建筑物的平面位置随时间而移动的大小及方向，称为位移观测。位移观测首先要在建筑物附近埋设测量控制点，再在建筑物上设置位移观测点。

某些建筑物只要求测定某特定方向上的位移量，如大坝在水压力方向上的位移量，这种情况可采用基准线法进行水平位移观测。图 9.8 是用导线测量法查明某建筑物的位移情况。

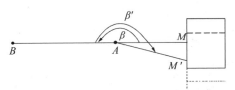

图 9.8　某建筑物的位移观测情况

观测时，先在位移方向的垂直方向上建立一条基准线，A、B 为施工中平面控制点，M 为在墙上设立的观测标志，用经纬仪测量 $\angle BAM = \beta$，视线方向大致垂直于厂房位移的方向。若厂房有平面位移 MM'，则测得 $\angle BAM' = \beta'$，设 $\Delta\beta = \beta' - \beta$，则位移量 MM' 按式（9-8）计算。

$$MM' = AM \frac{\Delta\beta}{\rho''} \qquad (9-8)$$

9.5　竣工总平面图的编绘

9.5.1　竣工测量

建（构）筑物竣工验收时进行的测量工作，称为竣工测量。

为做好竣工总平面图的编制工作，应随着工程施工进度，同步记载施工资料，并根据实际情况，在竣工时，进行竣工测量。竣工测量主要是对施工过程中设计有更改的部分、直接在现场指定施工的部分以及资料不完整无法查对的部分，根据施工控制网进行现场实测或加以补测。

在每一个单项工程完成后，必须由施工单位进行竣工测量，并提出该工程的竣工测量成果，作为编绘竣工总平面图的依据。

1. 竣工测量的内容

（1）工业厂房及一般建筑物。测定各房角坐标、几何尺寸，各种管线进出口的位置和高程，室内地坪及房角标高，并附注房屋结构层数、面积和竣工时间。

（2）地下管线。测定检修井、转折点、起终点的坐标，井盖、井底、沟槽和管顶等的高程，附注管道及检修井的编号、名称、管径、管材、间距、坡度和流向。

（3）架空管线。测定转折点、结点、交叉点和支点的坐标，支架间距、基础面标高等。

（4）交通线路。测定线路起终点、转折点和交叉点的坐标，曲线元素，路面、人行道、绿化带界线等。

（5）特种构筑物。测定沉淀池、烟囱等的外形和四角坐标、圆形构筑物的中心坐标，基础面标高，构筑物的高度或深度等。

（6）室外场地。测定围墙各个界址点坐标、绿化带边界等。

2. 竣工测量的方法与特点

竣工测量的基本测量方法与地形测量相似，区别在于以下几点：图根控制点的密度要大于地形测量图根控制点的密度；竣工测量的测量精度较高，地形测量的测量精度要求满足图解精度，而竣工测量的测量精度一般要满足解析精度，应精确至厘米；竣工测量的内容更丰富，不仅测地面的地物和地貌，还要测地下各种隐蔽工程，如上、下水及热力管线等。

9.5.2　编制竣工总平面图的目的

建设工程项目竣工后，应编绘竣工总平面图。竣工总平面图是设计总平面图在施工后实际情况的全面反映，工业与民用建筑工程是根据设计总平面图施工的。在施工过程中，由于种种原因，使建（构）筑物竣工后的位置与原设计位置不完全一致，所以，设计总平面图不能完全代替竣工总平面图。

编制竣工总平面图的目的是为了将主要建（构）筑物、道路和地下管线等位置的工程实际状况进行记录再现，为工程交付使用后的查询、管理、检修、改建或扩建等提供实际资料，为工程验收提供依据。

竣工总平面图的编绘包括竣工测量和资料编绘两方面内容。

9.5.3　竣工总平面图的编绘方法和整饰

竣工总平面图的内容主要包括测量控制点、厂房辅助设施、生活福利设施、架空及地下管线、道路的转向点、建筑物或构筑物的坐标（或尺寸）和高程，以及预留空地区域的地形。

竣工总平面图一般尽可能编绘在一张图纸上，但对较复杂的工程可能会使图面线条太密集，不便识图，这时可分类编图，如房屋建筑竣工总平面图，道路及管网竣工总平面图等。

编绘竣工总平面图时需收集的资料有设计总平面图、单位工程平面图、纵横断面图、施工图及施工说明、系统工程平面图、纵横断面图及变更设计的资料、更改设计的图纸、数据、资料（包括设计变更通知单）、施工放样资料、施工检查测量及竣工测量资料等。如果施工单位较多，多次转手，造成竣工测量资料不全，图面不完整或现场情况不符时，只好进行实地施测，再编绘竣工总平面图。

1. 竣工总平面图的编绘方法

（1）在图纸上绘制坐标方格网。绘制坐标方格网的方法、精度要求，与地形测量绘制坐标方格网的方法、精度要求相同。比例尺一般采用1：1000，如不能清楚地表示某些特别密集的地区，也可局部采用1：500的比例尺。

（2）展绘控制点。坐标方格网画好后，将施工控制点按坐标值展绘在图纸上。展点对所临近的方格而言，其容许误差为±0.3mm。

（3）展绘设计总平面图。根据坐标方格网，将设计总平面图的图面内容，按其设计坐标，用铅笔展绘于图纸上，作为底图。

（4）展绘竣工总平面图。对凡按设计坐标进行定位的工程，应以测量定位资料为依据，按设计坐标（或相对尺寸）和标高用红色数字在图上表示出设计数据。对原设计进行变更的工程，应根据设计变更资料展绘。对凡有竣工测量资料的工程，若竣工测量成果与设计值之比差，不超过所规定的定位容许误差时，按设计值展绘；否则，按竣工测量资料展绘。竣工测量成果用黑色展绘并将其坐标和高程注在图上。黑色与红色之差，即为施工与设计之差。

2. 竣工总平面图的整饰

（1）竣工总平面图的符号应与原设计图的符号一致。有关地形图的图例应使用国家地形图图示符号，原设计图没有的图例符号，可使用新的图例符号，但应符合现行总平面设计的有关规定。

（2）对于厂房应使用黑色墨线，绘出该工程的竣工位置，并应在图上注明工程名称、坐标、高程及有关说明。

（3）对于各种地上、地下管线，应用各种不同颜色的墨线，绘出其中心位置，并应在图上注明转折点及井位的坐标、高程及有关说明。

（4）对于没有进行设计变更的工程，用墨线绘出的竣工位置，与按设计原图用铅笔绘出的设计位置应重合，但其坐标及高程数据与设计值比较可能稍有出入。

随着工程的进展，逐渐在底图上将铅笔线都绘成墨线。对于直接在现场指定位置进行施工的工程、以固定地物定位施工的工程及多次变更设计而无法查对的工程等，只好进行现场实测，这样测绘出的竣工总平面图，称为实测竣工总平面图。

竣工总平面图编绘完成后，应经原设计及施工单位技术负责人审核、会签。

本 项 目 小 结

本项目主要内容包含建筑物产生变形的原因，变形观测的分类，变形测量的基本要求，高程控制与沉降观测方法，建筑物的倾斜观测方法，建筑物的裂缝与位移观测，竣工总平面图的编绘。

本项目的教学目标是使学生了解建筑物变形基本内容及竣工测量的基本知识。

习　题

一、填空题

1. 建筑物变形观测的分类是_____和_____。

2. 建筑物产生变形主要是_____和_____两方面的原因。

3. 建筑物变形观测就是通过_____地对观测点进行_____观测，从而求得其在两个观测周期内的变量。

4. 沉降观测的"四固定"是指_____、_____、_____和_____。

5. 竣工总平面图的编绘包括_____和_____两方面内容。

二、简答题

1. 建筑物产生变形的原因是什么？

2. 高程控制网点的布设有哪些要求？沉降观测点如何布设？

3. 变形观测的种类有哪些？

4. 简述沉降观测的操作程序。

5. 简述一般建筑物主体的倾斜观测的操作程序。

6. 为什么要进行竣工测量？竣工测量包括哪些内容？

三、计算题

测得某烟囱顶部中心坐标为 $x_0' = 2042.667\text{m}$，$y_0' = 3362.268\text{m}$，测得烟囱底部中心坐标为 $x_0 = 2044.326\text{m}$，$y_0 = 3360.157\text{m}$，已知烟囱高度为 50m，求它的倾斜度和倾斜方向。

项目 10

线路工程测量

✿ 学习目标

通过学习线路工程测量的知识，了解常见管线工程（道路、管道、桥梁和隧道）在勘测设计阶段、施工阶段及管理阶段所进行的测量工作，掌握各种施工测量方法。

✿ 学习要求

能力目标	知识要点	权重	自测分数
掌握道路施工测量方法	中线测量及道路施工测量方法	35%	
掌握管道施工测量方法	管道中线测量及施工测量方法	20%	
掌握桥梁施工测量方法	施工控制测量及墩台定位方法	30%	
了解隧道施工测量方法	施工控制测量及施工测量方法	15%	

✿ 学习重点

道路施工、管道施工、桥梁施工和隧道施工测量的方法

✿ 最新标准

《公路桥涵施工技术规范》（JTG/T F50—2011）；《工程测量规范》（GB 50026—2007）

近年我国在道路方面的投资相当大，特别是高速铁路和高速公路方面的投入。新农村建设也以逐步展开，道路桥梁工程越来越多，因此，学好这部分内容对将来的就业是很有用的。在这一项目里，主要介绍道路施工测量、管道施工测量和桥涵施工测量。

10.1 道路施工测量

10.1.1 概述

道路是陆地交通的主要设施，它是由路、桥、涵、隧洞、安全设施、导流建筑、交通标志及其他附属工程所组成的。

为了在一定标准的要求下，使道路所经行的路线最短，建造费用最省，其建设过程通常要经过多方面的分析和比较，以求最优。因此，要经过道路选线、路线测设、纵横断面测量、施工设计、道路施工等各个阶段。为了满足各个阶段的要求，需要进行相应的测量工作，提供相应的测绘资料。

城镇建设中的线路工程主要有铁路、公路、供水明渠、电力输电线路、通信线路及各种用途的管道工程等。这些工程的主体一般在地面上，但也有在地下或悬在空中的，如地下管道、地下铁道、架空索道和架空输电线路等。各种管线工程在勘测设计和施工管理阶段所进行的测量工作统称为线路工程测量，简称线路测量。

道路勘测一般分为初测和定测两个阶段。初测和定测工作称为路线勘测设计测量。

1. 初测

1）初测的任务

初测阶段的任务：沿着设计线路在指定的范围内布设导线或进行控制测量，测量各个方案的沿线带状地形图和纵断面图，收集沿线的水文、地质等有关资料，为纸上定线、编制比较方案及初步设计提供依据。

2）初测的方法

（1）纸上定线法。在《公路勘测规范》（JTG C10—2007)中将先测绘大比例尺地形图，然后在地形图上选定线路方案的方法，称为纸上定线法。

（2）现场定线法。采用现场直接测量路线导线或中线，然后以测绘的地形图等确定路线方位的方法，称为现场定线法。现场定线法主要用于受地形条件限制或地形条件、设计方案比较简单的路线。

线路地形图的比例尺一般为 1∶5000～1∶2000，其测绘宽度，当采用纸上定线法初测时，线路中线两侧应各测 200～400m；当采用现场定线法初测时，线路中线两侧应各测 150～200m。高速公路和一级公路采用分离式路基时，地形图测绘宽度应覆盖两条分离路线及中间带的全部地形；当两条路线相距很远或中间地带为河流与高山时，中间带的地形可以不测。

2. 定测

1）定测的任务

定测的任务：在选定设计方案的线路上进行中线、曲线、高程及纵横断面等测量，并进一步收集有关的资料，为线路的纵坡设计、工程量计算等有关施工技术文件的编制提供资料。

2）定测的方法

通过定线可以在地形图上选定路线的曲线与直线位置、定出交点、计算坐标和转角、拟定平面曲线要素、计算路线的连续里程，然后将设计的交点位置在实地标定出来。当相邻两交点互不通视或直线距离较长时，需要在其连线上测定一个或几个转点，以便在交点测量转角及直线距离测量时作为照准和定线的目标。

高速公路和一级公路采用分离式路基时，地形图测绘宽度应覆盖两条分离路线及中间带的全部地形；当两条路线相距很远或中间带为大河与高山时，中间地带的地形可不测。

10.1.2 中线测量

中线测量的任务是根据线路设计的平面位置，将线路中心线测设在实地上。中线

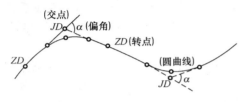

图 10.1 线路的中线

的平面几何线形由直线段和曲线段组成，其中曲线段一般为某曲率半径的圆弧，如图 10.1 所示。

铁路和高等级公路在直线段和圆曲线段之间还应插入一段缓和曲线，其曲率半径由无穷大逐渐变化为所接圆曲线的曲率半径，以提高行车的稳定性。

中线测量的主要任务是：测设线路中线的交点（JD）和转点（ZD）、量距和钉桩、测量交点上的转角（α）、测设曲线等内容。

1. 交点与转点的测设

1）交点的测设

线路转折点又称交点，工程上用 JD 表示，它是中线测量的控制点。对于低等级公路，在地形条件不复杂时，一般根据技术标准，结合地形、地貌等条件，直接在现场标定交点；对于高等级公路或地形复杂的地段，则先在实地布设导线，测绘大比例尺带状地形图，经方案比较后在图上定出路线，然后采用穿线交点法或拨角法将交点标定在地面上。

（1）根据中心线与相邻地物的关系测设交点。如图 10.2 所示，交点 JD_{10} 的位置已经在地形图上选定，在图上量得该点距离两房角和电线杆的距离分别为 29.81m、10.53m 和 18.45m，在现场用距离交会法测设 JD_{10}。

（2）根据导线点测设交点。根据导线点的测量坐标和交点的设计坐标，计算出交点的测设数据，即交点到相邻导线点的水平距离和方位角（或水平角），用极坐标法、距离交会法或角度交会法测设交点，如图 10.3 所示。根据导线点 C_4、C_5 和 JD_{10} 3 点的坐标，计算出导线边的方位角 $\alpha_{4,5}$ 和 C_4 至 JD_{10} 的水平距离 D 和方位角 α，用极坐标法测设 JD_{10}。

（3）穿线法测设交点。穿线法测设交点就是利用图上附近的导线点或地物点与纸上定线的直线段之间的角度和距离关系，用图解法求出测设数据，通过实地的导线点或地物点，把中线的直线段独立地测设到地面上，然后将相邻直线延长相交，定出地面交点桩的位置，测设程序如下。

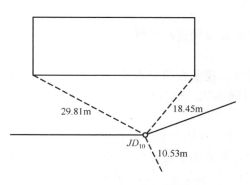

图 10.2 根据地物测设交点

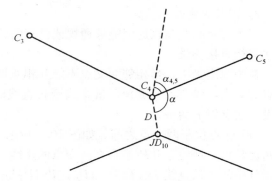

图 10.3 根据导线点测设交点

① 放点。放点常用的方法有极坐标法和支距法。

极坐标法放点：如图 10.4 所示，$P_1 \sim P_4$ 为纸上定线的某直线段欲放的临时点。在图上以最近的 4、5 号导线点为依据，用量角器和比例尺分别量出放样数据 β_1、l_1、β_2、l_2 等。并在实地上用经纬仪和皮尺分别在 4、5 点按极坐标法定出各临时点的位置。

支距法放点：如图 10.5 所示，在图上从导线点 14、15、16、17 作导线边的垂线，分别与中线相交得各临时点，用比例尺量取各相应的支距 $l_1 \sim l_4$。在现场以相应导线点为垂足，用方向架标定垂线方向，按支距测设出相应的各临时点 P_1、P_2、P_3、P_4。

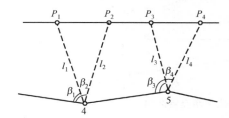

图 10.4 极坐标放点

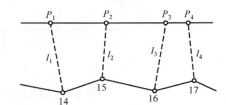

图 10.5 支距法放点

② 穿线。放出的临时各点理论上应在一条直线上，由于图解数据和测设工作均存在误差，实际上并不严格在一条直线上，如图 10.6(a)所示。在这种情况下可根据现场实际情况，采用目估法穿线或经纬仪视准法穿线，目的是通过比较和选择，定出一条尽可能多地穿过或靠近临时点的直线 AB。最后在 AB 或其方向上打下两个以上的转点桩，取消临时点桩。

③ 交点。如图 10.6(b)所示，当两条相交的直线 AB、CD 在地面上确定后，可进行交点。将经纬仪置于 B 点瞄准 A 点，倒镜，在视线上接近交点 JD 的概略位置前后打下两桩(骑马桩)。采用正倒镜分中法在该两桩上定出 a、b 两点，并钉以小钉，挂上细线。仪器搬至 C 点，同法定出 c、d 点，挂上细线，两细线的相交处打下木桩，并钉以小钉，得到 JD 点。

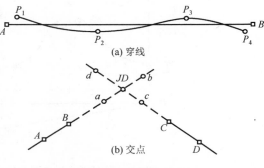

图 10.6 穿线与交点

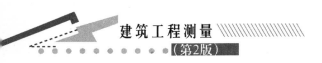
2) 转点的测设

当两交点间距离较远但能够通视或已有的转点需要加密时，可以采用经纬仪正倒镜分中法进行直接测设。

在中线测量中，当相邻两交点不能互相通视时，需要在两交点连线或延长线上，测定一点或数点，供交点、测角、量距或延长直线时瞄准用，这样的点称为转点（ZD）。转点测设方法有以下两种。

（1）转点位于两交点之间。如图 10.7 所示，IP_8、IP_9 为互不通视的相邻两交点，TP' 为初定转点。现检查 TP' 是否在两交点的连线上，其方法是将经纬仪安置于 TP' 处，用正倒镜分中法延长直线 $IP_8 TP'$ 于 IP_9，若 IP_9' 与 IP_9 重合或偏差 d 在路线允许移动范围内，则转点位置即为初定转点 TP'，并将 IP_9 移至 IP_9'。若偏差 d 超过允许范围或 IP_9 不许移动时，则需重新设置转点。设 e 为 TP' 应横移的距离。a、b 分别为用视距法测定的 $IP_8 TP'$ 和 $TP' IP_9$ 的距离，则

$$e = ad/(a+b) \tag{10-1}$$

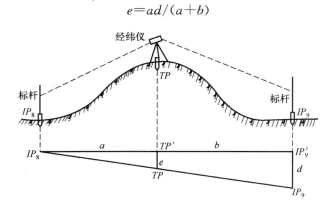

图 10.7 转点测设（转点位于两交点之间）

将 TP' 沿与偏差 d 相反的方向移动 e 至 TP，然后将仪器移至 TP，延长直线 $IP_8 TP$，看其是否通过交点 IP_9 或偏差值是否在允许范围内。否则再重新设置转点，直至符合要求为止。

（2）转点位于两交点之外。如图 10.8 所示，IP_{16}、IP_{17} 互不通视。TP' 为两交点延长

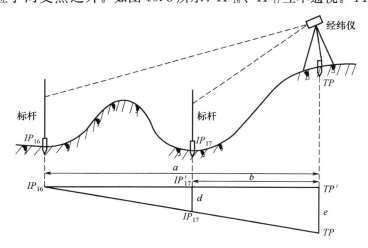

图 10.8 转点测设（转点位于两交点之外）

线上的初定转点。将经纬仪安置于 TP' 处,盘左照准 IP_{16},并俯视 IP_{17} 得一点;盘右又照准 IP_{16},并俯视 IP_{17} 得另一点,取两点的中点为 IP'_{17}。若 IP'_{17} 与 IP_{17} 重合或偏差值 d 在容许范围内,即可将 IP'_{17} 作为交点,否则应调整 TP' 的位置,设 e 为 TP' 需横移的距离,a、b 分别为 $IP_{16}TP'$、$IP_{17}TP'$ 的距离,则

$$e=ad/(a-b) \tag{10-2}$$

将 TP' 沿与 d 相反的方向移动 e,即可得转点 TP。然后将仪器移至 TP,重复上述过程,直至 d 值小于或等于容许值为止,并标出转点位置。

2. 转角的测设

在线路交点上,要根据交点前后的转点测设线路的转向角,即转角。

测设好中线交点桩后,还应测出线路在交点处的偏转角(转向角),以便测设曲线。偏转角是线路中线在交点处由一个方向转到另一个方向时,转变后的方向与原方向延长线的夹角,用 α 表示,如图 10.9 所示。当偏转后的方向位于原方向左侧时,为左转角,记为 $\alpha_左$;当偏转后的方向位于原方向右侧时,为右转角,记为 $\alpha_右$。

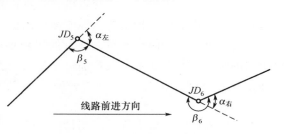

图 10.9　线路转向角

一般是通过观测线路右侧的水平角月来计算出偏转角。观测时,将 6″级经纬仪安置在交点上,用测回法观测一个测回,取盘左、盘右的平均值,得到水平角 β。当 $\beta>180°$ 时为左转角,当 $\beta<180°$ 时为右转角。左转角和右转角的计算式分别为

$$\alpha_左=\beta-180° \tag{10-3}$$
$$\alpha_右=180°-\beta \tag{10-4}$$

《公路勘测规范》规定:高速公路、一级公路应使用精度不低于 6″级经纬仪,采用方向观测法用一个测回测量右角 β。两个半测回间应变动度盘位置,角度限差为 $\pm20″$,取其平均值,并取位至 1″;二级及二级以下公路角度限差为 $\pm60″$,取其平均值,并取位至 30″。

测定偏转角 β 后,在不变动水平度盘位置的情况下,定出该测角 β 的分角线方向,以便于测设圆曲线中点 QZ。

3. 里程桩的设置

为了测定线路的长度和中线的位置,在线路进行中线测设时,除了要测设中线上的交点和转点(也称关系加桩)以外,由线路起点开始,沿中线方向每隔一定距离钉设一个里程桩,还要测设里程桩。

里程桩也称中桩,它标定了中线的平面位置和里程,是线路纵、横断面的施测依据。里程桩是从路线起点开始,边丈量边设置。丈量工具通常使用钢尺或皮尺。

里程桩分为整桩和加桩两种。桩上一般写有桩号(也称里程),表示该桩距路线起点的里程,如某桩点距线路起点的距离为 5356.78m,则它的桩号应写为 k5+356.78,桩号中"+"号前面为公里数,"+"号后面为米数。线路起点的桩号为 k0+000。

1)整桩

整桩是按规定桩距每隔一定距离设置桩号为整数的里程桩,百米桩和公里桩均属于整

桩。通常是直线段的桩距较大，宜为 20～50m，根据地形变化确定；而曲线段的桩距较小，宜为 5～20m，按曲线半径和长度选定。

2）加桩

加桩分为地形加桩、地物加桩、曲线加桩和关系加桩。地形加桩是沿中线地面起伏突变处和中线两侧地形变化较大处所设置的里程桩；地物加桩是在中线上桥梁、涵洞等人工构筑物（桥梁、涵洞等）处，以及与公路、铁路、渠道、高压线等相交处所设置的里程桩。曲线加桩是在曲线的起点、中点、终点和细部设置的桩。关系加桩是指在路线转点和交点上设置的桩。

对于一般整桩、加桩和曲线桩的构造，桩顶断面为 6cm×6cm 的方桩，在桩顶钉以中心钉；对钉设一些主要桩，如交点桩、转点桩和曲线的主点桩时，顶露出地面约 2cm，并在其旁边钉一指示桩，指示桩上标明该桩的桩名和里程。

曲线加桩，是指曲线主点上设置的里程桩，如圆曲线中的曲线起点、中点、终点等。曲线加桩要求计算至厘米。关系加桩是指路线上的交点桩，一般量至厘米为止。对于曲线加桩和关系加桩，在书写里程时，应先写其缩写名称如"ZYk5＋125.65"、"JDk8＋598.52"等。

测设里程桩时，按工程的不同精度要求，可用经纬仪法或目测法确定中线方向，然后依次沿中线方向按设计间隔量距打桩。量距时可使用电磁波测距仪或经检定过的钢尺量距，精度要求较低的线路工程可用视距法量距。对于市政工程，线路中线桩位与曲线测设的精度要求应符合表 10-1 的规定。

表 10-1　线路中线桩位与曲线测设的限差

线段类别		主 要 线 路	次 要 线 路	山 地 线 路
直线	纵向相对误差	1/2000	1/1000	1/500
	横向偏差（cm）	2.5	5	10
曲线	纵向相对闭合差	1/2000	1/1000	1/500
	横向闭合差（cm）	5	7.5	10

线路交点、转点和转角测定之后，可进行实地量距，标定中线位置，即测设里程桩。量距可用光电测距仪或钢尺进行。每个里程桩上都写有桩号，表示该桩至线路起点的距离。如某桩号为 5＋369.88，即表示该桩距离线路起点为 5km＋369.88m。

10.1.3　圆曲线的测设

当线路由一个方向转向另一个方向时，必须用曲线来连接。曲线的形式较多，其中，圆曲线是最基本的平面连接曲线，如图 10.10 所示。圆曲线半径 R 根据地形和工程要求按设计选定，由转角 α 和圆曲线半径 R（α 根据所测转角计算得到，R 则根据地形条件和工程要求在线路设计时选定），可以计算出图中其他各测设元素值。

圆曲线的测设分两步进行，先测设曲线上起控制作用的主点（ZY，QZ，YZ），称为主点测设，然后以主点为基础，详细测设其他里程桩，称为详细测设，下面进行分述。

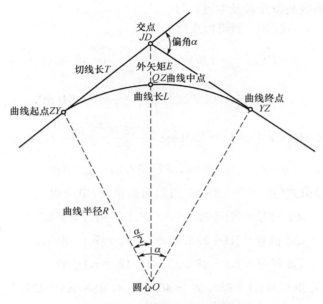

图 10.10　圆曲线的主点及测设元素

1. 主点测设

1) 主点测设元素的计算

为测设圆曲线的主点：曲线起点(也称直圆点 ZY)、曲线中点(也称曲中点 QZ)、曲线终点(也称圆直点 YZ)的需要，应先计算出曲线的切线长 T、曲线长 L、外矢距 E 和切曲差 q，这些元素称为主点的测设元素。根据图 10.10 可以写出其如下计算公式。

$$T = R\tan\frac{\alpha}{2} \tag{10-5}$$

$$L = R\alpha\frac{\pi}{180} \tag{10-6}$$

$$E = R\left(\sec\frac{\alpha}{2} - 1\right) \tag{10-7}$$

$$q = 2T - L \tag{10-8}$$

式中，转角 α 以度(°)为单位。

2) 主点桩号的计算

曲线主点的桩号 ZY、QZ、YZ 是根据 JD 桩号和曲线测设元素计算的，计算公式如下所示。

$$ZY 桩号 = JD 桩号 - T \tag{10-9}$$

$$QZ 桩号 = ZY 桩号 + \frac{L}{2} \tag{10-10}$$

$$YZ 桩号 = QZ 桩号 + \frac{L}{2} \tag{10-11}$$

$$YZ 桩号 = JD 桩号 + T - q \tag{10-12}$$

【**例 10-1**】　某线路交点 JD 桩号为 $K1+385.50m$，转角 $\alpha = 42°25'00''$，设计圆曲线

半径 $R=120$m，求曲线测设元素及主点桩号。

解：由式(10-5)～式(10-8)可以求得

$$T=R\tan\frac{\alpha}{2}=120\times\tan\frac{42°25'00''}{2}=46.57\text{(m)}$$

$$L=R\alpha\frac{\pi}{180°}=120\times\frac{42°25'00''}{180°}\pi=88.84\text{(m)}$$

$$E=R\left(\sec\frac{\alpha}{2}-1\right)=120\left(\sec\frac{42°25'00''}{2}-1\right)=8.72\text{(m)}$$

$$q=2T-L=2\times46.57-88.84=4.30\text{(m)}$$

曲线主点的桩号由式(10-9)～式(10-12)可以求得(单位取至 cm)

$$ZY\text{桩号}=\text{K1}+385.50-46.57=\text{K1}+338.93$$

$$QZ\text{桩号}=\text{K1}+338.93+44.42=\text{K1}+383.35$$

$$YZ\text{桩号}=\text{K1}+383.35+44.42=\text{K1}+427.77$$

$$YZ\text{桩号}=\text{K1}+385.50+46.57-4.30=\text{K1}+427.77$$

3) 圆曲线主点的测设

(1) 测设曲线起点(ZY)。在 JD 点安置经纬仪，后视相邻交点或转点方向，自 JD 点沿视线方向量取切线长 T，打下曲线起点桩 ZY。

(2) 测设曲线终点(YZ)。经纬仪照准前视相邻交点或转点方向，自 JD 点沿视线方向量取切线长 T，打下曲线终点桩 YZ。

(3) 测设曲线中点(QZ)。经纬仪照准前视(后视)相邻交点或转点方向，向测设曲线方向旋转角 β 的一半，沿着视线方向量取外矢距 E，打下曲线中点桩 QZ。

2. 圆曲线的详细测设

当地形变化不大、曲线长度小于 40m 时，测设曲线的 3 个主点已能满足设计和施工的需要。如果曲线较长、地形复杂，则除了测定 3 个主点以外，还需要按照一定的桩距 l（一般为 20m、10m 和 5m），在曲线上测设整桩和加桩。测设曲线的整桩和加桩称为圆曲线的详细测设。圆曲线的详细测设方法很多，下面介绍两种常用的测设方法。

1) 偏角法

偏角法是一种极坐标定点的方法，它用偏角和弦长来测设圆曲线。

(1) 计算测设数据。如图 10.11 所示，圆曲线的偏角就是弦线和切线之间的夹角，以 δ 表示。为了计算和施工方便，把各细部点里程凑整，曲线可以分为首尾两段零头弧长 l_1、l_2 和中间几段相等的整弧

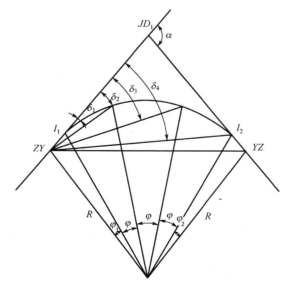

图 10.11 偏角法测设圆曲线

长 l 之和，即

$$L = l_1 + nl + l_2 \tag{10-13}$$

弧长 l_1、l_2，以及 l 所对的相应圆心角为 φ_1、φ_2 及 φ 可以按照下列公式计算。

$$\varphi_1 = \frac{180°}{\pi} \times \frac{l_1}{R} \tag{10-14}$$

$$\varphi_2 = \frac{180°}{\pi} \times \frac{l_2}{R} \tag{10-15}$$

$$\varphi = \frac{180°}{\pi} \times \frac{l}{R} \tag{10-16}$$

相对应弧长 l_1、l_2 及 l 的弦长，d_1、d_2、d 计算公式如下所示。

$$d_1 = 2R\sin\frac{\varphi_1}{2} \tag{10-17}$$

$$d_2 = 2R\sin\frac{\varphi_2}{2} \tag{10-18}$$

$$d = 2R\sin\frac{\varphi}{2} \tag{10-19}$$

曲线上各点的偏角等于相应弧长所对圆心角的一半，即
第 1 点的偏角

$$\delta_1 = \frac{\varphi_1}{2} \tag{10-20}$$

第 2 点的偏角

$$\delta_2 = \frac{\varphi_1}{2} + \frac{\varphi}{2} \tag{10-21}$$

第 3 点的偏角

$$\delta_3 = \frac{\varphi_1}{2} + \frac{\varphi}{2} + \frac{\varphi}{2} = \frac{\varphi_1}{2} + \varphi \tag{10-22}$$

……

终点 YZ 的偏角

$$\delta_r = \frac{\varphi_1}{2} + \frac{\varphi}{2} + \cdots + \frac{\varphi_2}{2} = \frac{a}{2} \tag{10-23}$$

(2) 测设方法。

① 将经纬仪安置在曲线起点 ZY 上，以 $0°00'00''$ 后视 JD_1。

② 松开照准部，置水平度盘读数为 1 点的偏角值 δ_1，在此方向上用钢尺量取弦长 d_1，钉桩 1 点。

③ 将角拨至 2 点的偏角值 δ_2，将钢尺零刻划对准 1 点，以弦长 d 为半径，在经纬仪的方向线上，定出 2 点。

④ 再将角拨至 3 点的偏角值 δ_3，将钢尺零刻划对准 2 点，以弦长 d 为半径，在经纬仪的方向线上，定出 3 点，其余以此类推。

⑤ 最后拨角到转角的一半处，视线应通过曲线终点 YZ。最后一个细部点到曲线终点的距离为 d_2，以此来检查测设的质量。

用偏角法测设曲线细部点时，常因障碍物挡住视线或距离太长而不能直接测设，如

图 10.12 所示。经纬仪在曲线起点 ZY 上测设出细部点 1、2、3 后，建筑物挡住了视线，这时可以把经纬仪移到 3 点，使其水平度盘为 0°0′00″ 处，用盘右后视 ZY 点，然后纵转望远镜，并使水平度盘对在 4 点的偏角值 δ_4 上，此时视线在 3 点至 4 点的方向上，量取弦长 d，即可定出 4 点。其余点依次类推。

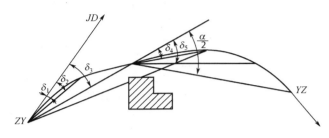

图 10.12 视线被遮挡住时的测设

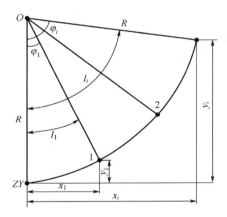

图 10.13 切线支距法测设圆曲线

2）切线支距法

切线支距法又称直角坐标法。它是以曲线的起点（ZY）或终点（YZ）为坐标原点，以该点切线为 x 轴，过原点的半径为 y 轴建立坐标系，如图 10.13 所示。根据曲线上各细部点的坐标（x，y），按直角坐标法测设点的位置。

（1）计算测设数据。如图 10.13 所示，圆曲线上任一点的坐标为

$$\varphi_i = \frac{180°}{\pi} \times \frac{l_i}{R} \qquad (10-24)$$

$$x_i = R\sin\varphi_i \qquad (10-25)$$

$$y_i = R(1-\cos\varphi_i) \qquad (10-26)$$

（2）测设方法。

① 在 ZY 点安置经纬仪，定出切线方向，沿视线方向分别量取 x_1，x_2，x_3，…，定出标定各点。

② 在标定的各点上安置经纬仪拨直角方向，分别量取支距 y_1，y_2，y_3，…，由此得到曲线上 1，2，3，…，各点的位置。

③ 曲线另一半也可以 YZ 为原点，用同样的方法测设。

④ 测量曲线上相邻点间的距离（弦长）与计算长度比较，以此作为测设工作的校核。

10.1.4 道路纵横断面测量

1. 纵断面测量

当线路的平面位置在实地测设以后，应测量出各个里程桩的高程，以便绘制出表示沿线起伏情况的断面图和进行线路纵向坡度、桥涵位置、隧道洞口位置的设计以及土方量的计算等。纵断面的测量是用水准测量的方法测出道路中线上各里程桩的高程，然后根据里程桩号和测出的相应点的高程，按一定比例绘制出线路纵断面图。

铁路、公路和管线等线形工程在勘测设计阶段进行的水准测量，称为线路水准测量。线路水准测量一般分为两个部分进行：一是在沿线每隔一定距离设置一水准点，并按四等水准测量的方法测定其高程，称为基平测量；二是根据基平测量的水准点高程按图根水准测量的要求测量线路中线上各个里程桩的高程，称为中平测量。

1）基平测量

（1）水准点的设置基平测量的水准点是线路水准测量的控制点，勘测设计阶段、施工阶段和运营阶段都要使用，因此一般点位选在线路沿线距离中心线 30～50m，不受施工影响，使用方便和易于保存的地方。水准点的密度也要适当，一般每隔 1～2km 一个，在桥涵、隧道等构筑物附近也要设置点位，作为施工引测高程的依据。

（2）基平测量在进行水准点高程测量时，首先应与国家高等级的水准点联测，以获得绝对高程，然后按四等水准测量的方法测定各水准点的高程。在沿线水准测量中应尽量与附近的国家水准点进行联测，以作为校核。

2）中平测量

中平测量也称为中桩水准测量，进行中平测量时应起闭于基平测量的水准点上，按图根水准测量的技术要求沿中桩逐桩测量。在施测过程中，应同时检查中桩、加桩位置是否合适，里程桩号是否正确等，若发现错误或遗漏需进行补测和修正。相邻基平测量水准点间的高差与中桩测量后高差的较差，不应超过 2cm。由于中桩较多，中桩之间的距离一般不大，所以在一站上可以测量多个中桩点；当距离较远时，可以测设中间点，再在中间点上设站进行其他中桩测量。

3）纵断面图的绘制

纵断面图是沿着中线方向绘制的反映沿线地面起伏和纵坡设计的现状图，是线路设计和施工中的重要文件资料。

纵断面图是以中桩的里程为横坐标、中桩的地面高程为纵坐标绘制的，一般情况下，绘图时横坐标的比例尺，也就是里程比例尺应与线路带状地形图的比例尺一致；纵坐标的比例尺，也就是高程比例尺一般比绘制里程比例尺大 10 倍，如里程比例尺为 1∶1000 时，绘制高程时的比例尺为 1∶100。

纵断面图的绘制方法如下所示。

（1）按照选定的比例尺绘制表示里程和高程的坐标轴线，填写里程桩号、地面高程、设计高程、设计坡度、土壤地质情况、直线及曲线元素，并计算和填写填挖高度等数据和资料。

（2）绘制地面线。首先选定纵坐标的起始高程，使绘出的地面线位置适中。然后根据中桩的里程和高程，在图上按纵横比例尺依次绘出各中桩的地面位置，再用直线将相邻点连接起来，就得到地面线。

2．横断面测量

在线路设计中、只有线路的纵断面图还不能满足隧道、桥涵、路基等专业设计以及土石方量计算等方面的要求。因此，必须绘制出表示线路两侧地形起伏情况的横断面图。一般应在曲线控制点、公里桩以及线路纵、横向地形变化明显处测绘横断面图。

横断面图的测量是施测中桩处垂直于中线的两侧地面坡度变化点的高差以及与中桩间的水平距离，然后按一定比例尺展绘成横断面图。横断面施测的宽度应满足工程需要，一般要求在中线两侧各测 15～30m。

横断面的方向，在直线部分应与中线垂直，在曲线部分应在该点的法线方向上。

1）横断面的测量方法

（1）水准仪法。水准仪在适当位置安置后，以中桩为后视，依次以中线两侧横断面方向上的地面特征点为前视，读数到 cm，并用皮尺丈量各特征点到该中桩的水平距离。记录测量数据。此法适用于施测断面较窄的平坦地区。

（2）经纬仪法。将经纬仪安置在所在中线桩上，依次读取中线桩两侧各地形特征点的视距和垂直角，计算各观测点到中桩的水平距离和高差。此法适用于地形起伏变化较大的地区。

（3）全站仪法。将全站仪安置在所在中线桩上，依次读取中线桩两侧各地形特征点的水平距离和高差(或高程)，记录所测数据。

2）横断面图的绘制

（1）建立坐标系。绘制横断面图时均以中桩为原点，以水平距离为横坐标，高差为纵坐标。

（2）确定比例尺。为了计算横断面面积和确定路基的填、挖边界，横断面的水平距离和高差应是相同的，通常用 1∶100 或 1∶200。

（3）绘制方法。在图纸的适当位置绘出中心桩位置，并注上相应的桩号和高程，然后根据记录的水平距离和高差，按选定的比例尺绘出地面上各特征点的位置，并把路基的设计位置也绘制出来。

10.1.5　道路施工测量

道路施工测量指的是在道路施工过程中所从事的主要测量工作，它包括道路中线的恢复、施工控制桩的测设、路基边桩及竖曲线的测设等工作。

从道路的勘测设计到开始道路的施工，中间间隔一段时间后，有一部分道路中线桩可能被碰动或丢失，因而在施工之前，应该进行复核测量，并把丢失或碰动的桩恢复或校正，其方法与中线测量相同。

1. 施工控制桩的测设

在道路施工过程中，中线桩往往被挖掉或堆埋，因而需要在控制桩以外不易受到施工破坏、便于保存桩位的地方测设施工控制桩，以便恢复道路中线桩。测设方法主要有平行线法和延长线法两种。

1）平行线法

平行线法是在设计的路基宽度以外，测设两排平行于中线的施工控制桩，如图 10.14所示，控制桩的间距一般以取 10～20m 为宜。

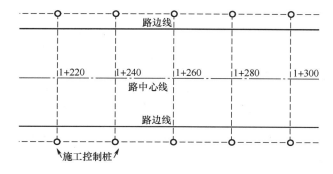

图 10.14　平行线法测设施工控制桩

2) 延长线法

延长线法是在线路转折处的中线延长线上及曲线中点至交点的延长线上测设施工控制桩，如图 10.15 所示。应丈量控制桩至交点的距离并做记录。

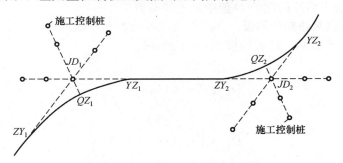

图 10.15　延长线法测设施工控制桩

无论是采用哪种方法测设施工控制桩，其主要目的是为了指导道路施工工作，在施工过程中便于恢复道路中线，满足道路施工精度要求。

2. 路基边桩的测设

路基边桩测设就是在地面上将每一个横断面的路基边坡线与地面的交点用木桩标定出来。边桩的位置按填土高度或挖土深度、边坡设计坡度及横断面的地形情况而定，下面将常用的边桩测设方法介绍如下。

1) 图解法

图解法是直接在横断面图上量取中桩至边桩的距离，然后在实地用皮尺沿横断面方向测量其位置。当填挖方不很大时，采用此法较为方便。

2) 解析法

解析法是通过计算求得路基中桩至边桩的距离的一种方法。在平地和山区计算与测设的方法有所不同。

（1）平坦地段路基边桩的测设。填方路基称为路堤，如图 10.16 所示，路堤边桩与中桩的距离为

$$D = \frac{B}{2} + mh \tag{10-27}$$

挖方路基称为路堑，如图 10.17 所示，路堑边桩至中桩的距离为

$$D = \frac{B}{2} + S + mh \tag{10-28}$$

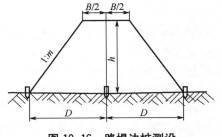

图 10.16　路堤边桩测设

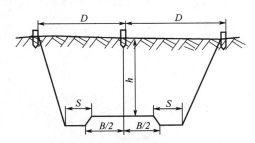

图 10.17　路堑边桩测设

式中，B 为路基设计宽度；$1:m$（图 10.16）为路基边坡坡度；h 为填方高度或挖方深度；s 为路堑边沟顶宽。

以上是断面位于直线段时求算 D 值的方法。若断面位于曲线上有加宽时，在上述方法求出 D 值后，还应于曲线内侧的 D 值中加上加宽值。

（2）倾斜地段路基边桩的测设。在倾斜地段，边桩至中桩的距离随着地面坡度的变化而变化。如图 10.18 所示，路堤边桩至中桩的距离为

斜坡上侧

$$D_{上}=\frac{B}{2}+m(h_{中}-h_{上}) \tag{10-29}$$

斜坡下侧

$$D_{下}=\frac{B}{2}+m(h_{中}+h_{下}) \tag{10-30}$$

如图 10.19 所示，路堑边桩至中桩的距离为
斜坡上侧

$$D_{上}=\frac{B}{2}+s+m(h_{中}+h_{上}) \tag{10-31}$$

斜坡下侧

$$D_{下}=\frac{B}{2}+s+m(h_{中}-h_{下}) \tag{10-32}$$

式中，B、s 和 m 均为已知；$h_{中}$ 中为中桩处的填挖高度，也为已知；$h_{上}$、$h_{下}$ 分别为斜坡上、下侧边桩与中桩的高差，在边桩未定出之前则为未知数。

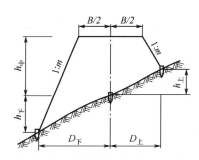

图 10.18　倾斜地段路堤边桩测设

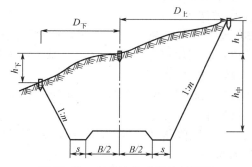

图 10.19　倾斜地段路堑边桩测设

因此，在实际工作中采用逐渐趋近法测设边桩。先根据地面实际情况，并参考路基横断面，估计边桩的位置；然后测出该估计位置与中桩的高差，并以此作为 $h_{上}$、$h_{下}$ 代入式(10-29)～式(10-32)计算 $D_{上}$、$D_{下}$，并据此在实地定出其位置。若估计位置与其相符，即得边桩位置。否则应按实测资料重新估计边桩位置，重复上述工作，直至相符为止。

3. 竖曲线的测设

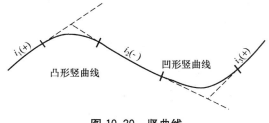

图 10.20　竖曲线

在设计线路变坡点处，考虑行车的视距要求和行车的平稳，在竖直面内用圆曲线连接起来，这种曲线称为竖曲线。如图 10.20 所示，线路上 3 条相邻的纵坡 $i_1(+)$、$i_2(-)$、$i_3(+)$，在 i_1 和 i_2 之间设置凸形竖曲线；在 i_2 和 i_3 之间设置凹形竖曲线。

根据线路的相邻坡道的纵坡设计 i_1 和 i_2，如图 10.21 所示，计算竖曲线的坡度转折角 α，由于 α 角很小，计算时可以按式（10-33）计算。

$$\alpha = \arctan i_1 - \arctan i_2 \approx (i_1 - i_2)\frac{180^\circ}{\pi} \tag{10-33}$$

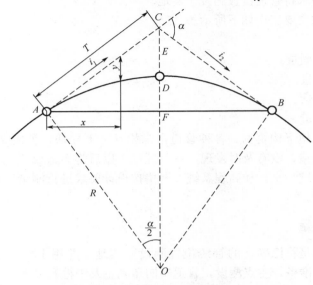

图 10.21　竖曲线测设元素

竖曲线的设计半径为 R，竖曲线的计算元素为切线长 T、曲线长 L 和外距 E。因此，可以采用平面圆曲线计算主点测设元素同样的公式。

由于竖曲线的设计半径 R 较大，而 α 角较小，因此，竖曲线测设元素也可以用下列近似公式计算。

$$T = \frac{1}{2}R(i_1 - i_2) \tag{10-34}$$

$$L = R(i_1 - i_2) \tag{10-35}$$

$$E = \frac{T^2}{2R} \tag{10-36}$$

同理可导出竖曲线中间各点按直角坐标法测设的 y_i，（即竖曲线上的标高改正值）计算式为

$$y_i = \frac{x_i^2}{2R} \tag{10-37}$$

式中，y_i 的值在凹形竖曲线中为正号，在凸形竖曲线中为负号。

竖曲线起点、终点的测设方法与圆曲线相同，而竖曲线上各细部点的测设，只需将已经算得的各点坡道高程再加上（对于凹形竖曲线）或减去（对于凸形竖曲线）相应点上的高程改正值即可。

10.2　管道施工测量

管道工程是现代工业与民用建筑的重要组成部分，按其用途分为上水、下水、暖气、煤气、输电和输油管道。各种管道除小范围的局部地面管道外，主要可分为地下管道和架空管道两大类。

管道工程的特点：种类繁多，纵横交错，上下穿插，分布面广。施工测量的精度要求取决于工程性质、所在位置和施工方法等因素。

管道工程测量的任务包括两个方面：一是为管道工程设计提供纵、横断面图或带状地形图，二是按设计要求将管道位置测设于实地。

管道工程测量的主要工作如下所示。

（1）中线测量。

（2）纵、横断面测量。

（3）管道施工测量。

（4）管道顶管测量。

（5）管道竣工测量。

管道工程多属于地下构筑物，各种管道常常相互上下穿插，纵横交错。如果在测量、设计和施工中出现差错，没有及时发现，一经埋设，以后将会造成严重后果。因此，测量工作必须采用城市的统一坐标和高程系统，严格按设计要求进行测量工作，并做到步步有校核，保证施工质量。

10.2.1 管道中线测量

管道中线测量就是将已确定的管线位置测设于实地，并用木桩标定。其基本内容包括：主点测设数据的准备，主点测设，管道转向角测量及中桩测设等。

1. 主点测设数据的准备

管道的起点、终点和转向点通称为主点，主点的位置是设计时确定的。主点测设数据根据测设方法的不同而不同，采用何种测设方法，应根据实际情况和精度要求而定。主点测设数据可用图解法或解析法求得。

1）图解法

图解法就是在规划设计图上直接量取测设所需数据。如图 10.22 所示，A、B 是原有管道检修井位置，1、2、3 点是设计管道的主点。欲在地面上测设出 1、2、3 点，可根据比例尺在图上直接量出 d_1、d_2、d_3、d_4 和 d_5，即得测设数据。

2）解析法

当管道规划设计图上已给出主点坐标（或在图上求出主点的坐标），而且主点附近有控制点时，可以用解析法求测设数据。如图 10.23 所示，A、B、C 等为管道主点，1、2、3、

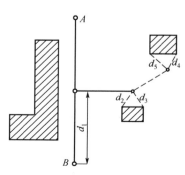

图 10.22　图解法计算测设数据

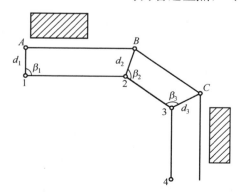

图 10.23　解析法计算测设数据

4 等为控制点。根据控制点坐标和管道主点的坐标,按坐标反算计算公式即可得到测设数据。

2. 主点测设

主点测设方法有直角坐标法、极坐标法、距离交会法及角度交会法等。

主点测设完毕必须进行检核,检核方法通常用钢尺丈量两相邻主点之间的水平距离,看其是否与设计长度相符。如果主点附近有固定地物,也可量出主点与地物之间的距离进行检核。

3. 中桩测设

为了测定管道长度和测绘纵、横断面图,从管道起点开始,沿管道中心线在地面上设置整桩和加桩,这项工作称为中桩测设。从管道起点开始,按规定每隔某一整数设一桩,这个桩叫整桩。整桩之间的水平距离一般为 20m、30m,最长不超过 50m。在地面坡度变化处或穿越道路、河流等重要建筑物处应设置加桩。

整桩和加桩均应注明该桩的里程,其书写形式为 0+300,即此桩距管道起点为 0km+300m,"+"前为千米数,"+"后为米数。为了防止测量时漏桩,应在桩的另一面按照1~10 的顺序号循环编号。

为了避免测设中桩错误,量距时丈量两次,精度为 1/1000,困难地区可放宽至 1/5000。在精度要求不高的情况下,也可用皮尺或测绳丈量。

4. 转向角测量

管道转变方向时,转变后的方向与原方向之间的夹角称为转向角。转向角有左、右之分,如图 10.24 所示,$\alpha_左$ 表示左转向角,$\alpha_右$ 表示右转向角。欲测量 2 点的转向角 $\alpha_左$,需将经纬仪安置在 2 点上,盘左照准 1 点,纵转望远镜,即是原方向的延长线,读取水平度盘读数 b,然后旋转望远镜照准 3 点,读取水平度盘读数 a,两读数之差即为转向角,即 $\alpha_右 = a - b$。为消除误差,用盘右按上述方法再观测一次,取两次观测的平均值作为最后结果。

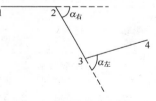

图 10.24 转向角测量

10.2.2 管道纵横断面测量

1. 管道纵断面测量

沿管道中心线方向的断面称为纵断面。管道的纵断面图表示管道中心线上地面起伏变化的情况。纵断面图测量的任务,是根据水准点的高程,测量出中线上各桩的地面高程,然后根据测得的高程和相应的各桩桩号绘制纵断面图,作为设计管道埋深、坡度及计算土方量的主要依据。

1) 水准点的布设

为了保证管道高程测量的精度,在纵断面水准测量之前,应先沿管线设立足够的水准点。通常每 1~2km 设一个永久水准点,300~500m 设立临时水准点,作为纵断面水准测量分段附合和施工时引测高程的依据。水准点应埋设在使用方便、易于保存和不受施工影响的地方。

2) 纵断面水准测量

纵断面水准测量一般是以相邻的两个水准点为一测段,从一个水准点出发,逐点测量中桩的高程，再附合到另一水准点上，以便校核。纵断面水准测量的视线长度可适当放宽，一般采用中桩作为转点，但也可另设。在两转点间的各桩，通称为中间点，中间点的高程通常用仪器高法求得。测量方法如图 10.25 所示，水准点 A 到 $0+300$ 的纵断面水准测量示意和记录手簿见表 $10-2$。

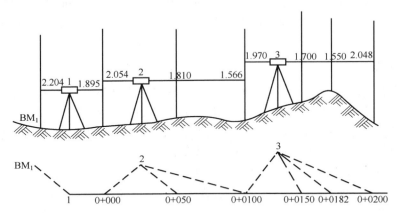

图 10.25　纵断面水准测量

表 10 - 2　纵断面水准测量记录手簿

测区：_____　　观测者：_____　　记录者：_____
日期：_____　　天　气：_____　　仪　器：_____

测站	桩号	水准尺读数/m			高　差/m		仪器视线高程/m	高程/m
		后视	前视	中间视	+	−		
1	BM₁	2.204						156.800
	0+000		1.895		0.309			157.109
	0+000	2.054					159.163	157.109
2	0+050			1.81				157.353
	0+100		1.566		0.488			157.597
	0+100	1.970					159.567	157.597
3	0+150			1.70				157.867
	0+182			1.55				158.017
	0+200		2.048			0.078		157.519
…	…	…	…	…	…	…	…	…

纵断面水准测量的施测方法如下所示。

(1) 仪器安置于测站 1，后视水准点 BM₁，读数 2.204，前视 $0+000$，读数 1.895。

(2) 仪器搬至测站 2，后视 $0+000$，读数 2.045，前视 $0+100$，读数 1.566，此时仪器不搬动，将水准尺立于中间点 $0+050$ 上读中间视读数 1.81(中间点读至 cm 即可)。

(3) 仪器搬至测站 3，后视 $0+100$，读数 1.970，前视 $0+200$，读数 2.048，然后再读中间视 $0+150$、$0+182$，分别读得 1.70、1.55。以后各点依上述方法进行，直至附合于另一水准点为止。一个测段的纵断面水准测量，要进行下列计算工作。

（1）高差闭合差的计算。纵断面水准测量一般均起讫于水准点，其高差闭合差，对于重力自流管道不应大于 $\pm 40\sqrt{L}$ mm；对于一般管道，不应大于 $\pm 50\sqrt{L}$ mm（L 为该段水准路线长度，以 km 计）。当闭合差不在容许范围内时需要进行调整。

（2）用高差法计算各转点的高程。

（3）用仪高法计算中间点的高程。

为了计算中间点 0+050 的高程，首先计算测站的仪器视线高程为

$$157.109+2.054=159.163(\text{m})$$

$$\text{中间点 } 0+050 \text{ 高程}=159.163-1.810=157.353(\text{m})$$

当管线较短时，纵断面水准测量可与测量水准点的高程一起进行，由一水准点开始，按上述纵断面水准测量方法测出中线上各桩的高程后，附合到高程未知的另一水准点上，然后再以一般水准测量方法返测到起始水准点上，以资校核。若往返闭合差在允许范围内，取高差平均数推算下一水准点的高程，然后再进行下一段的测量工作。

3）纵断面图绘制

纵断面图通常绘制在 mm 方格纸上，纵轴表示高程，横轴表示水平距离。为了明显地表示地形起伏状态，通常高程比例尺为水平距离比例尺的 10 倍或 20 倍。自流管道和压力管道高程、水平距离比例尺可按表 10-3 选择。

表 10-3 纵断面图高程、水平距离比例尺参考表

管道名称	高程比例尺	水平距离比例尺	备注
自流管道	1:1000 1:2000	1:100 1:200	
压力管道	1:2000 1:5000	1:200 1:500	

纵断面图的绘制步骤如下所示。

（1）打格制表。在 mm 方格纸的适当位置制表，标出与图相适应的纵向和横向坐标。

（2）填表。

① 根据纵断面测量成果填写桩号与地面高程。

② 在距离栏内填写相邻两桩之间的水平距离。

（3）绘地面线。为使绘出的地面线在图上的位置适中，首先在图上确定最低点高程在图上的位置，然后按地面高程和高程比例尺，绘出各桩处的地面点，将相邻的地面点用直线连接，即得管道纵断面图。

（4）标注管道设计坡度线。根据设计要求，在坡度栏内注记坡度方向，用"/"、"\"、"—"分别表示上坡、下坡和平坡。坡度线之上注记坡度值，以千分数表示；坡度线之下注记该坡度段的水平距离。

（5）计算管底设计高程。根据管道起点高程、设计坡度及各桩之间的水平距离，推算各桩处管底的设计高程，填入管底高程栏内。

（6）绘制管道设计线。根据起点高程和设计坡度，在图上绘制管道设计线。

（7）计算管道埋深。根据管底设计高程和地面高程即可求出管道埋深，即管道埋深=地面高程-管底高程，求出后填入埋置深度栏内。

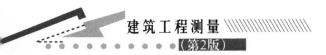

（8）在图上注记有关资料。除上述内容外，还要在图上注记有关的资料，如该管道与旧管道连接处、交叉处以及与其他建筑物的交叉等。

纵断面图的设计均由管道设计人员根据设计要求，并结合现场实际情况进行设计。

2. 管道横断面测量

垂直于管道中心线方向的断面称为横断面。管道的横断面图是表示管道两侧地面起伏变化情况的断面图。横断面图测绘的任务是根据中心桩的高程，测量横断面方向上地面坡度变化点的高程及到中心桩的水平距离，然后根据高程和水平距离绘制横断面图，供设计时计算土方量和施工时确定开挖边界之用。

1）确定横断面方向

确定横断面方向通常利用经纬仪或方向架。用经纬仪确定横断面方向，即按已知角度测设的方法，用方向架确定横断面方向，如图 10.26 所示。将方向架置于欲测横断面的中心桩上，以方向架的一个方向照准管道上的任一中心桩，则另一方向即为所求横断面方向。

2）横断面测量

横断面测量的宽度取决于管道的直径和埋深，一般每侧为 10～20m。根据精度要求和地面高低情况，横断面测量可采用以下几种方法。

（1）标杆皮尺法。如图 10.27 所示，点 1、2、3 和点 $1'$、$2'$、$3'$ 为横断面方向上的坡度变化点。施测时，将标杆立于 1 点，皮尺零点放在 0+050 桩上，并拉成水平，在皮尺与标杆的交点处读出水平距离与高差，同法可求各相邻两点之间的水平距离和高差，记录格式见表 10-4。表中按管道前进方向分成左侧、右侧两栏，观测值用分数形式表示，分子表示两点间的高差，分母表示两点间的水平距离。

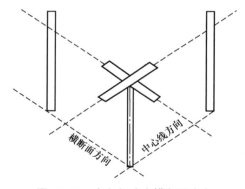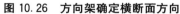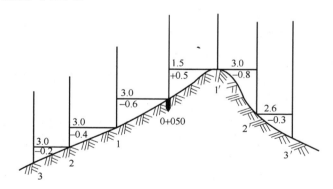

图 10.26　方向架确定横断面方向　　　　图 10.27　标杆皮尺法测定横断面

此法操作简单，但精度较低，适用于等级较低的管道。

表 10-4　横断面测量(标杆皮尺法)记录表

左　侧			桩　号	右　侧		
$\frac{-0.2}{2.6}$	$\frac{-0.3}{3.0}$	$\frac{-0.8}{3.6}$	0+000	$\frac{+0.7}{3.2}$	$\frac{-0.3}{3.0}$	$\frac{-0.4}{2.6}$
$\frac{-0.2}{3.0}$	$\frac{-0.4}{3.0}$	$\frac{-0.6}{3.0}$	0+050	$\frac{+0.5}{1.5}$	$\frac{-0.8}{3.0}$	$\frac{-0.3}{2.6}$

（2）水准仪法。如图 10.28 所示，选择适当的位置安置水准仪，首先在中心桩上立水准尺，读取后视读数，然后在横断面方向上的坡度变化点处立水准尺，读取前视读数，用皮尺量出立尺点到中心桩的水平距离。水准尺读数至厘米，水平距离精确至分米。记录格式见表 10-5。各点的高程可由视线高程求得。

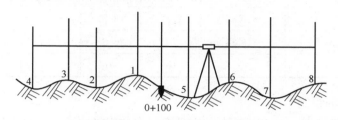

图 10.28 水准测量横断面

表 10-5 横断面测量（水准仪法）记录表

桩号 0+100   高程 157.597m

测点		水平距离/m	后视/m	前视/m	视线高/m	高程/m
左	右	0	1.26		158.86	
1		2.0		1.30		157.56
2		5.4		1.42		157.44
3		7.2		1.37		157.49
…	…	…	…	…	…	…

此法精度较高，但在横向坡度大或地形复杂的地区不宜采用。

（3）经纬仪法。如图 10.29 所示，在欲测横断面的中心桩上安置经纬仪，并量取仪器高 i，照准横断面方向上的坡度变化点处的水准尺，读取视距间隔 n、中丝读数 l、垂直角 α，根据视距测量计算公式即可得到两点间的水平距离 D 和高差 h，即

$$D = Kn\cos^2\alpha \qquad (10-38)$$

$$h = D\tan\alpha + i - l \qquad (10-39)$$

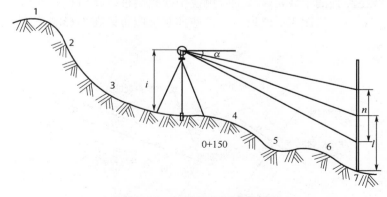

图 10.29 经纬仪法测定横断面

记录格式见表 10-6。此法不受地形的限制，故适用于横向坡度变化较大、地形复杂的地区。

表 10-6　横断面测量(经纬仪法)记录表

桩号 0+250　　　　　　　　　　高程 157.87m　　　　　　　　　仪器高 $i=1.42$m

测　点		视距间隔/m	垂直角/°′	中丝读数/m	水平距离/m	高差/m	高程/m	备注
左	右							
	4	13.8	$-10°45'$	2.42	13.32	-3.53	154.34	
	5	29.3	$-18°24'$	2.42	26.38	-9.77	148.10	
…	…	…	…	…	…	…	…	…

3）横断面图的绘制

横断面图一般绘在 mm 方格纸上，水平方向表示水平距离，竖直方向表示高程。横断面图的比例尺通常采用 1∶100 或 1∶200。为了便于计算横断面面积和确定管道开挖边界，水平方向和竖直方向应取相同的比例尺。

横断面图的绘制步骤如下所示。

（1）根据外业测量资料，计算各点的高程和该点至管道中心桩的水平距离。

（2）标注中心桩桩号，根据各点高程和水平距离，按比例尺将这些点绘在图纸上。

（3）把相邻的点用直线连接起来，即得横断面图。

10.2.3　管道施工测量方法

管道铺设，以地面为界可分为地下管道和地上管道。地下管道由于施土方法不同，又分为明挖地下管道和顶进地下管道；地上管道由于支撑结构不同，又分为地面铺设管道和空中架设管道。

1. 明挖地下管道施工测量

明挖地下管道施工测量的主要内容有：中线控制测量、开挖边界线放线测量和管道坡度控制测量。

1）中线控制桩的测设

明挖管道施工时，管道中线桩将被挖掉。开挖后为了恢复管道中线位置和确定检查井位置，应在管线主点处的中线延长线上，测设中线控制桩；在检查井处垂直于中线方向测设检查井位置控制桩。如图 10.30 所示，这些控制桩应布设在不影响施工、引测方便和容易保存的地方。

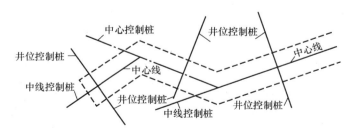

图 10.30　中线控制桩的测设

2) 管道开挖边界线放线测量

管道基槽开挖之前，根据中线位置进行开挖边界线放线测量工作。开槽宽度根据管道埋深、管径大小和土质情况通过计算确定。

（1）地面平坦时，中线两侧开挖宽度相等，如图 10.31(a) 所示，计算公式为

$$\frac{B}{2}=\frac{b}{2}+mh \qquad (10-40)$$

式中，b 为管槽底开挖宽度；m 为槽壁坡度系数；h 为管槽开挖深度；B 为管槽地面开口宽度。

（2）地面坡度较大，管槽挖深在 2.5m 以内时，中线两侧开挖宽度不相等，如图 10.31(b) 所示，计算公式为

$$B_1=\frac{b}{2}+mh_1 \qquad (10-41)$$

$$B_2=\frac{b}{2}+mh_2 \qquad (10-42)$$

式中，B_1 为中线左侧槽口开挖宽度；h_1 为中线左侧槽口边界线处开挖深度；B_2 为中线右侧槽口开挖宽度；h_2 为中线右侧槽口边界线处开挖深度；b、m 与式(10-40)相同。

（3）地面坡度较大，管槽挖深大于 2.5m 时，中线两侧开挖宽度不相等，槽壁在某高程设有槽肩（即马道），如图 10.31(c) 所示，计算公式为

$$B_1=\frac{b}{2}+m_1h_1+m_3h_3+C \qquad (10-43)$$

$$B_2=\frac{B}{2}+m_2h_2+m_3h_3+C \qquad (10-44)$$

式中，C 为槽肩宽度；B_1、B_2、h_1、h_2 和 m 同式(10-41)、式(10-42)。

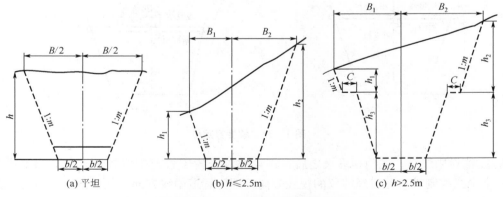

图 10.31　管道开挖边界线放线测量

求得中线左、右开挖宽度之后，按桩号将其宽度放线于地面上，并用白灰连线，即为管道开挖边界线的放线。

3) 坡度控制标志的测设

管道的铺设要按设计的管道中线、高程和坡度进行施工，因此在开槽前应设置控制管道中线、高程和坡高的施工测量标志。设置测量标志的方法，工程上常采用龙门板法和平

行轴腰桩法。放坡系数见表 10-7。

表 10-7　放坡系数表($h \leqslant 5m$)

土壤类别	人工挖土		机械挖土			
	坡度	放坡系数	槽底		槽边	
			坡度	放坡系数	坡度	放坡系数
一、二类土	1：0.50	0.50	1：0.33	0.33	1：0.67	0.67
三类土	1：0.33	0.33	1：0.25	0.25	1：0.50	0.50
四类土	1：0.25	0.25	1：0.10	0.10	1：0.33	0.33

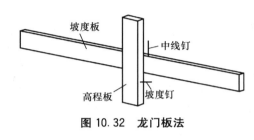

图 10.32　龙门板法

（1）龙门板法。龙门板是由坡度板、高程板、中线钉和坡度钉组成，如图 10.32 所示。

① 龙门板的埋设。龙门板应该根据工程进度要求及时埋设。当管槽挖深在 2.5m 以内时，应开槽前沿管道中线每隔 10~20m 埋设一块龙门板，遇到检查井等构筑物时，应加设龙门板；当管槽挖深大于 2.5m 时，应等挖至距离槽底小于 2.5m 时，再在槽内埋设龙门板，如图 10.33 所示。用机械开槽时，龙门板应根据工程进度在挖完土方后及时埋设。龙门板埋设要牢固，不得露出地面。如土质过于松软，要有加固措施。埋设龙门板时应注意使坡度板顶面接近水平。

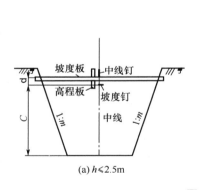
(a) $h \leqslant 2.5m$

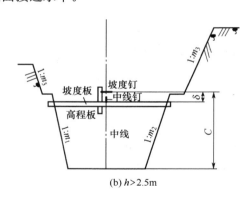
(b) $h > 2.5m$

图 10.33　坡度钉定位

② 测设中线钉。龙门板埋设之后，将经纬仪安置于管道中线控制点处，照准沿线的另一个中线控制桩，此时经纬仪的视线方向，即为管道中线方向。然后用经纬仪逐块照准坡度板顶面，把管道中线投影在坡度板顶面上，并在投影处钉中线钉标出中线位置。将坡度板上的中线钉连成线就得到管道中线。在连线上挂垂球即将管道中线投影到管槽底面上，从而给出管道铺设的正确平面位置。

③ 测设坡度钉管道中线测设后，为了控制管道的设计坡度和高程，掌握管槽设计挖深，应根据附近的水准点，测出所有龙门板的坡度板顶面高程，再根据管道的设计坡度和龙门板所在位置，计算出龙门板处的管槽底面设计高程。可见，坡度板顶高程与管槽底面设计高程之差，就是龙门板以下的挖深，此挖深通称为下返数。下返数往往不是整数，不

便于施工时用来检查挖深，因此工程上常取下返数为 1.5～2.5m 的预定整数，并以此整数测设坡度钉在高程板上的位置，具体做法：根据坡度板顶高程、管底高程和选定的下返数求出调整数，其计算公式为

$$C-\delta=H_{顶}-H_{底} \tag{10-45}$$

则

$$\delta=C-(H_{顶}-H_{底}) \tag{10-46}$$

式中，$H_{顶}$ 为坡度板顶高程；$H_{底}$ 为龙门板处管底或垫层底高程；C 为坡度钉至管底或垫层底的距离，即下返数；δ 为调整数。

通过式(10-46)计算出各龙门板的调整数，进而确定坡度钉在高程板上的位置。若调整数为正，表示自坡度板顶往上量 δ 值，并在高程板上钉坡度钉；若调整数为负，表示自坡度板顶往下量 δ 值，并在高程板上钉坡度钉。

坡度钉定位之后，根据下返数及时测出开挖深度是否满足设计要求，这是检查欠挖或避免超挖的最简便方法。

测设坡度钉时，应注意以下几点：坡度钉是施工中掌握高程的基本标志，必须准确可靠。为了防止误差超过限值或发生差错，应该经常校测，在重要工序施工(如浇混凝土基础、稳管等)之前和雨、雪天之后，一定要做好校核工作，保证高程的准确；在测设坡度钉时，除校核本段外，还应联测已建成管道或已测设好的坡度钉，以防止因测量错误造成各段无法衔接的事故；在地起伏较大的地方，常需分段选取合适的下返数，在变换下返数处，一定要特别注明，正确引测，避免错误；为了便于施工中掌握高程，每块龙门板上都应写上有关高程和下返数，供随时取用。

(2) 平行轴腰桩法。当管道的管径较小、坡度较大而施工精度要求又较低时，施工测量一般不采用龙门板法，多用平行轴腰桩法，其工作程序如下。

① 测设平行轴线放开挖线之后，在挖槽之前，在管道中线一侧或两侧钉一排平行轴线桩，桩位在开挖边界线之外，距离管道中线为 a，如图 10.34 所示。桩距以 20m 为宜，各检查井位置也相应在平行轴线上设桩。

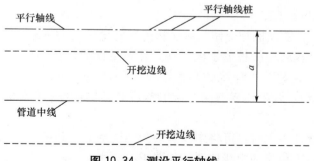

图 10.34　测设平行轴线

② 平行轴线桩高程测量。引用附近水准点，测出平行轴线桩顶高程，与对应的管底高程计算出挖深 h，如图 10.35(a)所示。

③ 控制管底高程制作一个一边活动的直角尺，用活动边测挖深，及时检查平行轴线桩处的挖深 h_i，并与 h 进行比较，以便随时掌握挖深，如图 10.35(b)所示。

④ 钉腰桩为了避免超挖和控制管底高程，当 h_i 接近 h 时，在槽壁上距底约 1m 处钉

一排与管道中线平行的腰桩，腰桩与中线距离为 b，如图 10.35(c) 所示。

⑤ 测量腰桩高程根据已知水准点求得腰桩高程，并求出腰桩高程与对应位置的管底设计高程之差 h_b，如图 10.35(c) 所示。通过腰桩利用 b 和 h_b 即可确定管道铺设的正确位置。为了方便施工，按桩号将 b 和 h_b 列成表格，以供施工时查用。

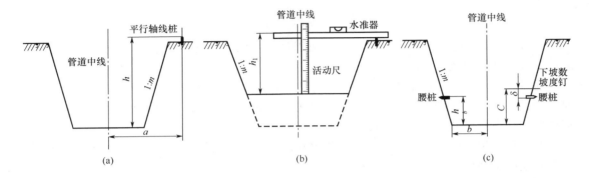

图 10.35　高程测量与控制

逐桩列表很繁琐，也可以采用下返数取整数的方法，根据下返数从腰桩垂直向上或向下钉出坡度钉，施测方法同龙门板法，如图 10.35(c) 所示。

2. 顶进地下管道施工测量

当管道穿越铁路、公路或重要建筑物时，为了避免大量的拆迁工作和保证原有建筑物不被破坏，往往不允许开挖沟槽，而采用顶管施工的方法。这种方法随打机械化施工程度的提高，已经被广泛采用。

此方法是在管道的一端和一定长度内，先挖好工作坑，在坑内安置导轨，将管筒放在导轨上，然后用顶镐将管筒沿管线方向顶进土中，并挖出管内泥土。顶管施工比开挖沟槽施工复杂，精度要求高。顶管施工中测量工作的主要任务是掌握管道中线方向、高程和坡度。

1）顶管测量的准备工作

（1）设置中线桩。中线桩是工作坑放线和控制管道中线的依据。首先根据设计图上管道的要求，利用经纬仪将中线桩分别测设在工作坑的前后，让前后两个中线桩互相通视，然后确定工作坑开挖边界。工作坑的开挖尺寸一般为 4m×6m 或 5m×7m(可根据管径、管长和顶管机械而定)，开挖边界取决于坑的深度和开槽坡度(开槽坡度取决于土质)，开挖边界用白灰线表示。

工作坑开挖到设计高程时，可将中线桩引测到坑壁上，并钉立大钉或木桩，此桩称为顶管中线桩，以此标定顶管的中线位置，如图 10.36 所示。

（2）设置坡度板和水准点。在工作坑开挖到一定深度后，即可在坑的两端牢固埋设坡度板，然后根据中线桩把管道中线测设在坡度板上，并钉上中心钉。再钉高程板，按设计要求放样出坡度钉的位置。中心钉是管道顶进过程中的中线依据，坡度钉是控制挖槽深度和安装导轨的依据。

为了控制管道按设计高程和坡度顶进，需要在工作坑内设置临时水准点，一般要求设置两个，以便相互检核。

（3）导轨的计算与安装。顶管时，坑内要安装导轨，以控制顶进方向和高程。导轨常用铁轨，如图 10.37 所示，或断面为 15cm×20cm 的方木。导轨一般安装在混凝土垫层上，垫层面的高程及坡度都应符合设计要求。

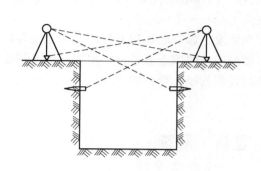

图 10.36　顶管位置中线标定

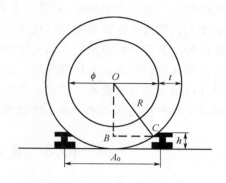

图 10.37　常用导轨

为了准确地安装导轨，应先算出导轨间距 A_0；使用木导轨时还应计算出导轨抹角 x 值和 y 值（y 值一般规定为 5cm）。

铁轨导轨间距 A_0 的计算，从图 10.37 可以看出

$$A_0 = 2BC + 导轨顶宽 \tag{10-47}$$

$$BC = \sqrt{R^2 - (R-h)^2} \tag{10-48}$$

式中，R 为管外壁半径；h 为铁轨高度。

根据计算的导轨间距安装导轨，根据顶管中线桩及水准点检查中心线和高程，准确无误后，将导轨固定。

2）顶进中的测量工作

在顶管施工过程中，测量的主要任务是控制中线方向、高程和坡度。

（1）中线测量。在坑内两个中线桩之间拉一条细线，并在细线上挂两个垂球，两个垂球的连线即为顶管中线方向。在管内设置一把横放水平尺，尺长略小于管的内径，尺上有刻划及中心钉。顶管时用水准器将尺放平，通过管外两垂球，投入管内一条细线，与水平尺的中心钉作比较，即可测量出顶管中心是否有偏差。若偏差超过 1.5cm，则需要校正管子。

（2）高程测量。将水准仪安置在坑内，以临时水准点为后视，在管内前进方向上，竖立一根略小于管内径而有分划的木尺作为前视，即可求出待测点的高程。将测得的高程与设计高程相比较，其差值超过±1cm 时就需要校正。

在顶进过程中，每顶进 0.5m 需要进行一次中线和高程测量，以保证施工质量。如果误差在限差之内，可继续顶进。

短距离顶管（小于 50m）可按上述方法进行测设。当距离较长时，需要分段施工，一般 100m 设一个工作坑，采用对向顶管施工方法，在贯通时管子错口不得超过 3cm。

10.2.4　管道竣工测量

在管道工程中，竣工图反映了管道施工的成果，是管道建成后进行管理、维修和扩建

时不可缺少的依据。

管道竣工测量包括管道竣工平面图和管道竣工断面图的测绘。

竣工平面图主要测绘管道的起点、转点、中点、检查井及附属构筑物的平面位置和高程，测绘管道与附近重要地物(道路、永久性房屋、高压电线杆等)的位置关系。平面图的测绘宽度和比例尺根据需要确定，比例尺一般为1∶500～1∶2000。

断面图主要反映管道及附属构筑物的高程和坡度，如管底高程及坡度、井盖及井底高程、管道所在地段的地形起伏情况等。断面图测绘应在回填土前进行，用图根水准测量测定检查井口顶面和管顶高程，管底高程由管顶高程和管径、管壁厚度算得。使用全站仪进行管道竣工测量将会成倍地提高工作效率。

10.3 桥 梁 工 程 施 工 测 量

桥梁工程施工测量的任务是根据桥梁设计的要求和施工详图，遵循从整体到局部的原则，先进行控制测量，再进行细部放样测量。将桥梁构造物的平面和高程位置在实地放样出来，及时为不同的施工阶段提供准确的设计位置和尺寸，并检查其施工质量。

桥梁施工阶段的测量工作首先是通过平面控制网的测量，求出桥梁轴线的长度、方向和放样桥墩中心位置的数据，通过水准测量，建立桥梁墩台施工放样的高程控制；其次，当桥梁构造物的主要轴线(如桥梁中线、墩台纵横轴线等)放样出来后，按主要轴线进行构造物轮廓特征点的细部放样和进行施工观测；最后还要进行竣工测量以及桥梁墩台的沉降位移观测。

10.3.1 施工控制测量

1. 平面控制测量

为了按规定精度求出桥轴线的长度和测设墩台的位置，通常需要建立桥梁控制网。其传统的方法是采用三角网、测边网及边角网等形式。测角网、测边网及边角网只是观测要素不同，而观测方法及布设形式是相同的。桥位控制网布设形式如图10.38所示，图10.38(a)为双三角形，图10.38(b)为四边形，图10.38(c)为较大河流上采用的双四边形。

桥位三角网布设时应满足如下要求。

(1) 满足三角点选点的一般要求。

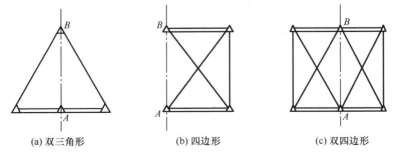

(a) 双三角形   (b) 四边形   (c) 双四边形

图 10.38 桥位平面控制网布设形式

（2）控制点要选在不被水淹、不受施工干扰的地方。

（3）桥轴线应与基线一端连接且尽可能正交。

（4）基线长度一般不小于桥轴线长度的 0.7 倍，困难地段不小于 0.5 倍。

桥位平面控制网桥位三角网的主要技术要求应符合表 10-8 的规定。

表 10-8　桥位三角网主要技术指标

等级	桥轴线长度/m	测角中误差/″	桥轴线相对中误差	基线相对中误差	三角形最大闭合差/″
五	501～1000	±5.0	1/20000	1/40000	±15.0
六	201～500	±10.0	1/10000	1/20000	±30.0
七	≤200	±20.0	1/5000	1/10000	±60.0

桥位三角网基线观测采用精密量距的方法或测距仪测距的方法，三角网水平角观测采用方向观测法。

2. 高程控制

桥位的高程控制，是指在路线上通过水准测量的方法设立一系列水准点，以指导桥梁施工。在由河的一岸到另一岸时，由于过河路线较长，两岸水准点的高程应采用跨河水准测量的方法建立。桥梁在施工过程中，还必须加设施工水准点。所有桥址高程水准点不论是基本水准点还是施工水准点，都应根据其稳定性和应用情况定期检测，以保证施工高程放样测量和以后桥梁墩台变形观测的精度。检测间隔期一般在标石建立初期应短一些，随着标石稳定性逐步提高，间隔期亦逐步加长。桥址高程控制测量采用的高程基准必须与其连接的两端路线所采用的高程基准完全一致，一般多采用国家高程基准。跨河水准跨越的宽度大于 300m 时，必须参照《国家水准测量规范》，采用精密水准仪观测。

过河水准测量采用两台水准仪同时对向观测，两岸测站点和立尺点布设形式，如图 10.39 所示，图中 A、B 为立尺点，C、D 为测站点，要求 AD 和 BC 的距离基本相等，AC 与 BD 的距离也基本相等，AC 且和 BD 不小于 10m。

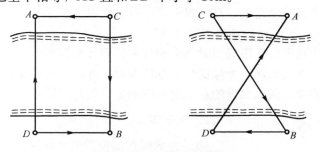

图 10.39　过河水准测量

10.3.2　桥梁墩台定位测量

在桥梁墩台施工测量中，最主要的工作是准确地定出桥梁墩台的中心位置及墩台的纵横轴线。测设墩台中心位置的工作称为墩台施工定位。墩台定位通常都要以桥轴线两岸的控制点及平面控制点为依据，因而要保证墩台定位的精度，首先要保证桥轴线及平面控制

网有足够的精度。

墩台定位所依据的资料为桥轴线控制桩的里程和墩台中心的设计里程,若为曲线桥梁,其墩台中心有的位于路线中线上,有的位于路线中线外侧,因此还需要考虑设计资料、曲线要素及主点里程等。

直线桥梁的墩台中心均位于桥轴线方向上,如图 10.40 所示,已知桥轴线控制桩 A、B 及各墩台中心的里程,由相邻两点的里程相减,即可求得其间的距离。墩台定位的方法,视河宽、水深,以及墩、台位置的情况而异。根据条件一般可采用直接丈量法、交会法或全站仪法。

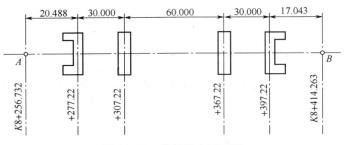

图 10.40　桥梁墩台平面图

1. 直接丈量法

当桥梁墩台位于无水河滩上,或水面较窄时,可以用钢尺或测距仪直接丈量出墩台的位置。使用的钢尺需经检定,丈量方法与精密量距法相同。由于是测设已知的长度,所以应根据地形条件将其换算为应设置的斜距,并应进行尺长、温度和倾斜改正。

为保证测设精度,施加的拉力应与检定标尺时的拉力相同,同时丈量的方向不应偏离桥轴线的方向。在测设出的点位上要用大木桩进行标志,在桩上应钉一小钉,并在终端与桥轴线上的控制桩进行校核,也可以从中间向两端测设。

按照这种顺序,容易保证每一跨都满足精度要求。只有在不得已时,才从桥轴线两端的控制桩向中间测设,这样容易将误差积累在中间衔接的一跨上,因而一定要对衔接的一跨设法进行校核。直接丈量定位,其距离必须丈量两次以上作为校核。当校核结果证明定位误差不超过 1.5~2cm 时,则认为满足要求。

用电磁波测距法测设时应根据当时测出的气象参数和测设的距离求出气象改正值。对全站仪可将气象参数输入仪器。为保证测设点位准确,常采用换站法进行校核,即将仪器搬到另一测站重新测设,两次测设的点位之差应满足有关精度要求。

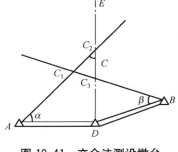

图 10.41　交会法测设墩台

2. 交会法

如果桥墩所在的位置河水较深,无法直接丈量,也不便于架设反射棱镜时,则可用方向交会法测设桥梁墩台的中心。

如图 10.41 所示,是利用已有的平面控制点及墩位的已知坐标,计算出在控制点上应测设的角度 α、β,将 DJ_2 或 DJ_1 型 3 台经纬仪分别安置在控制点 A、B、D 上,从 3 个方向(其中 DE 为桥轴线方向)交会得出。交会的误差三角形在桥轴线上的距离 C_2C_3，对于墩底定位不宜超过 25mm，对于墩顶定位不宜超过 15mm。再由 C_1 向桥轴线作垂线 C_1C，C 点即为桥墩中心。

为了保证墩位的精度，交会角应接近于 90°，但由于各个桥墩位置有远有近，因此交会时不能将仪器始终固定在两个控制点上，而有必要对控制点进行选择。为了获得适当的交会角，不一定要在同岸交会，而应充分利用两岸交会，选择最为有利的观测条件。

在桥墩的施工过程中，随着工程的进展，需要多次交会出桥墩的中心位置。为了简化工作，可把交会方向延伸到对岸，用觇牌加以固定。这样在以后交会墩位时，只要照准对岸的觇牌即可。为避免混淆，应在相应的觇牌上标示出桥墩的编号。

3. 全站仪定位法

用全站仪进行桥梁墩台定位，简便、快速、精确，只要在墩台中心处可以安置反射棱镜，而且仪器与棱镜能够通视，即使其间有水流障碍亦可进行。

在使用全站仪并在被测设的点位上可以安置棱镜的条件下，若用极坐标法放样桥墩中心位置，可以将仪器放于任何控制点上，按计算的放样标定要素即水平角度和距离测设点位。测设时最好将仪器置于桥轴线的一个控制桩上，瞄准另一控制桩，此时望远镜所指方向为桥轴线方向。在此方向上移动棱镜，通过放样模式，定出各墩台中心位置。这样测设可有效地控制横向误差。

若在桥轴线控制桩上测设有障碍，可将仪器置于任何一个控制点上，利用墩台中心的坐标进行测设。为了确保测设点位的准确，测后应将仪器迁至另一控制点上，按上述程序测设一次，以进行校核。只有两次测设的位置满足限差要求才能停止。

在测设前应注意将所使用的棱镜常数和当地的气象、温度和气压参数输入仪器，全站仪自动对所测距离进行修正。

10.3.3 桥梁墩台施工测量

在完成墩台的平面定位后，还应建立桥梁施工的高程控制网，作为墩台施工高程放样的基础。

桥墩主要由基础、墩身及墩帽 3 部分组成。它的细部放样是在实地标定好的墩位中心和桥墩纵横轴线的基础上，根据施工的需要，按照设计图自上而下，分阶段地将桥墩各部分尺寸放样到施工作业面上。

1. 墩台的高程测量

1）水准网布设

当桥长在 200m 以内时，可在河两岸各设置一个水准点。当桥长超过 200m 时，由于两岸联测起来比较困难，当水准点高程发生变化时不易复查，因此每岸至少应设置两个水准点。水准点应设在距桥中线 50～100m 范围内，选择坚实、稳固、能够长久保留、便于引测使用的地方，且不易受施工和交通的干扰。相邻水准点之间的距离小于 500m。

为了施工使用方便，可设立若干工作水准点，其位置以方便施工测设为准。但在整个施工期间，应定期复核工作水准点的高程，以确定其是否受到施工的影响或破坏。此外，对桥墩较高、两岸陡峭的情况，应在不同高度设置水准点，以便于桥墩高程放样。

2）水准网联测

桥梁高程控制网的起算高程数据，由桥址附近的国家水准点和路线水准点引入，其目的是保证桥梁高程控制网与路线采用同一高程系统，从而取得统一的高程基准。但联测得精度可略低于桥梁高程控制网的精度，它不会影响桥梁各部分高程放样的相对精度，因此，桥梁高程控制网是个自由网。

3）水准网测量

水准测量作业之前，应按照国家水准测量规范的规定，对用于作业的水准仪和水准尺进行检验与校正；水准测量的实施方法及限差要求亦按规范规定进行。

水准网的平差根据具体情况可采用多边形平差法，间接观测平差以及条件观测平差。一般情况下，由于桥梁水准网形简单，通常只有一个闭合环，平差计算比较简单。

2. 墩台轴线测设

在墩台施工前，需要根据已测设出的墩台中心位置，测设墩台的纵横轴线，作为放样墩台细部的依据。墩台纵轴线是指过墩台中心，垂直于路线方向的轴线；墩台横轴线是指过墩台中心，与路线方向一致的轴线。

在直线形桥上，墩台的横轴线与桥轴线重合，且所有墩台均一致，因而就可以利用桥轴线两端的控制桩标定横轴线方向，不再另行测设。

墩台的纵轴线与横轴线垂直。在测设纵轴线时，在墩台中心点上安置经纬仪，以桥轴线方向为准测设 90°，即为纵轴线方向。由于在施工过程中经常需要恢复墩台的纵横轴线位置，因此需要用标桩将其准确地标定在地面上，这些标桩称为护桩，如图 10.42 所示。

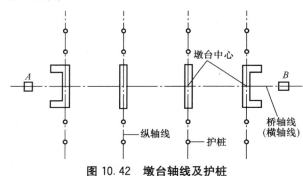

图 10.42　墩台轴线及护桩

为了消除仪器误差的影响，需要用盘左、盘右测设两次，取其平均位置。在测设出的轴线方向上，应在桥轴线两侧各设置 2～3 个护桩，确保在个别护桩损坏后也能及时恢复。当墩台施工到一定高度时，将影响两侧护桩的通视，这时利用桥轴线同一侧的护桩即可恢复纵轴位置。护桩的位置应选在离开施工场地一定距离，通视良好，地质稳定的地方，桩标一般采用木桩或混凝土桩。

位于水中的桥墩，即不能安置仪器，也不能设护桩，可在初步定出的墩位处筑岛或建围堰，然后用方向交会法或其他方法精确测设墩位并设置轴线。若在深水大河上修建桥墩，一般采用沉井基础，此时常采用前方交会进行定位，在沉井落入河床之前，应不断地进行观测，确保沉井位于设计位置上。利用光电测距仪进行测设时，可采用极坐标法进行定位。

3. 基础施工放样

桥梁基础形式有明挖基础、管状基础、沉井基础等，以下主要讨论明挖基础的施工放样。

明挖基础适合在地面无水的地基上施工，先挖基坑，再在坑内砌筑块材基础，如图 10.43 所示。若在水面以下采用明挖基础，则要先建立围堰，将水排出后再施工。

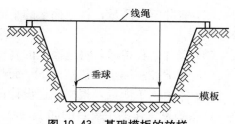

图 10.43　基础模板的放样

　　根据墩台中心点位及纵横轴线，按设计的平面形状测设出基础轮廓线控制点。然后进行基础开挖工作，当基坑开挖至坑底的设计高程时，应对坑底进行平整清理，进而安装模板，浇筑基础及墩身。

　　在进行基础及墩身的模板放样时，可将经纬仪安置在墩台中心线的一个护桩上，瞄准另一较远的护桩定向，这时仪器的视线即为中心线方向。安装时调整模板位置，使其中点与视线重合，则模板已正确就位。

　　如图 10.43 所示，当模板的高度低于地面时，可用仪器在邻近基坑的位置，放出中心线上的两点。在这两点上挂线，用垂球将中线向下投测，引导模板的安装。在模板安装后，应检验模板内壁长、宽及与纵横轴线之间的关系尺寸，以及模板内壁的垂直度等。

　　基础和墩身模板的高程一般用水准测量的方法放样，当模板低于或高于地面很多时，无法用水准尺直接放样时，则用水准仪在某一适当位置先测设一高程点，然后再用钢尺垂直丈量，定出放样的高程位置。

　　4. 墩身施工测量

　　基础施工完毕后，需要利用控制点重新交会出墩中心点。然后，在墩中心点安置经纬仪放出纵横轴线，同时根据岸上水准基点，检查基础顶面高程。根据纵横轴线即可放样承台、墩身的外轮廓线。

　　随着桥墩砌筑（浇筑）的升高，可用较重的垂球将标定的纵横轴线转移到上一段，每升高 3～6m 须利用三角点检查一次桥墩中心和纵横轴线。

　　桥墩砌筑（浇筑）至离帽底约 30cm 时，再测出墩台中心及纵横轴线，据此竖立顶帽模板、安装锚栓孔、安插钢筋等。在浇筑墩帽前，必须对桥墩的中线、高程、拱座斜面及其他各部分尺寸进行复核，准确地放出墩帽的中心线。灌注墩帽至顶部时，应埋入中心标志及水准点各 1～2 个。墩帽顶面水准点应从岸上水准点测定其高程，以作为安装桥梁上部结构的依据。

10.4　隧道工程施工测量

10.4.1　隧道工程测量概述

　　随着现代化建设的发展，我国地下隧道工程日益增多，如公路隧道、铁路隧道、水利工程输水隧道、地下铁路及矿山隧道等。

　　按隧道长度不同，隧道可分为特长隧道、长隧道和短隧道。一般来说，长度在3000m以上的，属于特长隧道；长度在 1000～3000m 之间的属于长隧道；长度在 500～1000m 之间的属于中隧道；长度在 500m 以下的属于短隧道。

　　由于工程性质和地质条件的不同，地下工程的施工方法也不尽相同。施工方法不同，对测量的要求也有所不同。总的来说，地下隧道施工需要进行的测量工作主要包括以下内容。

　　（1）地面控制测量，即在地面上建立平面和高程控制网。

(2) 竖井定向测量，将地面上的平面坐标、方位传递到地下隧道，建立地面地下统一坐标系统。

(3) 竖井高程传递，将地面上的高程传递到地下隧道，建立地面地下统一高程系统。

(4) 地下控制测量，包括地下平面与高程控制。

(5) 隧道施工测量，根据隧道设计进行放样、指导开挖及衬砌的中线及高程测量。

这些测量工作的主要目的如下。

(1) 在地下标定出地下工程建筑物的设计中心线和高程，为开挖、衬砌和施工指定方向和位置。

(2) 保证在两个相向开挖面的掘进中，施土中线在平面和高程上按设计的要求正确贯通，保证开挖不超过规定的界线，保证所有建筑物在贯通前能正确地修建。

(3) 保证设备的正确安装。

(4) 为设计和管理部门提供竣工测量资料等。

10.4.2 地面控制测量

隧道工程控制测量是保证隧道按照规定精度正确贯通，并使地下各建(构)筑物按设计位置定位的工程措施。隧道控制网分为地面和地下两部分。

地面平面控制网是包括进口控制点和出口控制点在内的控制网，并能保证进口点坐标和出口点坐标以及两者的连线方向达到设计要求。地面平面控制测量一般采用中线法、导线法及三角(边)锁等方法。由于 GPS 定位系统的广泛应用，GPS 也已用于隧道施工的洞外控制测量。

1. 平面控制测量

1) 中线法

中线法是在隧道地面上按一定距离标出中线点，施工时据此作为中线控制桩使用。施工时，分别在两端中线控制桩上安置仪器，将中线方向延伸到洞内，作为隧道的掘进方向。该法宜用于隧道较短、洞顶地形较平坦，且无较高精度的测距设备的情况下，但必须反复测量，防止错误，并要注意延伸直线的检核。其优点是中线长度误差对贯通的横向误差几乎没有影响。

2) 导线法

洞外地形复杂，量距又特别困难时，应布设导线来进行控制。施测导线时尽量使导线为直伸形，减少转折角，以减小测角误差对贯通的横向误差影响。

3) 三角(边)锁法

三角锁作为隧道洞外的控制网，必须要测量高精度的基线，测角精度要求也较高，一般长隧道测角精度为 $\pm 2''$ 左右。起始边精度要达到 1/300000。因此要付出较多的人力和物力。用三角锁作为控制网，最好将三角锁不设成直伸形，并且用单三角构成，使图形尽量简单。这样就可以将边长误差对贯通的横向误差影响大大削弱。

4) 用 GPS 定位系统建立控制网

利用 GPS 定位系统建立洞外的隧道施工控制网，由于无需通视，故不受地形限制，减少了工作量，提高了速度，降低了费用，并能保证施工控制网的精度。

2. 地面高程控制测量

高程控制测量的目的是按照规定的精度，测量两开挖洞口的进口点间的高差，并建立洞内统一的高程系统，以保证在贯通面上高程的正确贯通。

一次相向贯通的隧道，在贯通面上对高程要求的精度为±25mm。对地面高程控制测量分配的影响值为±18mm，分配到洞内高程控制的测量影响值为±17mm。根据上述精度要求，按照路线的长度确定必要的水准测量的等级。进口和出口要各设置两个以上水准点，两水准点之间最好能安置一次仪器进行联测。水准点应埋设在坚实、稳定和避开施工干扰之处。地面水准测量的技术要求，参照水准测量规范相应等级的规定。

10.4.3 竖井定向测量

竖井定向测量的目的是把地面的平面坐标传递到地下，是地上地下建立统一的坐标系统，以便正确指导隧道施工工作，保证贯通顺利进行。一般通过竖井采用一井定向、两井定向及陀螺经纬仪定向等方法来传递平面坐标。

1. 一井定向

一井定向是在井筒内挂两根钢丝，钢丝的上端在地面，下端投到定向水平。在地面测算两钢丝的坐标，同时在井下与永久控制点连接，如此达到将一点坐标和一个方向导入地下的目的。定向工作分投点和连接测量两部分。

所谓投点是指在井筒中悬挂垂球线至定向水平。投点方法采用稳定投点法和摆动投点法。投点法所用垂球的重量与钢丝的直径随井深而不同。井深小于100m时，垂球重30～50kg；大于100m时为50～100kg。钢丝直径的大小取决于垂球的重量。

投点时，先用小垂球（2kg）将钢丝下放井下，然后换上大垂球，并置于油桶或水桶内，使其稳定。由于井筒内受气流、滴水的影响，在投点时，还要根据实际情况采用加防风套管、挡水等措施，减弱投点误差的影响，提高投点精度。

投点工作完成后，应同时在地面和定向水平上对垂线进行观测，地面观测是为了求得两垂球线的坐标及其连线的方位角；井下观测是以两垂球的坐标和方位角推算导线起始点的坐标和起始边的方位角。连接测量的方法普遍使用的是连接三角形法。

如图10.44所示，D 点和 C 点分别为地面上近井点和连接点，A、B 为两垂球线，C'、D' 和 E' 为地下永久导线点。在井上下分别安置经纬仪于 C 和 C' 点，观测 φ、Ψ、γ 和 φ'、Ψ'、γ'。测量边长 a、b、c 和 CD，以及井下的 a'、b'、c' 和 $C'D'$。由此，在井上下形成以 AB 为公共边的△ABC 和△ABC'。由图可以看出：已知 D 点坐标和 DE 边的方位角，观测三角形的各边长 a、b、c 及角 γ，就可推算井下导线起始边的方位角和 D' 点的坐标。

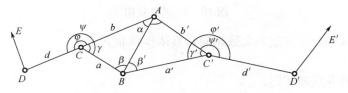

图 10.44 连接三角形

具体解算过程如下所示。

（1）计算两垂球线之间的距离。根据实测边长 a、b 及角 γ，按余弦公式计算两垂球线之间的距离为

$$c_{计} = \sqrt{a^2 + b^2 - 2ab\cos\gamma} \tag{10-49}$$

（2）计算的实测值与计算值之差，并进行改正，即

$$d = c_{测} - c_{计} \tag{10-50}$$

对于地面连接三角形 d 值不得超过 2mm，井下连接三角形值 d 不得超过 4mm。符合要求后，按式（10-51）将平均分配给 a、b、c。

$$v_d = -\frac{d}{3}, \quad v_b = -\frac{d}{3}, \quad v_c = -\frac{d}{3} \tag{10-51}$$

（3）连接三角形的解算。根据实测的及平差后的边长，可按公式计算垂球线处的角度 α、β。

$$\sin\alpha = \frac{a}{c}\sin\gamma, \quad \sin\beta = \frac{b}{c}\sin\gamma \tag{10-52}$$

（4）坐标计算。计算方法与经纬仪导线测量计算相同。

2. 两井定向

当有两个竖井，井下有巷道相通，并能进行测量时，就可以在两井筒各下放一根垂球线，然后在地面和井下分别将其连接，形成一个闭合环，把地面坐标系统传递到井下，这就是两井定向，如图 10.45 所示。

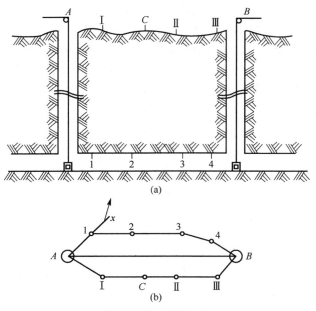

图 10.45　两井定向

两井定向的过程与一井定向大致相同，具体步骤如下。

1）投点

投点方法与一井定向相同。

2）连接测量

两竖井之间的距离较短时，可在两井之间建立一个近井点 C；若距离较远时，两井可分别建立近井点。地面测量时，首先根据近井点和已知方位角，测定 A、B 两垂线的坐标。事先布设好导线，定向时只测量各垂线的一个连接角和一条边。导线布设时，要求沿两井方向布设成延伸形，以减小量距带来的横向误差。

井下连接测量是把导线以及垂球线进行联测。

3）内业计算

（1）根据地面导线计算两垂球线的坐标，反算连线的方位角 α_{AB} 和长度 c。

（2）假定井下导线为独立坐标系，以 A 点为原点，以 $A1$ 为 x' 轴，用导线计算方法计算出 B 点的坐标，得 x'_B、y'_B，反算 AB 的假定方位角。

$$\alpha'_{AB}=\tan^{-1}\frac{y'_B}{x'_B} \qquad (10-53)$$

$$c'=\sqrt{y'^2_B+x'^2_B} \qquad (10-54)$$

c 和 c' 不相等，一方面由于井上、井下不在一个高程面上，一方面由于测量误差的存在，则地下边长 c' 加上井深改正后与地面相应边长 c 的较差为

$$f_c=c-\left(c'+\frac{H}{R}c\right) \qquad (10-55)$$

式中，H 为井深；R 为为地球曲率半径，其值为 6371km；f_c 不应大于两倍连接测量的中误差。

（3）求出 AB 边井上、井下两方位角之差，计算出井下导线边的方位角。

$$\Delta\alpha=\alpha_{AB}-\alpha'_{AB}=\alpha_{A1} \qquad (10-56)$$

井下导线各边的假定方位角，加上 $\Delta\alpha$，即可求得井下各导线边的方位角。从而以地面 A 点的坐标 x_A、y_A 和 a_{AB} 为起算数据，以改正后的导线各边长 S，计算井下导线的坐标增量，并求闭合差。

$$f_x=\sum_A^B\Delta_x-(x_B-x_A) \qquad (10-57)$$

$$f_y=\sum_A^B\Delta_y-(y_B-y_A) \qquad (10-58)$$

$$f_s=\sqrt{f_x^2+f_y^2} \qquad (10-59)$$

其全长相对闭合差 $\frac{f_s}{[S]}\leqslant K_容$。

Ⅰ级导线 $K_容\leqslant1/4000$，Ⅱ级导线 $K_容\leqslant1/2000$。在满足精度要求的情况下，将 f_x、f_y 反符号按边长成正比例分配在各坐标增量上，然后计算井下导线上各点的坐标。

10.4.4 竖井高程传递

将地面上的高程传递到地下去，一般采用经由横洞传递高程、通过斜井传递高程、通过竖井传递高程等方法。通过洞口或横洞传递高程时，可由地面向隧道中敷设水准路线，用一般水准测量或三角高程测量的方法进行传递高程。

通过竖井传递高程，可采用钢尺导入高程、红外测距导入高程方法等。以下简要介绍钢尺导入高程的方法。

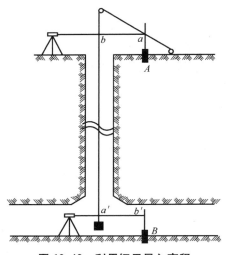

图 10.46 利用钢尺导入高程

钢尺导入高程时采用专用钢尺进行，其长度有 100m、500m。使用长钢尺通过井盖放入井下。钢尺零点端挂一个 10kg 垂球。地面和井下分别安置水准仪，如图 10.46 所示，在水准点 A、B 的水准尺读数 a 和 b'，两台仪器在钢尺上同时读数分别为 b 和 a'。最后再在 A、B 水准点上读数，以复核原读数是否有误差。在井上和井下分别测定温度为 t_1、t_2。

由于钢尺受客观条件的影响，应加入尺长、温度、拉力和钢尺自重 4 项改正数。

井下 B 点高程可通过下式计算得到

$$H_B = H_A + (a - b) + (a' - b') + \Delta l_d + \Delta l_t + \Delta l_p + \Delta l_c$$

$$(10 - 60)$$

10.4.5 地下控制测量

1. 井下平面控制测量

井下平面控制测量和地面平面控制测量一样，也应采取正确的程序和方法，才能满足井下施工和测图的要求。因而要求测量工作必须遵循高级控制低级的原则，以便控制误差累积，提高精度；其次，测量工作应与施工工程所要求的精度相适应，不必追求过高的精度；另外为了保证测量工作的正确性，要求每项测量工作都应有必要的检核工作。

由于井下空间的有限性，决定了在井下平面控制测量只能采用导线进行测量。在隧道施工过程中，井下导线一般采取分级布设，可分别布设施工导线、基本控制导线和主要导线。

在开挖面向前推进时，用以进行放样且指导开挖的导线测量就是施工导线，施工导线的边长为 25～50m。当掘进长度达 100～300m 以后，为了检查隧道的方向是否与设计相符合，并提高导线精度，选择一部分施工导线点布设边长较长，精度较高的基本控制导线，其边长一般为 50～100m。当隧道掘进 2km 后，可选择一部分基本导线点敷设主要导线，其边长一般为 150～800m。导线点多数埋设在巷道的顶板上，巷道的导线的等级与地面不同，其布设等级见表 10 - 9。

表 10 - 9 各级导线技术指标

导线类型	测角中误差	一般边长(m)	角度允许闭合差		方向闭合法较差	最大相对闭合差	
			闭(附)合导线	复测支导线		闭(附)合导线	复测支导线
高级	±15″	30～90	±30″$\sqrt{n}$	±30″$\sqrt{n_1 + n_2}$	30″	1/6000	1/4000
Ⅰ级	±22″	—	±45″$\sqrt{n}$	±45″$\sqrt{n_1 + n_2}$	30″	1/4000	1/3000
Ⅱ级	±45″	—	±90″$\sqrt{n}$	±90″$\sqrt{n_1 + n_2}$	30″	1/2000	1/1500

注：n 为闭(附)合导线测站数；n_1、n_2 为复测支导线第一次、第二次测站数

地下导线测量分外业和内业工作。外业包括选点和埋点、测角和量边等工作，选点

时应注意选在比较坚固的底板或顶板上，要便于观测和保存，通视条件较好。测角和量边方法同地面测量，只是在地下黑暗，需要照明。外业工作完成后，就进入内业计算阶段。

2. 井下高程控制测量

当隧道坡度小于 8°时，多采用水准测量，建立高程控制；当坡度大于 8°时，采用三角高程测量比较方便。地下水准测量分两级布设，其技术要求见表 10-10。

表 10-10　地下水准测量等级

级别	两次高差之差或红黑面高差之差	支水准路线往返测高差不符值	闭(附)合路线闭合差
Ⅰ	±4mm	±15$\sqrt{R}$	—
Ⅱ	±5mm	±30$\sqrt{R}$	±24$\sqrt{L}$

注：R 为支水准线路长度，以百米计；L 为闭(附)合线路长度，以百米计

Ⅰ级水准路线作为地下首级控制，从地下导入高程的起始水准点开始，沿主要隧道布设，可将永久导线点作为水准点，并且每 3 个一组，便于检查水准点是否变动。

Ⅱ级水准点以Ⅰ级水准点作为起始点，均为临时水准点，可用Ⅱ级导线点作为水准点。Ⅰ、Ⅱ级水准点在很多情况下都是支水准路线，必须往返观测进行检核。若有条件尽量闭合或附合。

测量方法与地面基本相同。若水准点在顶板上，用 1.5m 或 2m 的水准尺倒立于点下，高差的计算与地面相同，只是读数的符号不同而已。

地下三角高程测量与地面三角高程测量相同。三角高程测量要往返观测，两次高差之差不超过$(10+0.3l_0)$mm，l_0 为两点间的水平距离。三角高程测量在可能的条件下要闭合或附合，其闭合差为

$$f_h = \pm 30\sqrt{L} \text{(mm)} \tag{10-61}$$

式中，L 为平距，以百米计。

10.4.6　隧道施工测量

在隧道施工过程中，测量人员的主要任务是随时确定开挖的方向，此外还要定期检查工作进度(进尺)及计算完成的土石方数量。在隧道竣工后，还要进行竣工测量。

1. 隧道开挖时的测量工作

在隧道掘进过程中首先要给出掘进的方向，即隧道的中线，同时要给出掘进的坡度，通过腰线来标定，这样才能保证隧道按设计要求掘进。

1) 隧道中线测设

在全断面掘进的隧道中，常用中线给出隧道的掘进方向。如图 10.47 所示，Ⅰ、Ⅱ为导线点，A 为设计的中线点。已知其设计坐标和中线的坐标方位角，根据Ⅰ、Ⅱ点的坐标，可反算得到 $\beta_Ⅱ$、D 和 β_A。在Ⅱ点上安置仪器，测设 $\beta_Ⅱ$ 角和丈量 D，便得出 A 点的实际位置。在 A 点(底板或顶板)上埋设标志并安仪器，后视Ⅱ点，拨 β_A 角，则得中线方向。

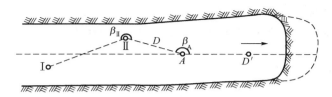

图 10.47　隧道中线测设

如果 A 点离掘进工作面较远，则在工作面近处建立新的中线点 D'，A 与 D' 间不应大于 100m。在工作面附近，用正倒镜分中法设立临时中线点 D、E、F，如图 10.48 所示，都埋设在顶板上，D、E、F 之间的距离不宜小于 5m。在这 3 点上悬挂垂球线，一人在后可以向前指出掘进的方向，标定在工作面上。当继续向前掘进时，导线也随之向前延伸，同时用导线测设中线点，以检查和修正掘进方向。

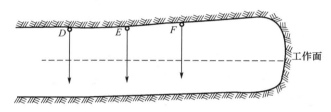

图 10.48　顶板上的临时中线点

2）腰线的标定

在隧道掘进过程中，除给出中线外，还要给出掘进的坡度。一般用腰线法放样坡度和各部位的高程。常用的方法主要有经纬仪法和水准仪法。

（1）用经纬仪标定腰线。用经纬仪标定腰线通常采用标定中线的同时标定腰线。如图 10.49 所示，在 A 点安置经纬仪，量仪高 i，仪器视线高程 $H = H_A + i$，在 A 点的腰线高程设为 $H_{A'} + l$，则两者之差 k 为

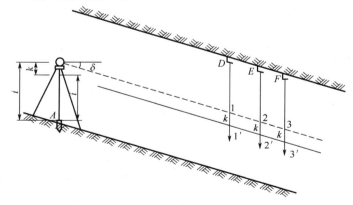

图 10.49　经纬仪标定腰线

$$k = (H_A + i) - (H_A + L) = i - l \qquad (10-62)$$

式中，l 为仪器腰线高，一般取 1m。

当经纬仪所测得倾角为设计隧道的倾角 δ 时，瞄准中线上 D、E、F 这 3 点所挂的垂球线，从视点 1、2、3 向下量出 k，即得腰线点 $1'$、$2'$、$3'$。

在隧道掘进过程中，标志隧道坡度的腰线点并不设在中线上，往往标志在隧道的两侧壁上。如图 10.50 所示，仪器安置在 A 点，在 AD 中线上倾角为 δ；若 B 点与 D 点同高，AB 线的倾角 δ'，并不是 δ，通常称 δ' 为伪倾角。δ' 与 δ 之间的关系可按式（10-63）求出。

$$\tan\delta' = \cos\beta\tan\delta \qquad (10-63)$$

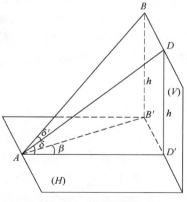

图 10.50 量测隧道倾角

可根据现场观测的 β 角和设计的 δ 计算 δ' 之后就可在隧道两侧壁上标定腰线点。

（2）用水准仪标定腰线。当隧道坡度在 $8°$ 以下时，可用水准仪测设腰线。如图 10.51 所示，A 点高程 H_A 为已知，且已知 B 点的设计高程 $H_设$，设坡度为，在中线上量出 1 点距 B 点的距离 l_1 和 1、2、3 之间的距离 l_0，就可以计算 1、2、3 点的设计高程，即

$$H_1 = H_设 + l_1 i \qquad (10-64)$$
$$H_2 = H_1 + l_0 i \qquad (10-65)$$
$$H_3 = H_2 + l_0 i \qquad (10-66)$$

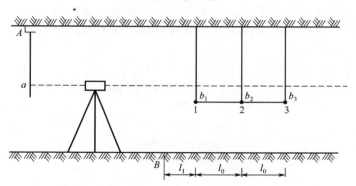

图 10.51 水准仪标定腰线

在水准点 A 与腰线点之间安置水准仪，后视点 A 水准尺，读出读数 a，则视线高程为

$$H_i = H_A + a \qquad (10-67)$$

式中，a 的符号取决于水准点的位置，位于底板为正，位于顶板为负。

分别计算出视线与腰线点之间的高差。

$$b_1 = H_1 - H_i \qquad (10-68)$$
$$b_2 = H_2 - H_i \qquad (10-69)$$
$$b_3 = H_3 - H_i \qquad (10-70)$$

根据 b_1、b_2、b_3 可以测设一组腰线点 1、2、3 点，用于指导隧道施工。

2. 隧道的竣工测量

隧道竣工后，应在直线地段每 50m、区线地段每 20m 或需要加侧断面处测绘隧道的实际净空。测量时均以线路中线位准，包括测量隧道的拱顶高程、起拱线宽度、轨顶水平宽度、铺底或抑拱高程。

在竣工测量后，应对隧道的永久性中线点用混凝土包埋金属标志。在采用地下导线测

量的隧道内，可利用原有中线点或根据调整后的线路中心点埋设。直线上的永久性中线点，每200～250m埋设一个，曲线上应在缓和区线的起终点各埋设一个，在曲线中部，可根据通视条件适当增加。在隧道边墙上要画出永久性中线点的标志。洞内水准点应每公里埋设一个，并在边墙上画出标志。

本项目小结

本项目对常见管线工程测量作了详细的阐述，主要包括道路施工测量、管道施工测量、桥梁工程施工测量及隧道施工测量的方法。

道路施工测量涉及道路中线测量、圆曲线测设、纵横断面测量及道路施工测量等内容。道路勘测一般分为初测和定测两个阶段，通过这两阶段的工作为道路施工测量提供施工依据。

管道施工测量涉及管道中线测量、纵横断面测量、施工测量、顶管施工测量及竣工测量等内容。管道中线的测量是保证管道工程质量最关键的环节。管道工程多属地下构筑物，若在测量、设计和施工中出现差错，会造成严重的后果，因此应严格按照设计进行测量，这样才能保证施工质量。

桥梁工程施工测量涉及桥梁施工控制测量、桥梁墩台定位测量及桥梁施工测量等内容。在桥梁施工时，测量工作的任务是精确地放样桥梁墩台的位置和跨越结构的各个部分，并随时检查施工质量。

隧道施工测量涉及隧道（包括地面和地下）控制测量、竖井定向测量、竖井高程传递及隧道施工测量等内容。这些测量工作旨在标定出隧道的设计中心线和高程，为开挖和施工指定方向和位置。

习题

一、填空题

1. 道路勘测一般分为初测和_____两个阶段。

2. 路线中线测量的任务是_____。

3. 某桩点距线路起点的距离为4450.78m，则它的桩号应写为_____。

4. 圆曲线主点测设元素有直圆点(ZY)、_____、_____。

5. 管道工程测量的主要工作有管道_____、_____、管道施工测量、_____和管道竣工测量。

6. 桥梁墩台定位方法有直接丈量法、_____、_____。

7. 隧道施工的测量工作包括地面控制测量、_____、竖井高程传递、_____、隧道施工测量。

二、简答题

1. 道路施工测量中穿线法测设交点的方法及步骤是什么？

2. 圆曲线详细测设的方法及测设步骤是什么？

3. 管道中线测量的基本内容是什么？

4. 管道坡度控制标志的测设方法及各自的测设程序是什么？

5. 桥梁墩台定位方法及步骤是什么？

6. 隧道工程施工测量工作的目的是什么？

三、计算题

1. 如图 10.3 所示，设导线点 C_4 的坐标为(200.000，400.000)，导线点 C_5 的坐标为(600.000，800.000)，线路中线交点 JD_{10} 的坐标为(400.000，600.000)，在导线点 C_4 设站，按极坐标法测设交点 JD_{10}，试计算测设角度及距离，并说明测设步骤。

2. 在某线路有一圆曲线，已知交点的桩号为 K1+600m，转角为 $60°00'00''$，设计圆曲线半径 $R=200$m，求曲线测设元素及主点桩号。

项目 11

地形图的知识与应用

❀ 学习目标

通过学习地形图的基本知识和测量方法，要求学生了解识读地形图的基本方法，掌握地形、地貌特征点的选择原则和碎部测量的基本方法；掌握地形图绘制的基本步骤，了解数字化测量的基本方法，地形图拼接、检查、整饰的基本方法；掌握地形图的基本应用；了解地籍测量及房地产测量的相关知识。

❀ 学习要求

能 力 目 标	知 识 要 点	权　　重	自测分数
学会识读地形图	地形图的基本知识	20%	
掌握地形图的测绘方法	碎部点的选取及碎部测量的基本方法	30%	
了解测绘新知识	数字化测图的基本原理和步骤	10%	
掌握地形图的使用方法	地形图在工程建设方面的应用	30%	
了解地籍测量的基本知识	地籍测量和房产测量的基本知识	10%	

❀ 学习重点

地形图的基本知识；地物地貌的表示方法；大比例地形图的测绘原理；数字化测图的基本原理；地形图在工程建设方面的应用；地籍测量的基本知识

❀ 最新标准

《工程测量规范》（GB 50026—2007）；《城市测量规范》（CJJ/T 8—2011）和《国家基本比例尺地图图式 第1部分：1∶500　1∶1000　1∶2000 地形图图式》（GB/T 20257.1—2007）(简称《地形图图式》)

引 例

在对城市进行规划设计时，首先要按城市各项建设对地形的要求并结合实地的地形进行分析，以便充分合理地利用和改造原有地形。规划设计所用的地形图，根据城市用地范围的大小，在总体规划阶段，常选用 1∶10000 或 1∶5000 比例尺的地形图；在详细规划阶段，为了满足房屋建筑和各项市政工程初步设计的需要，常选用 1∶2000、1∶1000 或 1∶500 比例尺的地形图。可见，地形图在城市的各项建设中的作用是举足轻重的。

那么，怎么样才能测得一幅完整的地形图呢？

11.1 地形图的基本知识

11.1.1 地形图概述

在国民经济建设、国防建设、科学研究、文化教育以及日常社会生活中都要使用各种各样的地图。地图是按一定的法则有选择地在平面上表示地球表面若干现象的图。它具有严格的数学基础，统一的符号系统，特殊的文字注记，并按制图学的综合原则科学地反映与表示自然景观和社会经济现象的特征及相互间的关联。

地图按所表示的内容可分为专题地图和普通地图。专题地图是着重表示自然和社会经济现象的某一种或某几种要素的地图，适合于某部门或某专业的专门需要。普通地图是指通用的，描述一个地区自然地理和社会经济一般特征的地图，它比较全面地把地表上的各个要素内容，如居民地、交通网、水系、行政区划、界限、土壤、地貌、植被等，按一定的比例尺大小，以相应的详细程度予以表示，为国民经济建设、国防建设、科学研究、文化教育及时提供地表资料。普通地图又可分为地形图和一览图。一览图是指比例尺小于1∶100万的普通地图或称普通地理图。它包括范围广大，以高度概括的形式反映区域内的主要特征和一般概况，如世界地图、某洲地图或某国、某地区地图。它是由实测的大比例尺地形图及地图资料编绘而成的。地形图是普通地图的一种，它有较高的实用性，在国民经济建设、国防建设、科学研究中均广泛使用地形图。它是按一定的比例尺和一定的范围，表示地表某一局部区域内的地物和地貌平面位置和高程的正射投影图(图 11.1)。地物是指地表面固定性的物体，具有明确轮廓线，有自然形成的也有人工建造的，如河流、湖泊、房屋、道路、桥梁等。地貌是对地球表面各种高低起伏形态的通称，它没有明确的分界线，按形态和规模分为山地、丘陵、高原、平原、盆地等。通常习惯上把地物和地貌统称为地形。而地形图上则把地球表面的水系、居民地、交通线、境界线、土壤植被、地貌等六大类地形要素用各种符号详尽地表示出来。由于地形图是经实地测绘或根据实测及配合调查资料绘制而成的，因而既充分反映地表实况，又保证一定的数学精度，因此，在经济、国防等各种工程建设中，都需要利用地形图进行规划、设计、施工及竣工管理。

由于在地形图上客观地反映了地物和地貌的变化情况，给分析、研究和处理问题带来了许多的方便。各种地物和地貌采用各种专门的符号和注记表示在地形图上。为了使全国采用统一的符号，国家测绘局制定并颁发了各种比例尺的《地形图图式》，供测图、读图和用图时使用。地形图的内容相当丰富，下面分别介绍地形图的比例尺、图名、图号、图廓以及地物和地貌在地形图上的表示方法。

城镇居民地

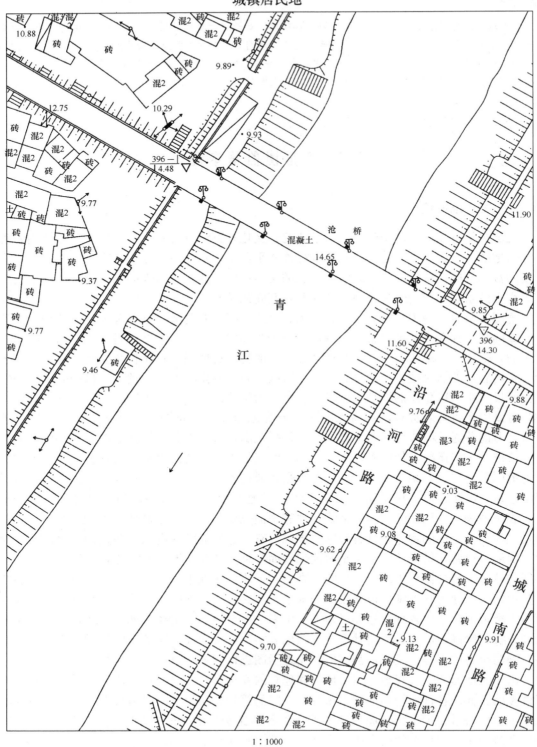

1 : 1000

图 11.1　某区域地物与地貌平面位置和高程的正射投影图

11.1.2　地形图的比例尺

地形图上任意线段的长度 d 与它所代表的地面上的实际水平长度 D 之比称为地形图的比例尺。地形图的比例尺应注记在地形图图廓外下方中央位置处。

1. 比例尺种类

1) 数字比例尺

数字比例尺用分子为 1 的分数表示，即

$$\frac{d}{D}=\frac{1}{\dfrac{D}{d}}=\frac{1}{M} \tag{11-1}$$

或写成 $1:M$，其中 M 为比例尺分母。M 越大，比值越小，比例尺越小；相反，M 越小，比值越大，比例尺越大。如数字比例尺 $1:500 > 1:1000$。

可利用式 (11-1)，根据图上长度和比例尺求实际长度，也可根据实际长度和比例尺求图上长度。

我国规定 $1:1$ 万、$1:2.5$ 万、$1:5$ 万、$1:10$ 万、$1:20$ 万（现已为 $1:25$ 万）、$1:50$ 万、$1:100$ 万 7 种比例尺地形图为国家基本比例尺地形图。通常称 $1:100$ 万、$1:50$ 万和 $1:20$ 万比例尺的地形图为小比例尺地形图；$1:10$ 万、$1:5$ 万、$1:2.5$ 万和 $1:1$ 万比例尺的地形图为中比例尺地形图；$1:5000$、$1:2000$、$1:1000$ 和 $1:500$ 比例尺的地形图为大比例尺地形图。

中比例尺地形图系国家的基本地图，由国家专业测绘部门负责测绘，目前均用航空摄影测量方法成图，小比例尺地形图一般由中比例尺地图缩小编绘而成。城市和工程建设一般需要大比例尺地形图，其中比例尺为 $1:500$ 和 $1:1000$ 的地形图一般用平板仪、经纬仪或全站仪等测绘；比例尺为 $1:2000$ 和 $1:5000$ 的地形图一般用由 $1:500$ 或 $1:1000$ 的地形图缩小编绘而成。大面积 $1:500 \sim 1:5000$ 的地形图也可以用航空摄影测量方法成图。大比例尺地形图是直接为满足各种工程设计、施工而测绘的。因此，本项目重点介绍大比例尺地形图的基本知识。

2) 图示比例尺

为了便于应用，通常在地形图的正下方绘制一图示比例尺。由两条平行线构成，并把它们分成若干个 2cm 长的基本单位，最左端的一个基本单位分成 10 等分。图示比例尺上所注记的数字表示以 m 为单位的实际距离。图示比例尺除直观、方便外，还有一个突出的特点就是比例尺随图纸一起产生伸缩变形，避免了数字比例尺因图纸变形而影响在图上量算的准确性。

使用时，用分规的两脚尖对准衡量距离的两点，然后将分规移至图示比例尺上，使一个脚尖对准 "0" 分划右侧的整分划线上，而使另一个脚尖落在 "0" 分划线左端的小分划段中，则所量的距离就是两个脚尖读数的总和，不足一小分划的零数可目估。

2. 比例尺精度

通常人眼能在图上分辨出的最小距离为 0.1mm。因此，地形图图上 0.1mm 所代表的实地水平距离称为比例尺精度，若用 δ 表示比例尺精度，M 表示比例尺分母，则

$$\delta = 0.1M \text{(mm)} \tag{11-2}$$

根据比例尺精度可以确定测图时测量实地距离应准确的程度，此外，当确定了要表示

地物的最短距离时，可以根据比例尺精度确定测图的比例尺。如用 1∶500 比例尺测图时，其比例尺精度为 0.05m，因此，实地测量距离只需精确到 0.05m 即可。又如，若规定图上应表示出的最短距离为 0.2m，则所采用的图纸比例尺不应小于 $\frac{0.1}{200}=\frac{1}{2000}$。

表 11-1 为几种常用的大比例尺地形图的比例尺精度。

表 11-1　比例尺精度表

比例尺	1∶500	1∶1000	1∶2000	1∶5000	1∶10000
比例尺精度/m	0.05	0.1	0.2	0.5	1.0

从表 11-1 可以看出：比例尺越大，表示地形变化的状况越详细，精度也越高；比例尺越小，表示地形变化的状况越粗略，精度也越低。比例尺越大，测图所耗费的人力、财力和时间越多。因此，在各类工程中，究竟选用何种比例尺地形图，应从实际情况出发，合理地选择利用比例尺，而不要盲目追求更大比例尺地形图。

11.1.3　地形图图名、图号、图廓及接合图表

1. 图名

图名即本图幅的名称，一般以本图幅内主要的地名、单位或行政名称命名，注记在北图廓外上方中央。如图 11.2 所示，图名为幸福镇。若图名选取有困难，也可不注图名，只注图号。

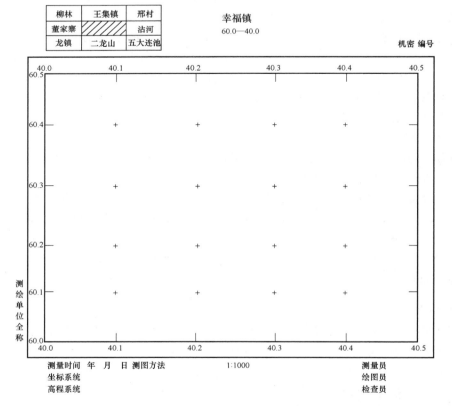

图 11.2　地形图图外注记

2. 图号

为了便于保管和使用地形图，每张地形图应有编号。图号就是该图幅相应分幅方法的编号，注于图幅正上方、图名的下方。如图 11.2 中 60.0—40.0。

1）分幅方法

大比例尺地形图常采用正方形分幅法或矩形分幅法，它是按统一的直角坐标纵、横坐标格网线划分的。

在 1：500、1：1000、1：2000 比例尺地形图上，一般采用 50cm×50cm 的正方形分幅或 40cm×50cm 的矩形分幅，根据需要也可采用其他规格的分幅。而中、小比例尺地形图则按经纬度来划分，即左、右以经线为界，上、下以纬线为界，图幅形状近似梯形，故称为梯形分幅。关于梯形分幅本书不作详细介绍。

各种大比例尺地形图图廓的规格及图幅的大小列入表 11-2。

表 11-2 正方形、矩形分幅图廓规格及图幅大小

比　例　尺	图幅大小 /(cm×cm)	实地面积 /km²	一幅 1：5000 图包含的图幅数	每平方千米图幅数	图廓坐标值/m
1：5000	40×40	4	1	0.25	1000 的整数倍
1：2000	50×50	1	4	1	1000 的整数倍
	40×50	0.8	5	1.25	纵坐标 800 的整数倍 横坐标 1000 的整数倍
1：1000	50×50	0.25	16	4	500 的整数倍
	40×50	0.2	20	5	纵坐标 400 的整数倍 横坐标 500 的整数倍
1：500	50×50	0.0625	64	16	50 的整数倍
	40×50	0.05	80	20	纵坐标 20 的整数倍 横坐标 50 的整数倍

2）编号方法

正方形分幅或矩形分幅的编号方法有 3 种。

（1）坐标编号法。采用图廓西南角坐标公里数编号时，x 坐标在前，y 坐标在后，中间用"—"相连。1：500 比例尺地形图取至 0.01km，如 10.40—21.75；1：1000、1：2000比例尺地形图取至 0.1km，如图 11.2 的图号为 60.0—40.0。对 1：5000 比例尺地形图的分幅编号是以 1：10 万地形图为基础按一定经差、纬差划分的，并采用统一的编号法。

（2）数字顺序编号法。如图 11.3(a)所示，数字排列顺序由左到右，由上到下编定。

（3）行列编号法。对带状测区或小面积测区，除按数字顺序编号外，还可利用行列编号法。一般以代号（如 A，B，C，…）为横行，由上到下排列，以阿拉伯数字为纵列，按先行后列的顺序从左到右排列编定，如图 11.3(b)所示。

3. 图廓

图廓是地形图的边界，有内、外图廓线之分。内图廓线就是坐标格网线，线粗为0.1mm，外图廓线为图幅的最外围边线，线粗为 0.5mm，是修饰线。外图廓相距 12mm。

在内、外图廓线之间注记格网坐标值，如图 11.2 所示。

4. 接合图表

说明本幅图与相邻图幅的联系，供索取相邻图幅时用。通常把相邻图幅的图号标注在相邻图廓线的中部，或将相邻图幅的图名标注在图幅的左上方，如图 11.2 所示。

在地形图外还有一些其他注记，如外图廓左下角，应注记测图时间、坐标系统、高程系统、图式版本等；右下角应注明测量员、绘图员和检查员；在图幅左侧注明测绘机关全称；在右上角标注图纸的密级，如图 11.2 所示。

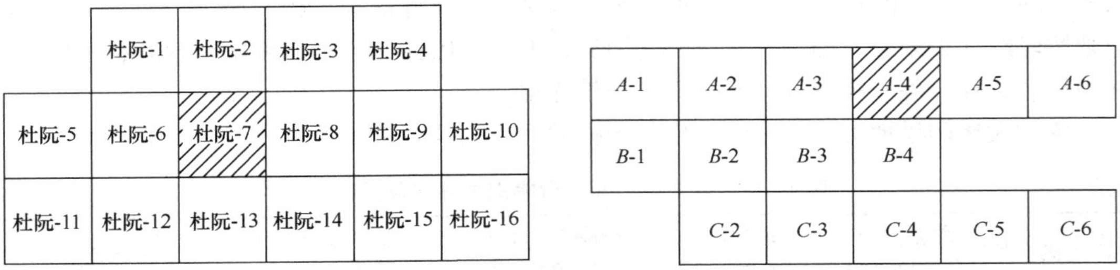

杜阮-1	杜阮-2	杜阮-3	杜阮-4
杜阮-5	杜阮-6	杜阮-7	杜阮-8	杜阮-9	杜阮-10
杜阮-11	杜阮-12	杜阮-13	杜阮-14	杜阮-15	杜阮-16

(a) 数字顺序编号法

A-1	A-2	A-3	A-4	A-5	A-6
B-1	B-2	B-3	B-4		
	C-2	C-3	C-4	C-5	C-6

(b) 行列编号法

图 11.3　数字顺序编号法与行列编号法

11.1.4　地物符号

为了便于测图和读图，在地形图中常用不同的符号来表示地物和地貌的形状和大小，这些符号总称为地形图图式。《地形图图式》是由国家测绘管理机关制定，国家标准局批准并颁布实施的国家标准。它是测制、出版地形图的基本依据之一，是识别和使用地形图的重要工具，也是地形图上表示各种地物、地貌要素的符号、注记和颜色的标准。成图的比例尺不同，符号的大小、详略也有所不同。在《地形图图式》中没有规定的地物和地貌可自行补充，但应在技术报告书中注明。

根据地物大小及描绘方法的不同，地物符号可分为比例符号、线形符号（半比例符号）、非比例符号和地物注记。

1. 比例符号

把地面上轮廓尺寸较大的地物依形状和大小按测图比例尺缩绘到图纸上称为比例符号，如房屋、湖泊、道路等，参见表 11-3 中 1～26 号。

2. 半比例符号（线形符号）

对一些呈带状延伸的地物，如小路、通信线路、管道等，其长度可按测图比例尺缩绘，而宽度却无法按比例尺缩绘，这种长度按比例、宽度不按比例的符号称为半比例符号或线形符号。半比例符号的中心线即为实际地物的中心线，参见表 11-3 中 45～56 号。

3. 非比例符号

当地物轮廓较小，如三角点、水准点、独立树、消火栓等，无法将其形状和大小按测图比例尺缩绘到图纸上，但这些地物又很重要，必须在图上表示出来，则不管地物的实际尺寸大小，均用特定的符号表示在图上，这类符号称为非比例符号，参见表 11-3 中

27～44号及 57 号。

非比例符号的中心位置与实际地物中心位置的关系随地物而异,在测绘、读图及用图时应注意以下几点。

(1) 规则的几何图形符号,如三角点、导线点、钻孔等,该几何图形的中心即为地物的中心位置。

(2) 宽底符号,如里程碑、岗亭等,该符号底线的中心即为地物的中心位置。

(3) 底部为直角的符号,如独立树、加油站等,地物中心在该符号底部直角顶点。

(4) 由几种几何图形组成的符号,如气象站、路灯等,地物中心在其下方图形的中心点或交叉点。

表 11-3 常用地物、注记和地貌符号

编号	符 号 名 称	1:500 1:1000	1:2000	编号	符 号 名 称	1:500 1:1000	1:2000
1	一般房屋 混—房屋结构 3—房屋层数	混3	1.6	12	高速公路 a—收费站 0—技术等级代码	a	0	0.4
2	简单房屋			13	等级公路 2—技术等级代码 (G325)—国道路线编码	2(G325)	0.2 0.4
3	建筑中的房屋	建					
4	破坏房屋	破					
5	棚房	45°	1.6	14	乡村路 a—依比例尺的 b—不依比例尺的	a 4.0 1.0 b 8.0 2.0	0.2 0.3
6	架空房屋	砼4 1.0 砼 砼4	1.0				
7	廊房	混3 1.0	1.0	15	小路	1.0 4.0	0.3
8	台阶	0.6 1.0 1.0		16	内部道路	1.0 1.0	
9	无看台的露天体育场	体育场					
10	游泳池	泳		17	阶梯路	1.0	
11	过街天桥			18	打谷场、球场	球	

(续)

编号	符号名称	1:500 1:1000	1:2000	编号	符号名称	1:500 1:1000	1:2000
19	旱地	1.0 山 山 2.0 10.0 山 山10.0		27	喷水池	1.0 ⊕ 3.6	
				28	GDS 控制点	△ B 14 3.0 ─── 495.267	
20	花圃	1.6 1.6 10.0 10.0		29	三角点 凤凰山—点名 394.468—高程	△ 凤凰山 3.0 ─── 394.468	
21	有林地	o 1.6 松6		30	导线点 I16—等级、点号 84.46—高程	2.0 □ 116 ─── 84.46	
22	人工草地	2.0 3.0 10.0 ^10.0		31	埋石图根点 16—点号 84.46—高程	1.6 ⊙ 16 2.6 ─── 84.46	
				32	不埋石图根点 25—点号 62.74—高程	1.6 o 25 ─── 62.47	
23	稻田	0.2 3.0 1.0 10.0 10.0		33	水准点 II京石5—等级、 点名、点号 32.804—高程	2.0 ⊗ II京石5 ─── 32.804	
24	常年湖	青 湖		34	加油站	1.6 ● 3.6 1.0	
25	池塘	塘 塘		35	路灯	2.0 1.6 ⊙ 4.0 1.0	
26	常年河 a—水涯线 b—高水界 c—流向 d—潮流向 ←⟲ 涨潮 —→ 落潮	a b 0.15 3.0 c 1.0 0.5 d 7.0		36	独立树 a—阔叶 b—针叶 c—果树 d—棕榈、椰子、 槟榔	a 2.0 1.6 ⊙ 3.0 1.0 b ↟ 1.6 3.0 1.0 c 1.6 o 3.0 1.0 d 2.0 1.6 3.0 1.0	

（续）

编号	符号名称	1:500 1:1000	1:2000	编号	符号名称	1:500 1:1000	1:2000
37	独立树 棕榈、椰子、槟榔	2.0 ↑ 3.0 1.0		53	电线架	←•→	
38	上水检修井	⊖ 2.0		54	配电线（地面上的）	→•→ 4.0	
39	下水（污水）、雨水检修井	⊕ 2.0		55	陡坎 a—加固的 b—未加固的	a ⫟⫟⫟⫟ 2.0 b ⫟⫟⫟⫟	
40	下水暗井	⊘ 2.0					
41	煤气、天然气检修井	⊘ 2.0		56	散树、行树 a—散树 b—行树	a Q⋯1.6 b 10.0 1.0	
42	热力检修井	⊟ 2.0					
43	电信检修井 a—电信人孔 b—电信手孔	a ⊗ 2.0 2.0 b ⊡ 2.0		57	一般高程点及注记 a——一般高程点 b—独立性地物的高程	a 0.5⋯163.2	b ⊥75.4
44	电力检修井	⊙ 2.0					
45	地面下的管道	——•—污—• 4.0 1.0		58	名称说明注记	友谊路 中等线体4.0(18k) 团结路 中等线体3.5(15k) 胜利路 中等线体2.75(12k)	
46	围墙 a—依比例尺的 b—不依比例尺的	a ═══ 10.0 b ■—■—■ 10.0 0.3 0.6		59	等高线 a—首曲线 b—计曲线 c—间曲线	a ～～ 0.15 b ～～ 1.0 0.3 c ⸱⸱⸱ 6.0 0.15	
47	挡土墙	⩔⩔⩔⩔ 1.0 0.3 6.0					
48	栅栏、栏杆	○─○─○ 10.0 1.0		60	等高线注记	～25～	
49	篱笆	─+─+─+─ 10.0 1.0		61	示坡线	0.8	
50	活树篱笆	○○○⸱⸱○⸱⸱○ 6.0 1.0 0.6					
51	铁丝网	─×──×──×─ 10.0 1.0		62	梯田坎	56.4 1.2	
52	通信线（地面上的）	─•─○─•─ 4.0					

（5）下方没有底线的符号，如窑洞、亭等，地物中心在下方两端点间的中心点。

在绘制非比例符号时，除图式中要求按实物方向描绘外，如窑洞、水闸、独立屋等，其他非比例符号的方向一律按直立方向描绘，即与南图廓垂直。

4．地物注记

用文字、数字或特定的符号对地物加以说明或补充，称为地物注记。它包括文字注记、数字注记和符号注记3种。

1）文字注记

对行政名称、单位名称、村镇名称，以及公路、铁路、河流等的名称，在地形图上均应逐一注记。

2）数字注记

在地形图上需用相应的数字注记河流的流速、深度，房屋的层数，控制点的高程，桥梁的长、宽及载重量等。

3）注记符号

用特定的符号表示地面的植被种类，如草地、耕地、林地类别等。

必须指出，比例符号和非比例符号并非固定不变，还要依据测图比例尺和实物轮廓的大小而定。一般来说，测图比例尺越小，使用的非比例符号越多；测图比例尺越大，使用的比例符号越多。

11.1.5　地貌符号

地貌是指地球表面自然起伏的状态，包括山地、丘陵、平原、洼地等。在地形图上表示地貌的方法很多，在大比例尺地形图上通常用等高线表示地貌。因为用等高线表示地貌，不仅能表示地面的起伏状态，而且还能科学地表示出地面的坡度和地面点的高程。

1．等高线

等高线是地面上高程相同的相邻点所连成的闭合曲线。如图11.4所示，假想有一座小山全部被湖水淹没，设山顶的高程为100m，如果水面下降10m，则水平面与小山相截，构成一条闭合的曲线，在此曲线上各点的高程相同，这就是等高线。

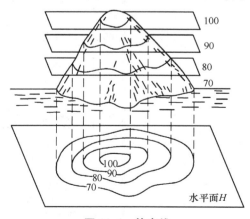

图11.4　等高线

当水面每下降10m，可分别得出90m、80m、70m、…一系列的等高线，这些等高线都是闭合曲线。如果将这些等高线铅直投影到某一水平面 H 上，并按一定的比例缩绘到图纸上，就获得与实地形态相似的等高线。因此，地形图上的等高线比较客观地反映了地面高低起伏的空间形状，同时具有可度量性。

2. 等高距和等高线平距

相邻两条高程不同的等高线之间的高差称为等高距，用 h 表示。相邻两条等高线之间的水平距离称为等高线平距，用 d 表示。地面的坡度 i 可以写成

$$i = \frac{h}{dM} \tag{11-3}$$

式中，M 为地形图的比例尺分母。

由于在同一幅地形图上，等高距 h 是相同的，所以，式(11-3)表明 i 与 d 成反比，即在地形图上等高线越密集，表示地面坡度越大，等高线越稀疏，地面坡度越小。地形图上等高距的选定，取决于地形的类别和测图比例尺。只有合理地选择等高距才能既保证图面的清晰、准确，又不致增加图面负载量。等高距的选用可参见相应工程的测量规范。表 11-4 为《工程测量规范》所规定的地形图的基本等高距。

应用表 11-4 时注意以下几点。

(1) 一个测区同一比例尺，宜采用一种基本等高距。

(2) 地形的类别划分，根据地面倾角(α)大小确定。

平坦地：$\alpha < 3°$；丘陵地：$3° \leqslant \alpha < 10°$；山地：$10° \leqslant \alpha < 25°$；高山地：$\alpha \geqslant 25°$。

表 11-4　地形图的基本等高距

单位：m

地形类别	比例尺			
	1：500	1：1000	1：2000	1：5000
平　坦　地	0.5	0.5	1	2
丘　陵　地	0.5	1	2	5
山　　　地	1	1	2	5
高　山　地	1	2	2	5

3. 几种基本地貌的等高线

地面上地貌的形态多种多样，但仔细分析后，就会发现它们一般是由山头、洼地、山脊、山谷、鞍部等几种基本地貌组成。如果掌握了这些基本地貌的等高线特点，就能比较容易地根据地形图上的等高线分析和判别地面的起伏状态，以利于读图、用图和测图。

1) 山头和洼地

一组等高线中，里圈的高程大于外圈的高程，对应为山头，如图 11.5(a)所示。相反，里圈的高程小于外圈的高程，对应为洼地，如图 11.5(b)所示。在地形图上通常用一根垂直于等高线的短线，即示坡线来指示坡度降低的方向，并加注等高线的高程。

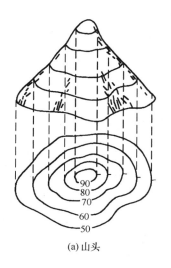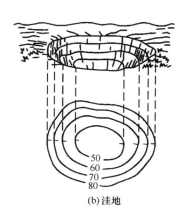

(a) 山头　　　　　　　　　　　　　(b) 洼地

图 11.5　山头和洼地

2) 山脊和山谷

山脊是沿着一个方向延伸的高地，山脊的最高棱线称为山脊线。山脊的等高线为一组凹向山头的曲线。山谷是沿着一个方向延伸的洼地，贯穿山谷最低点的连线称为山谷线。山谷的等高线为一组凸向山头的曲线，如图 11.6(a) 所示。

山脊附近的雨水必然以山脊线为分界线，分别流向山脊的两侧，因此，山脊线又称为分水线。在山谷中，雨水必然由两侧山坡流向谷底，向山谷线汇集，因此，山谷线又称为集水线或汇水线或合水线。山脊线和山谷线统称为地性线。

3) 鞍部

鞍部是相邻两山头之间呈马鞍形的低凹部位。鞍部的等高线是由两组相对的山脊和山谷等高线组成，即在一圈大的闭合曲线内，套有两组小的闭合曲线，参见图 11.6(b) 中的相应位置。

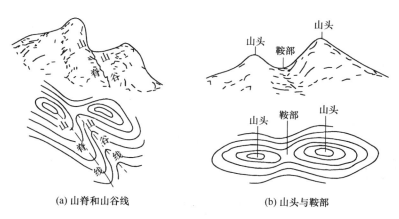

(a) 山脊和山谷线　　　　　　　　　　(b) 山头与鞍部

图 11.6　山脊、山谷和鞍部

此外，还有一些特殊地貌，如陡坎、悬崖、冲沟、雨裂、绝壁、滑坡、崩坍等，用等高线难以表示，可按《地形图图式》中所规定的符号表示。

图 11.7(a)、(b)、(c)分别为峭壁，断崖，悬崖的表示方法，图 11.8 是一块综合性地貌。

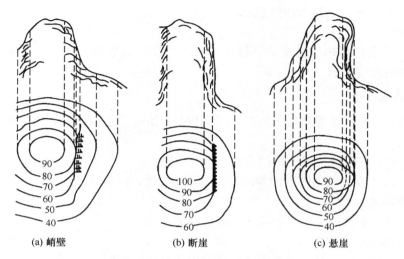

(a) 峭壁　　　　　(b) 断崖　　　　　(c) 悬崖

图 11.7　峭壁、断崖和悬崖

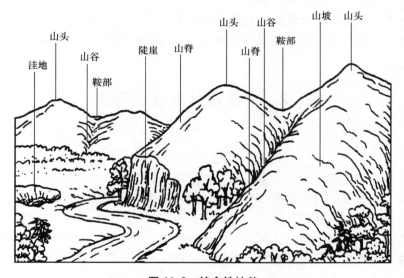

图 11.8　综合性地貌

4. 等高线分类

表示地形起伏的等高线有首曲线、计曲线、间曲线和助曲线之分。

1）首曲线

在同一幅地形图上，按基本等高距描绘的等高线称为首曲线，又称基本等高线。用 0.15mm 的细实线绘出。

2）计曲线

为了计算和用图的方便，每隔 4 条基本等高线，或凡高程能被 5 整除且加粗描绘的基本等高线称为计曲线或加粗等高线。用 0.3mm 的粗实线绘出。

3）间曲线

为了显示首曲线不便于表示的地貌，按 1/2 基本等高距描绘的等高线称为间曲线或半距等高线。用 0.15mm 的细长虚线表示。

4）助曲线

有时为了显示局部地貌的变化，按 1/4 基本等高距描绘的等高线，称为助曲线，用 0.15mm 的细短虚线表示。

5. 等高线的特性

（1）等高性：同一条等高线上的各点高程相等，但高程相等的点，不一定在同一条等高线上。

（2）闭合性：等高线为连续的闭合曲线，有可能在同一幅图内闭合，也可能穿越若干幅图而闭合。凡不在本幅图闭合的等高线应绘到图廓线，不能在图内中断，但间曲线和助曲线只在需要的地方绘出。

（3）非交性：非特殊地貌，等高线不能重叠和相交，也不能分岔；非河流、房屋或数字注记处，等高线不能中断。

（4）密陡、稀缓性：等高线平距与地面坡度成反比。在同一幅图内，等高线越密，地面坡度越陡，反之，等高线越稀，地面坡度越缓。

（5）正交性：等高线与山脊线、山谷线成正交。

（6）等高线不能直穿河流，应逐渐折向上游，正交于河岸线，中断后再从彼岸折向下游。

11.2 大比例尺地形图测绘

11.2.1 概述

大比例尺地形图是指比例尺大于 1∶5000 的各类地形图。它主要应用于经济建设，是为适应城市和工程建设的需要而施测的。大比例尺测图所研究的主要问题就是在局部地区根据工程建设的需要如何将测区范围内的地物和地貌的空间位置和相互关系通过合理的取舍，真实而准确地测绘到图纸上。测图比例尺应根据工程性质、设计阶段、规模大小、对地形图精度和内容的要求等进行选择。测绘大比例尺地形图的方法有多种：大平板仪测绘法、经纬仪测绘法、小平板仪和经纬仪联合测绘法、摄影测量法和数字化测图等。

11.2.2 测图前的准备工作

1. 技术计划

测量工作中应遵循"保证测量的质量，但不追求过剩的质量"这一原则。因此，对大比例尺测图进行技术设计的目的是制订切实可行的技术方案，保证测绘工作科学、高效地进行，保证测绘成果符合技术标准和用户要求，并获得最佳的社会效益和经济效益。

技术计划的主要内容有任务概述，测区概况，已有资料的分析、评价和利用，技术方案设计、工作量与进度计划、经费预算、质量控制与保障计划等。

（1）任务概述：说明任务的名称、来源、作业区范围、地理位置、行政隶属、项目内容、产品种类及形式、任务量，以及要求达到的主要精度指标、质量要求、完成期限和产品接收单位等。

（2）测区概况。简要说明测区地理特征，居民地、交通、气候情况及作业区困难类别等。

（3）已有资料的分析、评价和利用。说明已有资料采用的平面和高程基准、比例尺、等高距，测制单位和年代，采用的技术依据，主要质量情况及评价，利用的可能性和利用方案等。

（4）技术方案设计。说明作业依据的规范、图式、标准等；说明平面和高程基准、成图方法和图幅、等高距；平面和高程控制点的布设方案以及有关的技术要求；说明平面和高程控制测量的施测方法、技术要求、限差规定和精度估算；根据所采用测图方法的特点，提出对地形图要素的表示和对地形测量的要求等；说明提交成果资料的种类等。

（5）工作量与进度计划。根据设计方案，分别计算各工序的工作量；根据工作量统计和计划投入生产实力，参照生产定额，分别列出进度计划和各工序的衔接计划。

（6）经费预算。根据设计方案和进度计划，参照有关生产定额和成本定额，编制经费预算，并作必要的说明。

（7）质量控制与保障计划。明确质量控制措施、组织与劳动计划、仪器配备及供应计划、检查验收计划、安全措施等。

按照有关规定，技术计划经过主管部门审核批准之后方可付诸执行。

2. 图根控制测量及其数据处理

图根点是直接提供测图使用的平面或高程控制点。测图前应先进行现场踏勘并选好图根点的位置，然后进行图根平面控制和图根高程控制测量。图根点的密度应根据测图比例尺和地形条件而定，平坦开阔地区的图根点密度不宜低于表 11-5 的规定。

表 11-5 平坦开阔地区图根点的密度

测图比例尺	每幅图的图根点数	每平方千米图根点数
1 : 500	8	150
1 : 1000	12	50
1 : 2000	15	15

3. 图纸的准备

1）图纸的选用

地形图测绘应选用质地较好的图纸，如聚酯薄膜、普通优质绘图纸等。聚酯薄膜是一面打毛的半透明图纸，其厚度约为 0.07～0.1mm，伸缩率很小，且坚韧耐湿，图纸脏了可洗，在图纸上着墨后，可直接复晒蓝图。但聚酯薄膜图纸易燃，有折痕后不能消除，在测图、使用、保管时要多加注意。普通优质的绘图纸容易变形，为了减少图纸伸缩，可将图纸裱糊在铝板或胶合木板上。

2）绘制坐标格网

在绘图纸上，首先要精确地绘制直角坐标方格网，每个方格为 10cm×10cm。格网线的宽度为 0.15mm，绘制方格网一般可使用坐标格网尺，也可以用长直尺按对角线法绘制方格网。现将常用的绘制坐标格网的对角线法介绍如下。

如图 11.9 所示,沿图纸的 4 个角,用长直线尺绘出两条对角线交于 O 点,自 O 点在对角线上量取 OA、OB、OC、OD 这 4 段相等的长度,得出 A、B、C、D 这 4 点,并作连接,即得矩形 $ABCD$,从 A、B,两点起沿 AD 和 BC 向右每隔 10cm 截取一点,再从 A、D 两点起,沿 AB、CD 向上每隔 10cm 截取一点。而后连接相应的各点即得到由 10cm×10cm 的正方形组成的坐标格网。

绘制坐标格网线还可以有多种工具和方法,如坐标格网尺法、直角坐标仪法、格网板划线法、刺孔法等。此外,测绘用品商店还有印刷好坐标格网的聚酯薄膜图纸出售。

3) 格网的检查和注记

在坐标格网绘好以后,应立即进行检查:首先检查各方格的角点应在一条直线上,偏离不应大于 0.2mm;再检查各个方格的对角线长度应为 141.4mm,图廓对角线长度与理论长度之差的容许误差为 +0.3mm;若误差超过容许值则应将方格网进行修改或重绘。

坐标格网线的旁边要注记坐标值,每幅图的格网线的坐标是按照图的分幅来确定的。

4. 展绘控制点

展点时,首先要确定控制点(导线点)所在的方格。如图 11.10 所示(设比例尺为 1∶1000),导线点 1 的坐标为:$x_1 = 625.18$m,$y_1 = 679.88$m,由坐标值确定其位置应在 $kjmn$ 方格内。然后从 k 向 n 方向、从 j 向 m 方向各量取 79.88m,得出 a、b 两点,同样再从 k 和 n 点向上量取 25.18m,可得出 c、d 两点,连接 ab 和 cd,其交点即为导线点 1 在图上的位置。同法将其他各导线点展绘在图纸上。最后用比例尺在图纸上量取相邻导线点之间的距离和已知的距离相比较,作为展绘导线点的检核,其最大误差在图纸上应不超过 +0.3mm,否则导线点应重新展绘。经检查无误,按图式规定绘出导线点符号,并注上点号和高程,这样就完成了测图前的准备工作。

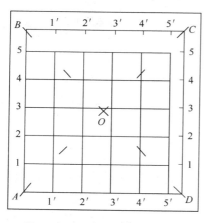

图 11.9 对角线法展绘方格网

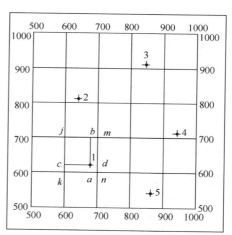

图 11.10 导线点的展绘

11.2.3 碎部点的选择

碎部测量就是测定碎部点的平面位置和高程。地形图的质量在很大程度上取决于立尺员能否正确合理地选择地形点。地形点应选在地物或地貌的特征点上。地物特征点就是地物轮廓的转折、交叉和弯曲等变化处的点及独立地物的中心点。地貌特征点就是控制地形的山脊线，山谷线和倾斜变化线等地形线上的最高、最低点，坡度和方向变化处，以及山头和鞍部等处的点。地形点的密度主要根据地形的复杂程度确定，也决定于测图比例尺和测图的目的。测绘不同比例尺的地形图，对碎部点间距有不同的限定，对碎部点距测站的最远距离也有不同的限定。表 11-6、表 11-7 给出了地形测绘采用视距测量方法测量距离时的地形点最大间距和最大视距的允许值。

表 11-6　地形点最大间距和最大视距（一般地区）

测图比例尺	地形点最大距离	最 大 视 距	
		主要地物特征点	次要特征点和地形点
1：500	15	60	100
1：1000	30	100	150
1：2000	50	130	250
1：5000	100	300	350

表 11-7　地形点最大间距和最大视距（城镇建筑区）

测图比例尺	地形点最大距离	最 大 视 距	
		主要地物特征点	次要特征点和地形点
1：500	15	50	70
1：1000	30	30	120
1：2000	50	120	200

11.2.4　碎部测量的方法

1. 经纬仪测绘法

经纬仪测绘法的实质是极坐标法。先将经纬仪安置在测站上，绘图板安置于测站近旁。用经纬仪测定碎部点方向与已知方向之间的水平角，并测定测站到碎部点的距离和碎部点的高程。然后根据数据用量角器和比例尺把碎部点的平面位置展绘于图纸上，并在点的右侧注记高程，对照实地勾绘地形。随着科技的不断进步，现代测量中出现了用电子全站仪或者 GPS 代替经纬仪测绘地形图的方法，称为数字化测图。其测绘步骤和计算、绘图过程与经纬仪测绘法类似，将在下一节进行介绍。经纬仪测绘法测图操作简单、灵活，适用于各种类型的测区。以下所讲的是经纬仪测绘法在一个测站的测绘工序。

1）安置仪器和图板

如图 11.11 所示，观测员安置经纬仪于测站点（控制点）A 上，包括对中和整平。量取仪器高 i，测量竖盘指标差 x。记录员在"碎部测量记录手簿"中记录，包括表头的其他内容。绘图员在测站的同名点上安置量角器。

2）定向

照准另一控制点 B 作为后视方向，置水平度盘读数为 $0°00'00''$。绘图员在后视方向的同名方向上画一短直线，短直线过量角器的半径，作为量角器读数的起始方向线。

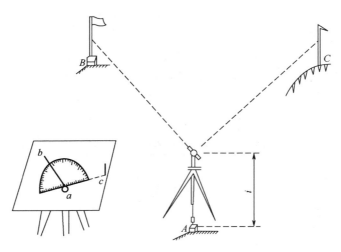

图 11.11　经纬仪测绘法的测站安置

3）立尺

司尺员依次将标尺立在地物、地貌特征点上。立尺前，司尺员应弄清实测范围和实地概略情况，选定立尺点，并与观测员、绘图员共同商定立尺路线。

4）观测

观测员照准标尺，读取水平角 β、视距间隔 l、中丝读数 s 和竖盘读数 L。

5）记录

记录员将读数依次记入手簿。有些手簿视距间隔栏为视距 K_1，由观测者直接读出视距值。对于有特殊作用的碎部点，如房角、山头、鞍部等，应在备注中加以说明。

6）计算

记录员依据视距间隔 l、中丝读数 s、竖盘读数 L 和竖盘指标差 x、仪器高 i、测站高程 H 站，按视距测量公式计算平距和高程。

7）展绘碎部点

绘图员转动量角器，将量角器上等于 β 角值（其碎部点为 $114°00'$）的刻划线对准起始方向线，如图 11.12 所示，此时量角器零刻划方向便是该碎部点的方向。根据图上距离 d，用量角器零刻划边所带的直尺定出碎部点的位置，用铅笔在图上点示，并在点的右侧注记高程。同时，应将有关地形点连接起来，并检查测点是否有错。

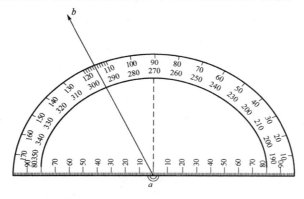

图 11.12　量角器展绘碎部点的方向

8）测站检查

为了保证测图正确、顺利地进行，必须在工作开始进行测站检查。检查方法是在新测站上测试已测过的地形点，检查重复点精度在限差内即可，否则应检查测站点是否展错。此外，在工作中间和结束前，观测员可利用时间间隙照准后视点进行归零检查，归零差不应大于 $4'$。在每测站工作结束时进行检查，确认地物、地貌无错测或漏测时方可迁站。测区面积较大，测图工作需分成若干图幅进行。为了相邻图幅的拼接，每幅图应测出图廓外 5mm。

在测图过程中，应注意以下事项。

（1）为方便绘图员工作，观测员在观测时，应先读取水平角，再读取视距尺的三丝读数和竖盘读数；在读取竖盘读数时，要注意检查竖盘指标水准管气泡是否居中；读数时，水平角估读至 $5'$，竖盘读数估读至 $1'$ 即可；每观测 20～30 个碎部点后，应重新瞄准起始方向检查其变化情况，经纬仪测绘法起始方向水平度盘读数偏差不得超过 $3'$。

（2）立尺人员在跑点前，应先与观测员和绘图员商定跑尺路线；立尺时，应将标尺竖直，并随时观察立尺点周围情况，弄清碎部点之间的关系，地形复杂时还需绘出草图，以协助绘图人员做好绘图工作。

（3）绘图人员要注意图面正确、整洁，注记清晰，并做到随测点，随展绘，随检查。

（4）当每站工作结束后，应进行检查，在确认地物、地貌无测错或漏测时方可迁站。

2. 光电测距仪测绘法

光电测距仪测绘地形图与经纬仪测绘法基本相同，所不同的是用光电测距来代替经纬仪视距法。

先在测站上安置测距仪，量出仪器高；后视另一控制点进行定向，使水平度盘读数为 $0°00'00''$。立尺员将测距仪的单棱镜装在专用测杆上，并读出棱镜标志中心在测杆上的高度 v，为计算方便，可使 $v=i$。立尺时将棱镜面向测距仪立于碎部点上。观测时，瞄准棱镜的标志中心，读出水平度盘读数 β，测出斜距 D'，竖直角 α，并作记录。

将 α、D' 输入计算器，计算平距 D 和碎部点高程 H。（备注：平距 $D=D'\cos\alpha$，高差 $h=D'\sin\alpha+i-v$），然后与经纬仪测绘法一样，将碎部点展绘于图上。

11.2.5 地形图的绘制

1. 地物描绘

在测绘地形图时，对地物测绘的质量主要取决于是否正确合理地选择地物特征点，如房角、道路边线的转折点、河岸线的转折点、电杆的中心点等。主要的特征点应独立测定，一些次要的特征点可采用量距、交会、推平行线等几何作图方法绘出。

一般规定，主要建筑物轮廓线的凹凸长度在图上大于 0.4mm 时都要表示出来。如在 1∶500 比例尺的地形图上，主要地物轮廓凹凸大于 0.2m 时应在图上表示出来。对于大比例尺测图，应按如下原则进行取点。

（1）有些房屋凹凸转折较多时，可只测定其主要转折角（大于两个），取得有关长度，然后按其几何关系用推平行线法画出其轮廓线。

（2）对于圆形建筑物可测定其中心并量其半径绘图；或在其外廓测定 3 点，然后用作图法定出圆心，绘出外廓。

（3）公路在图上应按实测两侧边线绘出；大路或小路可只测其一侧的边线，另一侧按量得的路宽绘出。

（4）道路转折点处的圆曲线边线应至少测定 3 点（起、终和中点）绘出。

（5）围墙应实测其特征点，按半比例符号绘出其外围的实际位置。

对于已测定的地物点应连接起来的要随测随连，以便将图上测得的地物与地面上的实体对照。这样，测图时如有错误或遗漏就可以及时发现，给予修正或补测。

地物特征点的测绘方法前面已有叙述。在测图过程中，根据地物情况和仪器状况选择不同的测绘方法，如极坐标法、方向交会法、距离交会法或直角坐标法。

2. 地貌勾绘

在测出地貌特征点后，即开始勾绘等高线。勾绘等高线时，首先用铅笔轻轻描绘出山脊线、山谷线等地性线。由于等高距都是整米数或半米数，因此基本等高线通过的地面高程也都是整米数或半米数。由于所测地形点大多数不会正好就在等高线上，因此必须在相邻地形点间，先用内插法定出基本等高线的通过点，再将相邻各同高程的点参照实际地貌用光滑曲线进行连接，即勾绘出等高线。不能用等高线表示的地貌，如悬崖、峭壁、土堆、冲沟、雨裂等，应按图示符号表示。对于不同的比例尺和不同的地形，基本等高距也不同。

等高线的内插如图 11.13（a）所示，等高线的勾绘如图 11.13（b）所示。等高线一般应在现场边测图边勾绘，要运用等高线的特性，至少应勾绘出计曲线，以控制等高线的走向，便于实地地形相对照，这样可以当场发现错误和遗漏，并能及时纠正。

11.2.6 地形图的拼接与整饰

1. 地形图的拼接

测区面积较大时，整个测区必须划分为若干幅图进行施测。这样，在相邻图幅连接处，由于测量误差和绘图误差的影响，无论是地物轮廓线，还是等高线往往不能完全吻合。如图 11.14 所示两图幅相邻边的衔接情况，房屋、道路、等高线都有误差。拼接不透明的图纸时，用宽约 5cm 的透明图纸蒙在左图幅的图边上，用铅笔把坐标格网线、地物、地貌勾绘在透明纸上，然后再把透明纸按坐标格网线位置蒙在右图幅衔接边上，同样用铅笔勾绘地物和地貌，

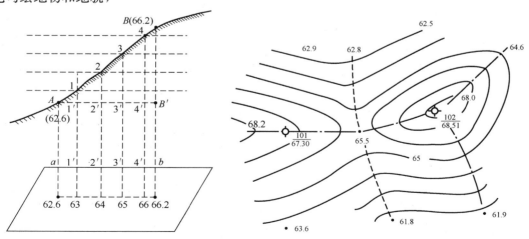

(a) 等高线的内插　　　　　　　　　　　　　　(b) 等高线的勾绘

图 11.13　等高线的内插与勾绘

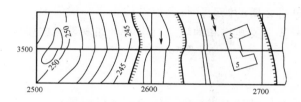

图 11.14　地形图的拼接

同一地物和等高线在两幅图上的不重合量就是接边误差。当用聚酯薄膜进行测图时，不必勾绘图边，利用其自身的透明性，可将相邻两幅图的坐标格网线重叠，就可量化地物和等高线的接边误差。若地物、等高线的接边误差不超过表 11-8 中规定的地物点平面位置中误差、等高线高程中误差的 $2\sqrt{2}$ 倍时，则可取其平均位置进行改正。若接边误差超过规定限差，则应分析原因，到实地测量检查，以便得到纠正。

表 11-8　地物点平面位置中误差和地形点高程中误差

地 区 类 别	点位中误差	平地	丘陵地	山地	高山地	铺装地面
山地、高山地	图上 0.8mm	高程注记点的高程中误差				
		$h/3$	$h/2$	$2h/3$	h	0.15m
城镇建筑区、工矿建筑区、平地、丘陵地	图上 0.6mm	等高线插求点的高程中误差				
		$h/2$	$2h/3$	h	h	—

2. 地形图的整饰

地形图经过上述拼接和检查后，还应清绘和整饰，使图面更加合理、清晰、美观。整饰的次序是先图内后图外，图内应先注记后符号，先地物后地貌，并按规定的图式进行整饰。图廓外应按图式要求书写，还应至少要写出图名、图号、比例尺、坐标系统和高程系统、施测单位和日期等。如系地方独立坐标，还应画出正北方向。

11.2.7　地形图的检查与验收

1. 检查

为了确保地形图的质量，除施测过程中加强检查外，在地形图测完后，必须对成图质量进行全面检查。

1）室内检查

室内检查的内容有：图上地物、地貌是否清晰易读；各种符号注记是否正确；等高线与地形点的高程是否相符，有无矛盾可疑之处；图边拼接有无问题等。如发现错误或疑问，应到野外进行实地检查解决。

2）外业检查

（1）巡视检查。检查时就带图沿预定的线路巡视。将原图上的地物、地貌和相应实地上对照，查看图上有无遗漏，名称注记是否与实地一致等。这是检查原图的主要方法。一般应在整个测区范围内进行。特别是应对接边时所遗漏的问题和室内图面检查时发现的问题作重点检查。发现问题后应当场解决，否则应设站测量纠正。

（2）仪器检查。对于室内检查和野外巡视检查中发现的错误、遗漏和疑点，应用仪器进行补测与检查，并进行必要的修改。仪器设站检查量一般为10％。把测图仪器重新安置在图根控制点上，对一些主要地物和地貌进行重测。如发现点位误差超限，应按正确的观测结果修正。

2. 验收

验收是在委托人检查的基础上进行的，以鉴定各项成果是否合乎规范及有关技术指标的要求（或合同要求）。首先检查成果资料是否齐全，然后在全部成果中抽出一部分作全面的内业、外业检查，其余则进行一般性检查，以便对全部成果质量作出正确的评价。对成果质量的评价一般分优、良、合格和不合格4级。对于不合格的成果成图；应按照双方合同约定进行处理，或返工重测，或经济赔偿，或既赔偿又返工重测。

11.2.8　上交成果

测图全部工作结束后应提交下列资料。

（1）图根点展点图、水准路线图、埋石点点之记、测有坐标的地物点位置图、观测与计算手簿、成果表。

（2）地形原图、图历簿、接合表、按板测图的接边纸。

（3）技术设计书、质量检查验收报告及精度统计表、技术总结等。

11.3　数字化测图方法简介

数字化测图可概括为：利用全站仪、GPS或其他测量仪器进行野外数字化测图；利用手扶数字化仪或扫描数字化仪对纸质地形图进行数字化；利用航测、遥感图像进行数字化测图等技术。前者是野外数据采集，后两者主要是室内作业采集数据。利用这些技术将采集到的地形数据传输到计算机，由数字成图软件进行数据采集，经过编制、图形处理，生成数字地形图。

数字测图使地形图测绘实现了数字化、自动化，改变了传统的手工作业模式。传统测图方式主要是手工绘图，外业测量人工记录，人工绘制地形图，为用图人员提供晒蓝图纸。数字测图则使野外测量自动记录、自动计算处理、自动成图、自动绘图，并向用图者提供可处理的数字地图，实现了测图过程的自动化。数字测图具有效率高，劳动强度小，错误（读错、记错、展错）概率小，绘得的地形图精确、美观、规范等特点。地面数字测图的外业工作和白纸测图工作相比，具有以下一些特点。

1. 测图工作实现自动化和智能化

白纸测图在外业基本完成地形原图的绘制，地形测图的主要成果是以一定比例尺绘制在图纸或薄膜上的地形图。地形图的质量除点位精度外，往往和地形图的手工绘制有关。地面数字测图在野外完成观测，记录观测值是点的坐标和信息码。不需要手工绘制地形图，这使地形测量的自动化程度得到明显的提高。白纸测图是以图板，即一幅图为单元组织施测。这种规则地划分测图单元的方法往往给图边测图造成困难。地面数字测图在测区内部不受图幅的限制，作业小组的任务可按照河流、道路的自然分界来划分，以便于地形测图的施测，也减少了很多白纸测图的接边问题。

2. 测图的精度高

白纸测图先完成图根加密，按坐标将控制点和图根点展绘在图纸上，然后进行地形测图。地面数字测图工作的地形测图和图根加密可同时进行，即使在记录观测点坐标的情况下也可在未知坐标的测站点上设站，利用电子手簿测站点的坐标计算功能，观测计算测站点的坐标后，即可进行碎部测量。例如采用自由设站方法，通过对几个已知点进行方向和距离的观测，即可计算测站点的精确坐标。

3. 工作强度小

传统的测图作业时，地形图必须在野外绘制，工作、效率低下，费时费力。而地面数字测图主要采用极坐标法测量地形点，根据红外测距仪的观测精度，在几百米距离范围内误差均在 1 cm 左右，因此在通视良好、定向边较长的情况下，地形点到测站点的距离可以放长，从而减少了迁站的工作量。此外，数字测图使用的全站仪或者电子记录手簿可省缺记录工作，快捷、方便、准确。

4. 数字化程度高

在数字化测图过程中，不受平板仪测量中某些传统观念的约束。例如，方格网在平板仪测量时是一切点位的基础，而在数字测图中，任何点位都是与方格网无关的，可以根本不需展绘方格网，展绘了也只是一般的符号，仅供使用者使用。又如测定碎部点时，有些方法（如对称点法和导线法）在图解测图时是不能引用的，但在数字化测图中却可广泛使用而提高工作效率。另外，由于数字测图系统中提供了很强的图形编辑功能，在测绘一些规划规则的建筑小区时，虽然多栋房屋采用了同一设计图纸，白纸测图时也需要逐栋详细测绘，而利用数字测图时，只需详细测绘其中一栋房屋，其他房屋只需精确测定 1～2 个定位点，在编辑成图时将详细测绘的房屋拷贝到各栋房屋的定位点上即可。

此外，数字化测图的最终成果是以数字形式存储于计算机，还具有便于用户进行成果的进一步加工，易于保存和管理，方便用户进行远程传输等优点。但在费用方面，数字测图比起传统白纸测图高得多，对仪器设备的配置、测绘人员操作测绘仪器和计算机方面的能力提出了更高的要求。有关用全站仪和 GPS 进行数字化测图的基本思想和作业模式等方面的内容详见《建筑工程测量实验与实习指导（第 2 版）》。

11.4 地形图的应用

地形图的一个突出特点是具有可量性和可定向性。设计人员可以在地形图上对地物、地貌作定量分析。如可以确定图上某点的平面坐标及高程；确定图上两点间的距离和方位；确定图上某部分的面积、体积；了解地面的坡度、坡向；绘制某方向线上的断面图；确定汇水区域和场地平整填挖边界等。

地形图的另一个特点是综合性和易读性。在地形图上所提供的信息内容非常丰富，如居民地、交通网、境界线等各种社会经济要素，以及水系、地貌、土壤和植被等自然地理要素，还有控制点、坐标格网、比例尺等数字要素，此外还有文字、数字和符号等各种注记，尤其是大比例尺地形图更是建筑工程规划、设计、施工和竣工管理等不可缺少的重要资料。因此，正确地识读和应用地形图是建筑工程技术人员必须具备的基本技能。

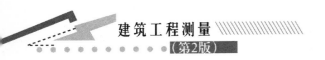

11.4.1　地形图的识读及应用

1. 识读

地形图的识读是正确应用地形图的基础，这就要求能将地形图上的每一种注记、符号的含义准确地判读出来。地形图的识读可按先图外后图内、先地物后地貌、先主要后次要、先注记后符号的基本顺序，并参照相应的《地形图图式》逐一阅读。

1）图外注记识读

读图时，先了解所读图幅的图名、图号、接合图表、比例尺、坐标系统、高程系统、等高距、测图时间、测图类别、图式版本等内容。然后进行地形图内地物和地貌的识读。

2）地物识读

根据地物符号和有关注记，了解地物的分布和地物的位置，因此，熟悉地物符号是提高识图能力的关键。

3）地貌识读

根据等高线判读出山头、洼地、山脊、山谷、山坡、鞍部等基本地貌，并根据特定的符号判读出雨裂、冲沟、峭壁、悬崖、崩坍、陡坎等特殊地貌。同时根据等高线的密集程度来分析地面坡度的变化情况。在地形图上，除读出各种地物和地貌外，还应根据图上配置的各种植被符号或注记说明，了解植被的分布、类别特征、面积大小等。按以上读图的基本程序和方法，可对一幅地形图获得较全面的了解，以达到真正读懂地形图的目的，为用图打下良好的基础。

2. 基本应用

1）求点的坐标

欲确定地形图上某点的坐标，可根据格网坐标用图解法求得。

如图 11.15 所示，欲求图上 A 点的坐标，首先找出 A 点所处的小方格，并用直线连成小正方形 $abcd$，其西南角 a 点的坐标为 x_a、y_a，再量取 ap 和 an 的长度，即可获得 A 点的坐标为

$$\begin{cases} x_A = x_a + ap \cdot M \\ y_A = y_a + an \cdot M \end{cases} \qquad (11-4)$$

式中，M 为地形图比例尺分母。

为了提高坐标量算的精度，必须考虑图纸伸缩的影响，可按式(11-5)计算 A 点的坐标。

$$\begin{cases} x_A = x_a + \dfrac{10}{ad} \cdot ap \cdot M \\ y_A = y_a + \dfrac{10}{ab} \cdot an \cdot M \end{cases} \qquad (11-5)$$

式中，ap、an、ab、ad 均为图上量取的长度（单位为 mm），量至 0.1mm；M 为地形图比例尺分母。

图解法求得的坐标精度受图解精度的限制，一般认为，图解精度为图上 0.1mm，则图解坐标精度不会高于 0.1m（单位为 mm）。

2）求两点间的水平距离

如图 11.15 欲确定 A、B 两点间的距离，可用以下两种方法。

（1）图解法。用直尺直接量取 A、B 两点间的图上长度 d_{AB}，再根据比例尺计算两点间的距离 D_{AB}。公式为

$$D_{AB}=d_{AB}M \tag{11-6}$$

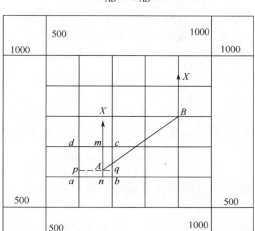

图 11.15 求点的坐标

也可以用卡规在图上直接卡出线段长度，再与图示比例尺比量，得出图上两点间的水平距离。

（2）解析法。利用图上两点的坐标计算出两点间的距离。这种方法能消除图纸变形的影响，提高距离精度。如图 11.15 所示，先按式（11-5）求出 A、B 两点的坐标值（x_A，y_A）和（x_B，y_B），然后按式（11-7）计算出两点间的距离。

$$D_{AB}=\sqrt{(x_B-x_A)^2+(y_B-y_A)^2}=\sqrt{\Delta x_{AB}^2+\Delta y_{AB}^2} \tag{11-7}$$

若图解坐标的求得考虑了图纸伸缩变形的影响，则解析法求距离的精度高于图解法的精度。图纸上绘有图示比例尺时，一般用图解法量取两点间的距离，这样既方便，又能保证精度。

3）求直线的方位角

在图 11.15 中，欲确定直线 AB 的坐标方位角，可用以下两种方法。

（1）图解法。过 A、B 两点分别作坐标纵轴的平行线，然后用测量专用量角器量出 α_{AB} 和 α_{BA}，取其平均值作为最后结果，即

$$\bar{\alpha}_{AB}=\frac{1}{2}\left[\alpha_{AB}+(\alpha_{BA}\pm180°)\right] \tag{11-8}$$

此法受量角器最小分划的限制，精度不高。当精度要求较高时，可用解析法。

（2）解析法。先求出 A、B 两点的坐标，然后按式（11-9）计算 AB 直线的方位角 α_{AB}。

$$\alpha_{AB}=\text{arctg}\frac{\Delta y_{AB}}{\Delta x_{AB}}=\text{arctg}\frac{y_B-y_A}{x_B-x_A} \tag{11-9}$$

由于坐标量算的精度比角度量测的精度高，因此，解析法所获得的方位角比图解法可靠。

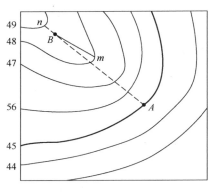

图 11.16 求点的高程

4) 求点的高程

如果所求点正好处在等高线上，则此点的高程即为该等高线的高程。如图 11.16 所示，A 点的高程 H_A $=45m$。若所求点不在等高线上，则应根据比例内插法确定该点的高程。在图 11.16 中，欲求 B 点的高程，首先过 B 点作相邻两条等高线的近似公垂线，与等高线相交于 m、n 两点，然后在图上量取 mn 和 mB，按式(11－10)计算 B 点的高程。

$$H_B = H_m + \frac{mB}{mn} \cdot h \qquad (11-10)$$

式中，h 为等高距，m；H_m 为 m 点的高程。

如图 11.16 所示，用直尺量得 $mB=6.3mm$，$mn=9.0mm$，有

$$H_B = 48 + \frac{6.3}{9.0} \times 1.0 = 48.7m$$

当精度要求不高时，也可用目估内插法确定待求点的高程。

5) 求两点间的坡度

设图 11.16 上直线两端点间的高差为 h，两点间的距离为 D，则地面上该直线的平均坡度为

$$i = \frac{h}{D} = \frac{h}{d \cdot M} \qquad (11-11)$$

坡度 i 通常用百分率(％)或千分率(‰)表示。

如图 11.16 所示，$h_{AB}=48.7-45 = 3.7m$，若 $D_{AB}=100m$，则 $i=3.7\%$。如果直线两端位于相邻两条等高线上，则所求的坡度与实地坡度相符。如果直线跨越多条等高线，且相邻等高线之间的平距不等时，则所求的坡度是两点间的平均坡度，与实地坡度不完全一致。

11.4.2 量算图形面积

1. 几何图形法

此法是利用分规和比例尺在地形图上量取图形的各几何要素(一般为线段长度)，通过公式计算面积。常用的图形有三角形、梯形和矩形等简单几何图形。对于较为复杂的图形可将其划分成简单的几何图形，用上述方法求出各简单几何图形的面积再相加，如图 11.17所示。为了保证面积量测、计算的精度，要求在图上量测线段长度时精确到 0.1mm。

2. 坐标计算法

如果欲求面积的图形为任意多边形，且各顶点的坐标已知，则可根据公式计算面积。如图 11.18 所示，$ABCD$ 为任意四边形，各顶点 A、B、C、D 的坐标按顺时针方向编号，分别为 $(x_1，y_1)$、$(x_2，y_2)$、$(x_3，y_3)$、$(x_4，y_4)$，各顶点向 x 轴投影得 A'、B'、C'、D' 点，则四边形 $ABCD$ 的面积等于 $D'DCC'$ 的面积加 $D'DAA'$ 的面积减去 $B'BCC'$ 和 $B'BAA'$ 的面积。四边形 $ABCD$ 的面积为

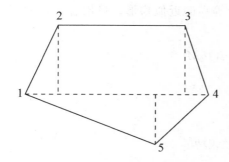

图 11.17　几何图形法求面积

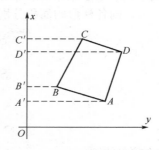

图 11.18　坐标计算法求面积

$$S=\frac{1}{2}\left[(y_3+y_4)(x_3-x_4)\right]+\frac{1}{2}\left[(y_4+y_1)(x_4-x_1)\right]-\frac{1}{2}\left[(y_3+y_2)(x_3-x_2)\right]-$$

$$\frac{1}{2}\left[(y_2+y_1)(x_2-x_1)\right]$$

$$=\frac{1}{2}\left[x_1(y_2-y_4)+x_2(y_3-y_1)+x_3(y_4-y_2)+x_4(y_1-y_3)\right]$$

若图形有 n 个顶点，则上式可推广为

$$S=\frac{1}{2}\left[x_1(y_2-y_n)+x_2(y_3-y_1)+\cdots+x_n(y_1-y_{n-1})\right]$$

即

$$S=\frac{1}{2}\sum_{i=1}^{n}x_i(y_{i+1}-y_{i-1}) \tag{11-12}$$

若将各顶点投影于 y 轴，同理可推出

$$S=\frac{1}{2}\sum_{i=1}^{n}y_i(x_{i-1}-x_{i+1}) \tag{11-13}$$

注意，在式(11-12)和式(11-13)中，当 $i=1$ 时，$i-1$ 取 n 值，当 $i=n$ 时，$i+1$ 取 1。

式(11-12)和式(11-13)为坐标法求面积的通用公式。如果多边形顶点按顺时针方向编号，面积值为正号，反之则为负号，但最终取值为正。

3. 模片法

模片法是利用聚酯薄膜、玻璃、透明胶片等制成的模片，在模片上建立一组有单位面积的方格、平行线等，然后利用这种模片去覆盖被量测的面积，从而求得相应的图上面积值，再根据地形图的比例尺计算出所测图形的实地面积。模片法具有量算工具简单，方法容易掌握，又能保证一定的精度等特点。因此，在图解面积测算中是一种常用的方法。

1) 方格法

如图 11.19 所示，在透明模片上绘制边长为 1mm 的正方形格网，把它覆盖在待测算面积的图形上，数出图形内的整方格数和图形边缘的零散方格个数。对零散方格采用目估凑整，通常每两个凑成一个，则所测算图形的面积为

$$S=\left(n_\text{整}+\frac{1}{2}n_\text{零}\right)a^2M^2 \tag{11-14}$$

式中，S 为图形面积(m^2)；$n_\text{整}$ 为整方格个数；$n_\text{零}$ 为零散方格个数；a 为方格边长，m；M 为比例尺分母。

2) 平行线法

如图 11.20 所示，在透明模片上绘有间距为 2～5mm 的平行线(同一模片上间距相同)，把它覆盖在待测算面积的图形上，并转动模片使平行线与图形的上、下边线相切。

此时，相邻两平行线之间所截的部分为若干个等高的近似梯形。量出各梯形的底边长度 l_1，l_2，$\cdots$，l_n，则各梯形的面积分别为

$$S_1 = \frac{1}{2}(0 + l_1)hM^2$$

$$S_2 = \frac{1}{2}(l_1 + l_2)hM^2$$

$$\cdots$$

$$S_{n+1} = \frac{1}{2}(l_n + 0)hM^2$$

则图形的总面积为

$$S = S_1 + S_2 + \cdots + S_{n+1} = (l_1 + l_2 + \cdots + l_n)hM^2 \tag{11-15}$$

式中，S 为图形面积，m^2；l_1，l_2，$\cdots$，l_n 为梯形底边长度，m；h 为平行线间距，m；M 为比例尺分母。

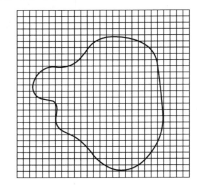

图 11.19　方格法求面积

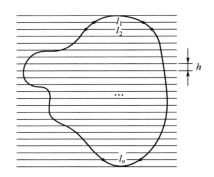

图 11.20　平行线法求面积

3）求积仪法

求积仪是一种专门用于在图纸上量算图形面积的仪器，适用于不同的图形。

图 11.21 是日本 KOIZUMI 公司生产的 KP-90N 电子求积仪，仪器是在机械装置动极、动极轴、跟踪臂（相当于机械求积仪的描迹臂）等的基础上增加了电子脉冲记数设备和微处理器，能自动显示测量的面积，具有面积分块测定后相加、相减和多次测定取平均值、面积单位换算、比例尺设定等功能。面积测量的相对误差为 2/1000。

有关电子求积仪的具体操作方法和其他功能可参阅使用说明书。

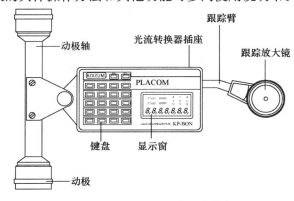

图 11.21　KP-90N 电子求积仪

11.4.3 场地平整时的土石方计算

建筑工程施工必不可少的前期工作之一是场地平整，即按照设计的要求事先将施工场地的原始地貌整治成水平或倾斜的平面。如图 11.22 所示，需将地形图范围内的原始地貌整治成水平场地，按挖方和填方基本相等的原则设计，其步骤如下所示。

1. 确定图上网格角点的高程

在图上绘制方格网，网格的边长一般取实地 20m（在 1：1000 地形图上为 2cm）为宜。然后根据等高线逐一确定每个方格角点的高程，注于各方格角顶的右上方。

2. 计算设计高程

设计高程又称零线高程，即场地平整后的高程。为了满足挖方和填方基本相等的原则，设计高程实际上就是场地原始地貌的平均高程。

随后，在地形图上插绘出该设计高程的等高线，称为零线，即挖、填土方的分界线（图 11.22 中，虚线即为零线，其高程为算得的设计高程 26.78m）。

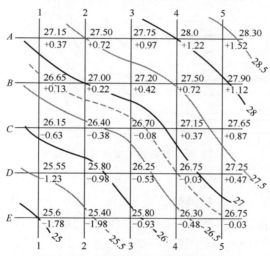

图 11.22　平整水平场地设计示意图

3. 计算挖深和填高

将每个方格角点的原有高程减去设计高程，即得该角点的挖深（差值为正），或填高（差值为负），注于图上相应角点的右下方（单位为 m）。

4. 计算土方量

土方量的计算有两种方法。一种是分别取每个方格角点挖深或填高的平均值与每个方格内需要挖方或填方的实地面积相乘，即得该方格的挖方量或填方量；分别取所有方格挖方量与填方量之和，即得场地平整的总土方量。

另一种是在图上分别量算零线及各条等高线与场地格网边界线所围成的面积（如果零线或等高线在图内闭合，则量算各闭合线所围成的面积），根据零线与相邻等高线的高差，及各相邻等高线之间的等高距，分层计算零线与相邻等高线之间的体积及各相邻等高线之间的体积，即可通过累加，分别计算出总的填方量和挖方量。

11.4.4　城市用地的地形分析

1. 按限制坡度选择最短路线

在山区或丘陵地区进行管线或道路工程设计时，均有指定的坡度要求。在地形图上选线时，先按规定坡度找出一条最短路线，然后综合考虑其他因素，获得最佳设计路线。

如图 11.23 所示，欲在 A 和 B 两点间选定一条坡度不超过限制坡度 i 的线路，设图上等高距为 h，地形图的比例尺为 $1:M$，由式(11 - 16)可得线路通过相邻两条等高线的最短距离为

$$d=\frac{h}{i_{限}\cdot M} \tag{11-16}$$

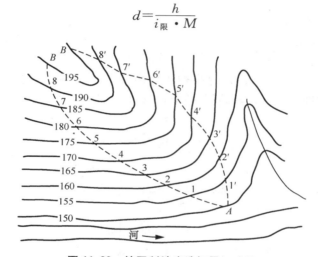

图 11.23　按限制坡度选择最短路线

在图上选线时，以 A 点为圆心，以 d 为半径画弧，交 155m 等高线于 1、$1'$，再分别以 1、$1'$ 两点为圆心，以 d 为半径画弧，交 160m 等高线于 2、$2'$ 两点，依次类推直至 B 点。将这些相邻的交点依次连接起来，便可获得两条同坡度线 $A-1-2\cdots B$ 和 $A-1'-2'\cdots B$，最后通过实地调查比较，从中选定一条最合理的路线。

在作图过程中，如果出现半径小于相邻等高线平距的情况，即圆弧与等高线不能相交，说明该处的坡度小于指定坡度，此时，路线可按最短距离定线。

2. 绘制地形断面图

在道路、管线等线路工程设计中，为了合理地确定线路的纵坡，或在场地平整中进行填、挖土方量的概算，或为布设测量控制网进行图上选点，以及判断通视情况等，均需详细了解沿线方向的坡度变化情况。因此，要根据地形图并按一定比例绘制能反映某一方向地面起伏状况的断面图。

如图 11.24 所示，若要绘制 AB 方向的断面图，具体步骤如下所示。

（1）在图纸上绘制一直角坐标，横轴表示水平距离，纵轴表示高程。水平距离的比例尺与地形图的比例尺一致。为了明显地反映地面的起伏情况，高程比例尺一般为水平距离比例尺的 10～20 倍，如图 11.25 所示。

（2）在纵轴上标注高程，在横轴上适当位置标出 A 点。将直线 AB 与各等高线的交

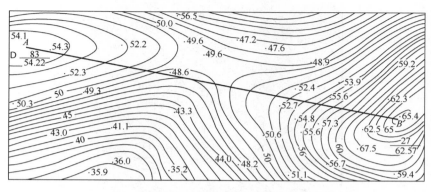

图 11.24 山顶上的两点 A、B

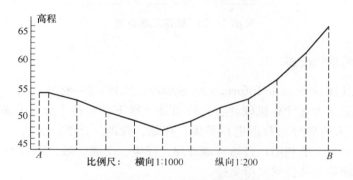

图 11.25 绘制 AB 方向的纵断面线

点，按其与 A 点之间的距离转绘在横轴上。

（3）根据横轴上各点相应的地面高程，在坐标系中标出相应的点位。

（4）把相邻的点用光滑的曲线连接起来，便得到地面直线 AB 的断面图，如图 11.25 所示。若要判断地面上两点是否通视，只需在这两点的断面图上用直线连接两点，如果直线与断面线不相交，说明两点通视，否则，两点之间视线受阻。在图 11.24 中，A、B 两点互相通视。这类问题的研究，对于架空索道、输电线路、水文观测、测量控制网布设、军事指挥及军事设施的兴建等都有很重要的意义。

3. 确定汇水区域

在修筑桥涵或水库大坝等工程中，桥梁、涵洞孔径的大小，大坝的设计位置、高度，水库的库容量大小等，都需要了解这个区域水流量的大小，而水流量是根据汇水面积来计算的。汇集水流量的面积称为汇水面积。汇水面积由一系列的分水线连接而成。

如图 11.26 所示，一条公路跨越山谷，拟 P 处架一座桥梁或修一个涵洞，此时必须了解此处的汇水量。欲确定汇水量，先应确定汇水面积的边界线，以确定汇水区域。在图 11.26 中，由山脊线 B、C、D、E、F、G、H、I 与公路上的 AB 所围成的闭合图形的面积即为这个山谷的汇水面积。利用中面积计算的方法求得汇水面积的大小，再结合气象水文资料，可确定流经公路 P 处的水流量。

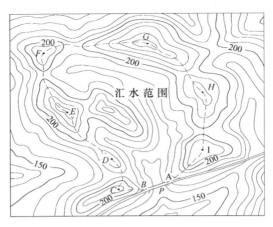

图 11.26　确定汇水范围

11.4.5　地理信息系统概述

地理信息系统(Geographic Information System，GIS)是一种特定的、十分重要的空间型信息系统。可定义为在计算机硬件、软件系统支持下，对整个或部分地球表层(包括大气层)空间中的有关地理分布数据进行采集、存储、管理、计算、分析、显示和描述的技术系统。其目的是为土地利用，自然资源管理、环境、交通、城市市政设施以及其他管理内容的规划和管理等领域提供决策支持。

地理信息系统具有以下特征。

(1) 地理信息系统的外壳是计算机化的技术系统，它又由若干相互关联的子系统构成，如数据采集子系统、数据管理子系统、数据处理和分析子系统、图像处理子系统、数据产品输出子系统等。这些子系统功能的强弱直接影响在实际应用中对地理信息系统软件和开发方法的造型。

(2) 地理信息系统操作的对象是地理空间数据，即由点、线、面这 3 类基本要素组成的地理实体。空间数据的最根本特点是每一个数据都按照统一的地理坐标进行编码，实现对其定位、定性和定量的描述。只有在地理信息系统中才实现了空间数据的空间位置、属性和时态 3 种基本要素的统一。

(3) 地理信息系统的技术优势在于它的数据综合、模拟和空间分析评价能力可以得到常规方法或普通信息系统难以得到的重要信息，实现地理空间过程的演化和预测。

(4) 地理信息系统的成功应用更强调组织体系和人的因素的作用。这是由地理信息系统的复杂性和学科交叉性所要求的。

地理信息系统的理论和技术是与多个学科和技术交叉发展产生的。这些学科包括：地理学、地图学、大地测量学、测量学、摄影测量与遥感、应用数学、系统工程、现代通信技术、计算机图形学、数据库原理、软件工程、人工智能、计算机网络、数据结构、计算机语言、管理科学等。因此，设计、开发地理信息系统与这些学科和技术密切相关。

其中，地理学为研究人类环境、功能、演化以及人地关系提供了认知理论和方法。大地测量学、测量学、摄影测量和遥感等测绘学为这些地理信息提供了测绘手段。应用数学，包括运筹学、拓扑数学、概率论与数理统计等为地理信息的计算提供了数学基础。系统工程为 GIS 的设计和系统继承提供了方法论。计算机图形学、数据库原理、数据结构、地图学等为数据的处理、存储管理和表示提供了技术与方法。软件工程、计算机语言为 GIS 软件设计提供了方法和实现工具。计算机网络、现代通信技术、计算机技术是 GIS 的支撑技术。管理科学为系统的开发和系统运行提供了组织管理技术。而人工智能、知识工程则为形成智能 GIS 提供了方法和技术。

地理信息系统是一种应用非常广泛的信息系统。它可广泛用于土地、城市、资源、环境、交通、水利、农业、林业、海洋、矿产、电力、电信等各种信息的监测与管理，还可以用于军事上建立数字化战场环境。然而要建立一个 GIS，在数据采集上花的时间和精力在整个工作中占了很大的比例；GIS 要发挥辅助决策的功能，需要现势性强的地理信息资料。而本项目学习的数字化测图就是常规的现代地形图测绘技术，主要由全站仪、扫描仪、数字化仪或者其他测量仪器和数字测图纪录、处理软件组成，提供地形的地面实测信息。它能提供现势性强的地理基础信息，经过一定的格式转换，就可直接进入 GIS 数据库，并更新 GIS 的数据库。同时还可以利用数字地图生成电子地图和数字地面模型(DTM)，以数学描述和图像描述的数字地形表达方式可实现对客观世界的三维描述。数字测图技术和现代遥感技术(RS)、全球卫星定位系统(GPS)、三维激光扫描技术一起构成了空间数据采集技术体系，是 GIS 数据采集和更新技术体系的主要内容。

11.5 地籍测量简介

地籍测量是为获取和表达地籍信息所进行的测绘工作。其基本内容是测定土地及其附属物的位置、权属界线、类型、面积等。

11.5.1 地籍测量的任务和作用

地籍测量是在土地权属调查的基础上，通过测量，把地籍调查的内容以数字或图、表的形式表示，地籍测量最重要的成果是界址点测量成果和地籍图。因此地籍测量的任务主要应包含以下几个方面。

1. 地籍控制测量

地籍控制测量是地籍测量的基础，其目的在于提供统一的参考框架，以便在测区内协调各种测量活动。地籍控制测量包括基本控制测量和图根控制测量。

2. 土地权属测量

土地权属测量即界址点测量。经过权属调查确定的权属地界的界址点不一定都有永久性界桩，即使埋设了永久性界桩的界址点，界桩也可能被破坏。因此，必须用适当的测量方法按照一定的精度测定界址点的坐标。

3. 地籍图测绘

地籍图是地籍测量成果资料的重要组成部分，包括地籍要素和地形要素。地籍要素主要指境界、权属界及反映土地的类别、等级和利用状况的要素；地形要素主要指地籍测量要求表示的地形图内容，如房屋、道路等。地籍图的测绘就是采用各种成图方法将地籍要素和相关地形要素测绘成地籍原图的过程。地籍图测绘的主要方法有平板测图、全站仪数字化测图、航测成图等。

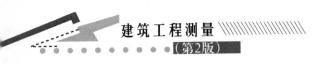

4. 地籍测量资料的整理

地籍资料的整理主要是针对野外测量的成果按地籍管理的要求加工整理。通常所说的地籍资料的整理工作包括：宗地资料的整理、宗地成果的计算、按街坊统计土地的分类面积等。

5. 地籍图绘制

地籍图包括基本地籍图、权属界线图和宗地图。其中宗地图是以宗地为单位的地籍图。

地籍测量是为满足在土地权属调查中已确定的独立权属界的平面位置和面积所进行的测量和计算工作。早期的地籍测量成果主要是为税收和产权服务的，分别称为税收地籍和产权地籍（又称法律地籍）。在现阶段，我国地籍测量的成果不仅是为国家合理利用土地，协调国民经济各部门的用地计划，巩固和发展社会主义土地公有制服务的，而且为土地利用的保护、为全面科学的管理土地提供信息和基础资料，对于区域规划、工程项目的设计和实施、环境保护及房产管理等都有很大的使用价值。这就是现代地籍（又称多用途地籍）的功能。

11.5.2 地籍平面控制测量

1. 概述

地籍控制测量是根据界址点和地籍图的精度要求，视测区范围的大小、测区内现存控制点数量和等级等情况，按测量的基本原则和精度要求进行技术设计、选点、埋石、野外观测、数据处理等测量工作。

地形控制网点一般只用于测绘地形图，而地籍控制网点不但要满足测绘地籍图的需要，还要用于土地权属界址点坐标的测定和满足地籍变更测量。因此，地籍控制测量除具有一般地形控制测量的特点之外，在质和量上又有别于地形控制测量。

在城镇地区，为满足界址点坐标精度的要求，则必须布设大量的一、二级导线点和图根导线点。控制点的密度与测区的大小、测区内的界址点总数和要求的界址点精度有关，控制点最小密度应符合《城市测量规范》的要求。但是，控制点的密度与测图比例尺无直接关系，这是因为在一个区域内界址点的总数、要求的精度和测图比例尺都是固定的，必须优先考虑要有足够的控制点来满足界址点测量的要求，再考虑测图比例尺所要求的控制点密度。

地籍图根控制点的精度与地籍图的比例尺无关。地形图根控制点的精度一般用地形图的比例尺精度来要求（地形图根控制点的最弱点相对于起算点的点位中误差为 $0.1\text{mm} \times$ 比例尺分母 M）。界址点坐标精度通常以实地具体的数值来标定，而与地籍图的精度无关。一般情况下，界址点坐标精度要等于或高于其地籍图的比例尺精度，如果地籍图根控制点的精度能满足界址点坐标精度的要求，则也能满足测绘地籍图的精度要求。

2. 坐标系的选取

凡用来确定地面点的位置和空间目标的位置所采用的参考系称为坐标系。测量学中提到的坐标系有很多，选择什么样的坐标系是由使用目的来决定的，与地籍测量密切相关的坐标系是高斯平面直角坐标系。

1）平面坐标系的选择

我国已经建立了北京坐标系和全国大地控制网点，应尽可能利用，以便与国家坐标系成为一整体。因此在一般情况下，城镇地籍测量和土地资源调查应使用北京坐标系。农村地区，地籍测量精度要求较低，则可在现有的国家各等级的大地控制网点的基础上加密地籍控制网点。

在城镇地区，则尽可能利用已有的城市坐标系和城市控制网点来建立当地的地籍控制网点。这些控制网点一般都与国家控制网进行了联测，并且有坐标变换参数。在农村地区可能没有控制网点，则应以投影变形值小于 2.5cm/km 为原则建立坐标系和控制网点，并与国家网联测。面积小于 25km² 的村镇，可不经投影直接建立平面直角坐标系，并与国家网联测。

在某些特殊情况下，当地没有各类控制网点而又需要快速完成本地区的地籍调查和测量工作，可考虑建立独立坐标系。在建立的时候，可以直接假定测区内一合适的特征点，做好长期保存的标志并给予编号，然后假定坐标数值。在选取点位和假定坐标时，需要注意的是，用该点引测该地区的控制点和界址点不应使其坐标出现负值。点位坐标确定之后可采用罗盘仪测定正北方向，作为以后测量的基准。

2）高程基准

在通常的情况下，地籍测量的地籍要素是以二维坐标表示的，不必测量高程。但地籍测量规程中规定，在某些情况下，土地管理部门可以根据本地实际情况，有时要求在平坦地区测绘一定密度的高程注记点，或是要求在丘陵地区和山区的城镇地籍图上表示等高线，以便使地籍成果更好地为经济建设服务。

以前测量高程使用的是 1956 年黄海高程系，它以黄海平均海水面为高程起算面，起算点高程为 $H_0=72.289$m。1987 年 6 月 25 日，我国国家测绘主管部门发布通知，决定启用 1985 国家高程基准，即起算点高程为 $H_0=72.260$m。

3. 地籍控制测量的基本要求

1）地籍控制测量的基本原则

地籍控制点是进行地籍测量和测绘地籍图的依据。平面控制测量按其测量范围、精度要求和用途的不同可分为国家控制测量（即大地测量）、工程控制测量和地籍控制测量。国家控制测量是从全国的需求出发，在全国范围内布设国家控制网，以满足国民经济建设和国防建设的需要，同时为与地学有关的科学研究（如研究地球的形状和大小，大陆架的漂移，地壳的升沉，地震的预测预报等）提供必要的数据资料。无论是国家控制测量还是工程控制测量以及地籍控制测量都必须遵循从整体到局部，由高级到低级分级控制（分级布网，但也可越级布网）的原则。

地籍控制测量分为基本控制测量和地籍控制测量两种。基本控制测量分一、二、三、四等，可布设相应等级的三角网（锁）、测边网、导线网和 GPS 相对定位测量网进行基本控制测量工作。精度高的网点可作精度低的控制网的起算点。在等级控制测量的基础上进行地籍控制测量工作，分为一、二级，可布设为相应级别的三角网、测边网、导线网和GPS网。

2）地籍控制测量的精度要求

地籍控制测量的精度是以界址点的精度和地籍图的精度为依据而制定的。根据"地籍测量规范"规定，地籍控制点相对起算点由误差不超过±0.05m。各等级控制网的主要技术指标参照项目6中控制测量的基本要求。

3）地籍控制点的要求

地籍测量工作不仅要测绘地籍图和界址点坐标，而且要频繁地对地籍资料进行变更。修测地籍图和随时测定变更后的界址点坐标是一项非常重要的工作。因此，控制点的密度应根据界址点的精度、密度、地籍图比例尺、地籍测量资料的更新和恢复界址点位置的需要等因素来综合考虑。为满足日常地籍管理的需要，在城镇地区，应对一、二级导线点全部埋石。在通常情况下，地籍控制网点的密度为：城镇建城区 100～200m 布设二级地籍控制；城镇稀疏建筑区 200～400m 布设二级地籍控制；城镇郊区 400～500m 布设一级地籍控制。对城镇地籍测量，在旧城居民区，内巷道错综复杂，建筑物多而乱，界址点非常多，在这种情况下应适当地增加控制点的密度和数目，以满足地籍测量的需求。

此外，地籍控制点若需要作为永久性保存的就必须在地上埋设标石（或标志）。为了今后控制点使用方便，必须在实地选点埋石后对每一控制点填绘一份点之记。所谓点之记，一般来说就是用图示和文字描述控制点位与四周地形和地物之间的相互关系，以及点位所处的地理位置的文件，该文件属上交资料。

4. 地籍控制测量的基本方法

地籍控制测量可以在所在地区已有的城市控制网点的基础上进行。凡符合《城市测量规范》要求的二、三、四等城市控制网点和一、二级城市控制网点都可利用，还可以根据需要在其基础上进行加密。在利用已有控制点成果时，应对所利用的成果有目的地进行分析和检查。在检查与使用过程中，如发现有过大误差时，则应进行分析，对有问题的点则应弃之不用。

城镇地籍测量中控制点的布设，重点是要保证界址点坐标的精度，从而保证地籍图的精度。目前城市控制测量一、二级导线的平均边长都在 100 米以上，而城镇地籍测量中很多居民地的地形都比较复杂隐蔽，要测定它们的界址点要做大量的过渡点，不仅工作量大、效率低，而且精度方面也不能保证。因此常采用的方法是在布网时增加控制点的密度。即在二级导线以下，根据实际需要布设合适的图根导线进行加密。进行图根平面控制测量的方法主要有小三角测量、导线测量和 GPS 测量等。具体实施方法和技术要求在项目 6 小地区控制测量中已经介绍过，就不再重复了。

11.5.3 地籍调查与地籍图的测绘

1. 地籍调查

地籍调查是遵照国家的法律规定采取行政、法律手段，利用科学方法，对土地及其附属物的位置、权属、数量和利用现状等基本情况进行的调查，是获取和表达地籍信息的技术性工作。根据时间及任务的不同，分为初始地籍调查和变更地籍调查。初始地籍调查是指对调查区范围内全部土地在初始土地等级之前进行的地籍调查，涉及司法、税务、财政、规划、房产等多方面，规模大，范围广，内容多而复杂，费用巨大；变更地籍调查是为了保持地籍的现势性和及时掌握地籍信息的动态变化而进行的经常性的地籍调查，是在初始地籍的基础上进行的，是地籍管理的经常性工作。

地籍调查是以地块为单元进行的。地籍调查可分为土地权属调查、地籍测量、土地利用现状调查、土地等级调查、建筑物调查等。

(1) 土地权属调查：获取土地的权属信息。

(2) 地籍测量（包括地籍控制测量、地籍图的测绘、面积量算、界址点测量、房产图的制作等）：获取土地位置和数量信息。

(3) 土地等级调查和评价（包括土地分等定级、房地产价格评估）：获取土地及其附着物的质量信息。

(4) 土地利用现状调查：获取土地的利用现状信息，包括土地的数量、分布、结构等。

(5) 房产调查：获取建筑物、构筑物的权属、数量、位置、类型和质量等信息。

为使地籍要素调查工作顺利有序地进行，在调查前应收集有关测绘、土地规划、地籍档案、土地等级评估及标准地名等资料。在此基础上，国家能全面地掌握和了解全国土地情况，协调国民经济各部门的用地计划，组织、指导全国土地资源的有效利用。为国家有计划地制订农产品的生产和经营计划，城市、农村规划用地，确定城市和农村的土地税收提供科学依据。另外，为适应当前我国国情，在法律规定的范围内，为土地使用权的有偿转让所涉及的地价问题提供科学依据。

2. 地籍图的测绘

1) 地籍图概述

地籍图就是按照特定的投影方法、比例关系和专用符号把地籍要素及其有关的地物和地貌测绘在平面图纸上的图形，是地籍的基础资料之一。通过标识符使地籍图、地籍数据和地籍簿册建立有序的对应关系。地籍图既要准确完整地表示基本的地籍要素，又要使图面简明、清晰，便于用户根据图上准确的基本要素去增补新的内容，加工成用户各自所需的专用图。

2) 地籍图的比例尺

地籍图比例尺的选择应满足地籍管理的不同需要。地籍图需准确地表示土地的权属界址及土地上附着物等的细部位置，为地籍管理提供基础资料，特别是地籍测量的成果资料将提供给很多部门使用，故地籍图应选用大比例尺进行成图。但在选择比例尺时，常依据该地区的繁华程度、土地价值、建筑密度和细部粗度来确定。因此我国在地籍图的比例尺一般规定为：城镇地区（指大、中、小城市及建制镇以上地区）地籍图的比例尺可选用1∶500、1∶1000、1∶2000，其基本比例尺为1∶1000；农村地区（含土地利用现状图和土地所有权属图）地籍图的测图比例尺可选用1∶5000、1∶10000、1∶25000、1∶50000。有时为了满足权属管理的需要，农村居民地及乡村集镇可测绘农村居民地地籍图。农村居民地（又称宅基地）地籍图的测图比例尺可选用1∶1000或者1∶2000。

3. 地籍图的分幅与编号

1) 地籍图的分幅

地籍图采用分幅图形式。1∶500、1∶1000、1∶2000比例尺分幅地籍图均采用50cm×50cm正方形分幅。地籍图的图廓以高斯－克吕格坐标格网线为界。1∶2000图幅以整公里格网线为图廓线；1∶1000和1∶5000地籍图在1∶2000地籍图中划分，划分方法如图11.27所示。

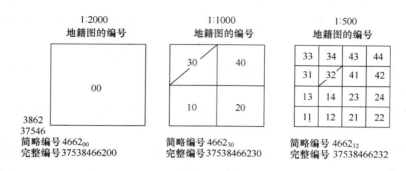

图 11.27　地籍图的分幅与编号

2）地籍图的编号

地籍图编号以高斯—克吕格坐标的整千米格网为编号区，由编号区代码加地籍图比例尺代码组成，编号形式如下所示。

完整编号　　　　　×××××××××　　　　　　××
简略编号　　　　　××××　　　　　　　　　××
　　　　　　　编号区代码　　　　　　　　地籍图比例尺代码

编号区代码由 9 位数组成，第 1、2 两位数为高斯坐标投影带的带号，第 3 位数为横坐标的百千米数，第 4、5 位数为纵坐标的千千米和百千米数，第 6、7 位和第 8、9 位数分别为横坐标和纵坐标的十千米和整千米数。

在地籍图上标注地籍图编号时可采用简略编号，简略编号略去编号区代码中的百公里和百公里以前的数值，即图幅编号均以 6 为数字表示。前 4 位代表图幅西南角、横坐标公里数（其中省掉了千位数和百位数），横坐标在前，纵坐标在后，如图 11.27 中的 4662。第 5 位、第 6 位数是区分比例尺的编号，1∶2000 比例尺为 00；1∶1000 比例尺为 10、20、30、40；1∶500 比例尺为 11，12，13，…，44。公里数用大号字，比例尺编号用小号字。

4.地籍图的内容

地籍图上包含的内容包括地籍要素、地物要素和数字要素。地籍图上应表示的内容，一部分可通过实地调查得到，如地类编号、土地等级、土地质量、地籍编号、街道名称、单位名称、门牌号、河流、湖泊名称等；而另一部分内容则要通过测量得到，如各级行政界线、界址点位置、必要的建筑物、构筑物及其他地籍、地形要素的位置等。

1）地籍要素

（1）各级行政境界：不同等级的行政境界相重合时只表示高级行政境界，境界线在拐角处不得间断，应在转角处绘出点或线。

（2）地籍区（街道）与地籍子区（街坊）界：地籍区（街道）是以市（县）行政建制区的街道办事处或乡（镇）的行政辖区为基础划定的，地籍子区（街坊）是根据实际情况由道路或河流等固定地物围成的包括一个或几个自然街坊或村镇所组成的地籍管理单元。

（3）宗地界址点与界址线：当图上两界址点间距小于 1mm 时，以一个点的符号表示，但应正确表示界址线。当界址线与行政境界、地籍区（街道）界或地籍子区（街坊）界重合时，应结合线状地物符号突出表示界址线，行政界线可移位表示。

（4）地籍号注记：包括地籍区（街道）号、地籍子区（街坊）号、宗地号、房屋栋号，分别注记在所属范围内的适中位置，当被图幅分割时应分别进行注记。如宗地面积太小注记不下时，允许移注在宗地外空白处并以指示线标明所注宗地。

（5）宗地坐落：由行政区名、街道名（或地名）及门牌号组成。门牌号除在街道首尾及拐弯处注记外，其余可跳号注记。

（6）土地利用分类代码按二级分类注记。

（7）土地权属主名称：选择较大宗地注记土地权属主名称。

（8）土地等级：对已完成土地定级估价的城镇，在地籍图上绘出土地分级界线并相应注记。

2）地物要素

（1）作为界标物的地物如围墙、道路、房屋边线及各类垣栅等应表示。

（2）房屋及其附属设施：房屋以外墙勒脚以上外围轮廓为准，正确表示占地状况。并注记房屋层数与建筑结构。装饰性或加固性的柱、垛、墙等不表示；临时性或已破坏的房屋不表示；墙体凸凹小于图上 0.2mm 不表示；落地阳台、有柱走廊及雨篷、与房屋相连的大面积台阶和室外楼梯等应表示。

（3）工矿企业露天构筑物、固定粮仓、公共设施、广场、空地等绘出其用地范围界线，内置相应符号。

（4）铁路、公路及其主要附属设施，如站台、桥梁、大的涵洞和隧道的出入口应表示，铁路路轨密集时可适当取舍。

（5）建成区内街道两旁以宗地界址线为边线，道牙线可取舍。

（6）城镇街巷均应表示。

（7）塔、亭、碑、像、楼等独立地物应择要表示，图上占地面积大于符号尺寸时应绘出用地范围线，内置相应符号或注记。公园内一般的碑、亭、塔等可不表示。

（8）电力线、通信线及一般架空管线不表示，但占地塔位的高压线及其塔位应表示。

（9）地下管线、地下室一般不表示，但大面积的地下商场、地下停车场及与他项权利有关的地下建筑应表示。

（10）大面积绿化地、街心公园、园地等应表示。零星植被、街旁行树、街心小绿地及单位内小绿地等可不表示。

（11）河流、水库及其主要附属设施如堤、坝等应表示。

（12）平坦地区不表示地貌，起伏变化较大地区应适当注记高程点。

（13）地理名称注记。

3）数学要素

（1）图廓线、坐标格网线的展绘及坐标注记。

（2）埋石的各级控制点位的展绘及点名或点号注记。

（3）图廓外测图比例尺的注记。

5. 地籍图的测绘方法

随着测绘科技的进步和飞速发展，地籍图的成图方法也有了很大的进步，传统的方法有平板仪测量成图、装绘法成图、编绘法成图、航测法成图；现在最流行的是数字化成图方法。下面就介绍平板仪测量成图和数字化成图。

1) 平板仪测量成图

平板仪测量成图通常包括大平板仪测绘法、经纬仪配合小平板仪测绘法、经纬仪(或水准仪)配合小平板加半圆仪测绘法、光电测距仪配合小平板测绘法等。测量比例尺等于或小于 1∶1000 的地籍图,在进行碎部测量时,可用普通视距的方式测定测站点至碎部点之间的距离。在城镇地区测制 1∶500 比例尺地籍图时,测站点至碎部点之间的距离应使用钢尺或皮尺直接丈量,需要时,应对所丈量的距离进行一些必要的改正。作业时,可将小平板仪安置在测站上,用照准仪照准碎部点上的标志,以此来确定方向,同时用皮尺或钢尺丈量距离,通过以上作业方法来确定碎部点的点位。

用大平板仪测图时,测站对中误差不得大于图上 0.05mm;为了保证测图的精度,测图板的定向应选择较远的一点进行,并用第三点进行检核,检核偏差在图上不应大于 0.3mm。用经纬仪进行测图时,定向方向的归零差不应大于 4′。在作业过程中,随时进行定向方向的检查,一旦发现归零差超限,便应检查已测碎部点的正确性。

平板仪测量中,测站点至界址点和地物点的最大视距或尺量最大距离应符合表 11-9 的规定。当采用光电测距时,距离可适当放宽。

表 11-9　平板仪测图的最大视距

测图比例尺	视距最大值/m
1∶500	50(直接丈量)
1∶1000	80
1∶2000	150

2) 数字化成图

(1)地籍测量数字化成图的概念。地籍测量数字化成图是以传统的地籍测图原理为基础,以计算机及其外围设备为工具,采用数据库技术和图形数字处理方法,实现地籍信息的获取、处理、显示和输出的一门新兴技术。它将以不同手段采集的数据以及地籍要素调查信息输入计算机,使用地籍测量数字化成图软件系统对输入的数据进行处理,生成地籍图、宗地图、地籍数据集和地籍表册文件,在绘图仪、打印机等设备上输出。

(2)数字化地籍成图的基本过程。数字化地籍成图的主要过程为地籍测量外业调查、地籍控制测量、数据采集、数据处理、成果输出等。其中地籍测量外业调查以及地籍平面控制测量与一般地籍成图方法完全相同。数据采集包括对已有图形数字化和全野外数据采集等。

已有图形数字化是用数字化仪,将原有图件进行矢量化处理,使图形数据变成矢量数据,通过各种编辑,获得数字化地籍图的一种方法;或者将原有图纸通过扫描仪扫描,通过一些矢量化软件,将由扫描得到的栅格数据转化为矢量数据,然后通过编辑处理,进而得到数字化地籍图的方法。

全野外数据采集是利用经纬仪+电子测距仪+电子手簿、半站型电子速测仪+电子手簿、全站型电子速测仪等在野外采集各种图形信息,通过通信接口与计算机连接,由测图软件自动处理获得地籍图的方法。

由于全野外数字化成图精度高于其他方法,随着经济的发展和计算机技术的不断进步,它将会成为地籍测量数字化的主要方法。

数字化地籍成图的过程如图 11.28 所示。

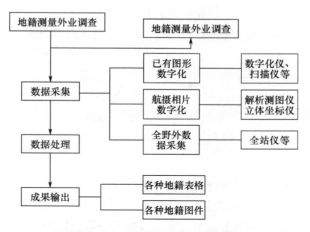

图 11.28　数字化地籍成图的过程

地籍表格包括：界址点成果表，以行政区划为单位的宗地面积汇总表，以行政区划为单位的土地分类面积统计表等。地籍图件包括：各种比例尺的分幅地籍图、宗地图等。

选择何种成图方法，既要顾及当前急需用图的现状，又要顾及建立全国多用途地籍系统的长远需要；既要从节约经费、人力、时间及利用已有资料的原则出发，又要考虑各地区的经济发展情况。另外，各地技术装备及已有资料也有差别。这就使得目前的成图方法不可能全部采用最先进的数字化成图方法，常规的成图方法还要在一些地区加以应用。

本项目小结

本项目以大比例尺地形图为主，重点介绍地形图比例尺，地形图的分幅和编号方法，地形图上地物和地貌的表示方法，地形图上注记的内容，地形图图式等内容。

测图方法上以大比例尺地形图测绘为中心，着重讲述地形图测绘的全过程，几种目前常用的测图方法，平板仪的构造和使用，以及全站仪、数字化测图的基本知识。

地形图的应用上重点介绍地形图的识读和在工程建设中的应用。内容包括：地物、地貌的识读；应用地形图求某点的坐标和高程，求某直线的坐标方位角、长度和坡度；利用地形图量算图形面积、绘纵断面图、选等坡度线、确定汇水面积，以及用地形图进行场地平整的土方量计算。

一、填空题

1. 地图按所表示的内容可分为_____和_____。

2. 地形图上任意线段的长度 d 与它所代表的地面上实际水平距离之比称为_____。

3. 1：2000 比例尺地形图上 5cm 相对应的实地长度为_____m。

4. 等高线可分为_____、_____、_____和_____。

5. 小平板仪的安置包括_____、_____和_____。

6. 若知道某地形图上线段 AB 的长度是 5.2cm，而该长度代表实地水平距离为 1040m，则该地形图的比例尺为_____，比例尺精度为_____。

7. 在同一幅图内，等高线密集表示_____，等高线稀疏表示_____，等高线平距相等表示_____。

8. 地形图应用的基本内容包括_____、_____、_____、_____和_____。

9. 地籍测量是为了获取和表达地籍信息所进行的测绘工作，其基本工作内容是测定土地及_____、_____和_____。

二、简答题

1. 什么是比例尺精度？它在测绘工作中有何作用？

2. 地物符号有几种？各有何特点？

3. 何谓等高线？在同一幅图上，等高距、等高线平距与地面坡度三者之间的关系如何？

4. 等高线有哪些基本特性？测图前有哪些准备工作？控制点展绘后，怎样检查其正确性？

5. 测图前有哪些准备工作？控制点展绘后，怎样检查其正确性？

6. 试述用经纬仪测绘法在一个测站上测绘地形图的工作步骤？

7. 小平板仪的安置包括哪几项？其中哪一项最为重要？为什么？

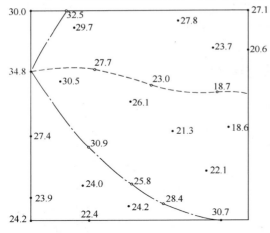

图 11.29　应用题图

8. 为了确保地形图质量，应采取哪些主要措施？

9. 地物、地貌一般分为哪十大类？

10. 土石方估算有哪些方法？各适合于哪种场地？

11. 地籍图的测绘和一般的地形图的测绘有何区别？

三、应用题

根据图 11.29 所示各碎部点的平面位置和高程，试勾绘等高距为 1m 的等高线。图中点划线表示山脊线，虚线表示山谷线。

参 考 文 献

[1] 苗景荣. 建筑工程测量 [M]. 2 版. 北京：中国建筑工业出版社，2009.
[2] 吴洪强，陈武新. 测量学 [M]. 哈尔滨：哈尔滨地图出版社，2004.
[3] 刘玉珠. 土木工程测量 [M]. 2 版. 广州：华南大学出版社，2007.
[4] 顾孝烈，等. 测量学 [M]. 4 版. 上海：同济大学出版社，2011.
[5] 章书寿. 测量学教程 [M]. 4 版. 北京：测绘出版社，2011.
[6] 薛新强，等. 建筑工程测量 [M]. 北京：中国水利水电出版社，2012.
[7] 秦根杰. 看图学施工测量技术 [M]. 北京：机械工业出版社，2003.
[8] 李生平. 建筑工程测量 [M]. 北京：高等教育出版社，2002.
[9] 彭福坤，彭庆. 土木工程施工测量手册 [M]. 北京：中国建材出版社，2002.
[10] 李生平. 建筑工程测量 [M]. 2 版. 武汉：武汉工业大学出版社，2006.
[11] 王永臣，王翠玲. 放线工手册 [M]. 3 版. 北京：中国建筑工业出版社，2005.
[12] 张豪. 建筑工程测量 [M]. 北京：中国建筑工业出版社，2012.
[13] 建设部人事教育司. 测量放线工 [M]. 北京：中国建筑工业出版社，2005.
[14] 张希黔，黄声享，姚刚. GPS 在建筑施工中的应用 [M]. 北京：中国建筑工业出版社，2003.
[15] 武汉测绘科技大学《测量学》编写组. 测量学 [M]. 3 版. 北京：测绘出版社，2000.
[16] 周文国，赫延锦. 建筑工程测量 [M]. 2 版. 北京：科学出版社，2005.
[17] 李青岳，陈永奇. 工程测量学 [M]. 3 版. 北京：测绘出版社，2008.
[18] 陈昌乐. 建筑施工测量 [M]. 2 版. 北京：中国建筑工业出版社，1997.
[19] 徐宇飞. 数字测图技术 [M]. 郑州：黄河水利出版社，2005.
[20] 王勇智. GPS 测量技术 [M]. 北京：中国电力出版社，2007.
[21] 周立. GPS 测量技术 [M]. 郑州：黄河水利出版社，2006.
[22] 詹长根. 地籍测量学 [M]. 3 版. 武汉：武汉大学出版社，2011.

北京大学出版社高职高专土建系列规划教材

序号	书名	书号	编著者	定价	出版时间	印次	配套情况
		基 础 课 程					
1	工程建设法律与制度	978-7-301-14158-8	唐茂华	26.00	2012.7	6	ppt/pdf
2	建设法规及相关知识	978-7-301-22748-0	唐茂华等	34.00	2014.9	2	ppt/pdf
3	建设工程法规(第2版)	978-7-301-24493-7	皇甫婧琪	40.00	2014.12	2	ppt/pdf/答案/素材
4	建筑工程法规实务	978-7-301-19321-1	杨陈慧等	43.00	2012.1	4	ppt/pdf
5	建筑法规	978-7-301-19371-6	董伟等	39.00	2013.1	4	ppt/pdf
6	建设工程法规	978-7-301-20912-7	王先恕	32.00	2012.7	3	ppt/ pdf
7	AutoCAD 建筑制图教程(第2版)	978-7-301-21095-6	郭 慧	38.00	2014.12	6	ppt/pdf/素材
8	AutoCAD 建筑绘图教程(第2版)	978-7-301-24540-8	唐英敏等	44.00	2014.7	1	ppt/pdf
9	建筑CAD项目教程(2010版)	978-7-301-20979-0	郭 慧	38.00	2012.9	2	pdf/素材
10	建筑工程专业英语	978-7-301-15376-5	吴承霞	20.00	2013.8	8	ppt/pdf
11	建筑工程专业英语	978-7-301-20003-2	韩薇等	24.00	2014.7	2	ppt/ pdf
12	★建筑工程应用文写作(第2版)	978-7-301-24480-7	赵立等	50.00	2014.7	1	ppt/pdf
13	建筑识图与构造(第2版)	978-7-301-23774-8	郑贵超	40.00	2014.12	2	ppt/pdf/答案
14	建筑构造	978-7-301-21267-7	肖 芳	34.00	2014.12	4	ppt/ pdf
15	房屋建筑构造	978-7-301-19883-4	李少红	26.00	2012.1	4	ppt/pdf
16	建筑识图	978-7-301-21893-8	邓志勇等	35.00	2013.1	2	ppt/pdf
17	建筑识图与房屋构造	978-7-301-22860-9	贠禄等	54.00	2015.1	2	ppt/pdf/答案
18	建筑构造与设计	978-7-301-23506-5	陈玉萍	38.00	2014.1	1	ppt/pdf/答案
19	房屋建筑构造	978-7-301-23588-1	李元玲等	45.00	2014.1	1	ppt/pdf
20	建筑构造与施工图识读	978-7-301-24470-8	南学平	52.00	2014.8	1	ppt/pdf
21	建筑工程制图与识图(第2版)	978-7-301-24408-1	白丽红	29.00	2014.7	1	ppt/pdf
22	建筑制图习题集(第2版)	978-7-301-24571-2	白丽红	25.00	2014.8	1	pdf
23	建筑制图(第2版)	978-7-301-21146-5	高丽荣	32.00	2015.4	5	ppt/pdf
24	建筑制图习题集(第2版)	978-7-301-21288-2	高丽荣	28.00	2014.12	5	pdf
25	建筑工程制图(第2版)(附习题册)	978-7-301-21120-5	肖明和	48.00	2012.8	3	ppt/pdf
26	建筑制图与识图	978-7-301-18806-2	曹雪梅	36.00	2014.9	1	ppt/pdf
27	建筑制图与识图习题册	978-7-301-18652-7	曹雪梅等	30.00	2012.4	4	pdf
28	建筑制图与识图	978-7-301-20070-4	李元玲	28.00	2012.8	5	ppt/pdf
29	建筑制图与识图习题集	978-7-301-20425-2	李元玲	24.00	2012.3	4	ppt/pdf
30	新编建筑工程制图	978-7-301-21140-3	方筱松	30.00	2014.8	2	ppt/ pdf
31	新编建筑工程制图习题集	978-7-301-16834-9	方筱松	22.00	2014.1	2	pdf
		建 筑 施 工 类					
1	建筑工程测量	978-7-301-16727-4	赵景利	30.00	2013.8	11	ppt/pdf /答案
2	建筑工程测量(第2版)	978-7-301-22002-3	张敬伟	37.00	2015.4	6	ppt/pdf /答案
3	建筑工程测量实验与实训指导(第2版)	978-7-301-23166-1	张敬伟	27.00	2013.9	2	pdf/答案
4	建筑工程测量	978-7-301-19992-3	潘益民	38.00	2012.2	2	ppt/ pdf
5	建筑工程测量	978-7-301-13578-5	王金玲等	26.00	2011.8	3	pdf
6	建筑工程测量实训(第2版)	978-7-301-24833-1	杨凤华	34.00	2015.1	1	pdf/答案
7	建筑工程测量(含实验指导手册)	978-7-301-19364-8	石 东等	43.00	2012.6	3	ppt/pdf/答案
8	建筑工程测量	978-7-301-22485-4	景 铎等	34.00	2013.6	1	ppt/pdf
9	建筑施工技术	978-7-301-21209-7	陈雄辉	39.00	2013.2	4	ppt/pdf
10	建筑施工技术	978-7-301-12336-2	朱永祥等	38.00	2012.4	7	ppt/pdf
11	建筑施工技术	978-7-301-16726-7	叶 雯等	44.00	2013.5	6	ppt/pdf /素材
12	建筑施工技术	978-7-301-19499-7	董伟等	42.00	2011.9	2	ppt/pdf
13	建筑施工技术	978-7-301-19997-8	苏小梅	38.00	2013.5	3	ppt/pdf
14	建筑工程施工技术(第2版)	978-7-301-21093-2	钟汉华等	48.00	2013.8	5	ppt/pdf
15	数字测图技术	978-7-301-22656-8	赵 红	36.00	2013.6	1	ppt/pdf
16	数字测图技术实训指导	978-7-301-22679-7	赵 红	27.00	2013.6	1	ppt/pdf
17	基础工程施工	978-7-301-20917-2	董伟等	35.00	2012.7	2	ppt/pdf
18	建筑施工技术实训(第2版)	978-7-301-24368-8	周晓龙	30.00	2014.12	2	pdf
19	建筑力学(第2版)	978-7-301-21695-8	石立安	46.00	2014.12	5	ppt/pdf

序号	书名	书号	编著者	定价	出版时间	印次	配套情况
20	★土木工程实用力学	978-7-301-15598-1	马景善	30.00	2013.1	4	pdf/ppt
21	土木工程力学	978-7-301-16864-6	吴明军	38.00	2011.11	2	ppt/pdf
22	PKPM 软件的应用(第 2 版)	978-7-301-22625-4	王 娜等	34.00	2013.6	2	pdf
23	建筑结构(第 2 版)(上册)	978-7-301-21106-9	徐锡权	41.00	2013.4	2	ppt/pdf/答案
24	建筑结构(第 2 版)(下册)	978-7-301-22584-4	徐锡权	42.00	2013.6	2	ppt/pdf/答案
25	建筑结构	978-7-301-19171-2	唐春平等	41.00	2012.6	4	ppt/pdf
26	建筑结构基础	978-7-301-21125-0	王中发	36.00	2012.8	2	ppt/pdf
27	建筑结构原理及应用	978-7-301-18732-6	史美东	45.00	2012.8	1	ppt/pdf
28	建筑力学与结构(第 2 版)	978-7-301-22148-8	吴承霞等	49.00	2014.12	5	ppt/pdf/答案
29	建筑力学与结构(少学时版)	978-7-301-21730-6	吴承霞	34.00	2013.2	4	ppt/pdf/答案
30	建筑力学与结构	978-7-301-20988-2	陈水广	32.00	2012.8	1	pdf/ppt
31	建筑力学与结构	978-7-301-23348-1	杨丽君等	44.00	2014.1	1	ppt/pdf
32	建筑结构与施工图	978-7-301-22188-4	朱希文等	35.00	2013.3	2	ppt/pdf
33	生态建筑材料	978-7-301-19588-2	陈剑峰等	38.00	2013.7	2	ppt/pdf
34	建筑材料(第 2 版)	978-7-301-24633-7	林祖宏	35.00	2014.8	1	ppt/pdf
35	建筑材料与检测	978-7-301-16728-1	梅 杨等	26.00	2012.11	9	ppt/pdf/答案
36	建筑材料检测试验指导	978-7-301-16729-8	王美芬等	18.00	2014.12	7	pdf
37	建筑材料与检测	978-7-301-19261-0	王 辉	35.00	2012.6	5	ppt/pdf
38	建筑材料与检测试验指导	978-7-301-20045-2	王 辉	20.00	2013.1	3	ppt/pdf
39	建筑材料选择与应用	978-7-301-21948-5	申淑荣等	39.00	2013.3	2	ppt/pdf
40	建筑材料检测实训	978-7-301-22317-8	申淑荣等	24.00	2013.4	1	pdf
41	建筑材料	978-7-301-24208-7	任晓菲	40.00	2014.7	1	ppt/pdf /答案
42	建设工程监理概论(第 2 版)	978-7-301-20854-0	徐锡权等	43.00	2014.12	5	ppt/pdf /答案
43	★建设工程监理(第 2 版)	978-7-301-24490-6	斯 庆	35.00	2014.9	1	ppt/pdf/答案
44	建设工程监理概论	978-7-301-15518-9	曾庆军等	24.00	2012.12	5	ppt/pdf/答案
45	工程建设监理案例分析教程	978-7-301-18984-9	刘志麟等	38.00	2013.2	2	ppt/pdf
46	地基与基础(第 2 版)	978-7-301-23304-7	肖明和等	42.00	2014.12	2	ppt/pdf/答案
47	地基与基础	978-7-301-16130-2	孙平平等	26.00	2013.2	3	ppt/pdf
48	地基与基础实训	978-7-301-23174-6	肖明和等	25.00	2013.10	1	ppt/pdf
49	土力学与地基基础	978-7-301-23675-8	叶火炎等	35.00	2014.1	1	ppt/pdf
50	土力学与基础工程	978-7-301-23590-4	宁培淋等	32.00	2014.1	1	ppt/pdf
51	建筑工程质量事故分析(第 2 版)	978-7-301-22467-0	郑文新	32.00	2014.12	3	ppt/pdf
52	建筑工程施工组织设计	978-7-301-18512-4	李源清	26.00	2014.12	7	ppt/pdf
53	建筑工程施工组织实训	978-7-301-18961-0	李源清	40.00	2014.12	4	ppt/pdf
54	建筑施工组织与进度控制	978-7-301-21223-3	张廷瑞	36.00	2012.9	3	ppt/pdf
55	建筑施工组织项目式教程	978-7-301-19901-5	杨红玉	44.00	2012.1	2	ppt/pdf/答案
56	钢筋混凝土工程施工与组织	978-7-301-19587-1	高 雁	32.00	2012.5	2	ppt/pdf
57	钢筋混凝土工程施工与组织实训指导(学生工作页)	978-7-301-21208-0	高 雁	20.00	2012.9	1	ppt
58	建筑材料检测试验指导	978-7-301-24782-2	陈东佐等	20.00	2014.9	1	ppt
59	★建筑节能工程与施工	978-7-301-24274-2	吴明军等	35.00	2014.11	1	ppt/pdf
60	建筑施工工艺	978-7-301-24687-0	李源清等	49.50	2015.1	1	pdf/ppt/答案
61	建筑材料与检测(第 2 版)	978-7-301-25347-2	梅 杨等	33.00	2015.2	1	pdf/ppt/答案
62	土力学与地基基础	978-7-301-25525-4	陈东佐	45.00	2015.2	1	ppt/ pdf/答案
工 程 管 理 类							
1	建筑工程经济(第 2 版)	978-7-301-22736-7	张宁宁等	30.00	2014.12	6	ppt/pdf/答案
2	★建筑工程经济(第 2 版)	978-7-301-24492-0	胡六星等	41.00	2014.9	1	ppt/pdf/答案
3	建筑工程经济	978-7-301-24346-6	刘晓丽等	38.00	2014.7	1	ppt/pdf/答案
4	施工企业会计(第 2 版)	978-7-301-24434-0	辛艳红等	36.00	2014.7	1	ppt/pdf/答案
5	建筑工程项目管理	978-7-301-12335-5	范红岩等	30.00	2012.4	9	ppt/pdf
6	建筑工程项目管理(第 2 版)	978-7-301-24683-2	王 辉	36.00	2014.9	1	ppt/pdf/答案
7	建筑工程项目管理	978-7-301-19335-8	冯松山等	38.00	2013.11	3	pdf/ppt
8	★建设工程招投标与合同管理(第 3 版)	978-7-301-24483-8	宋春岩	40.00	2014.12	2	ppt/pdf/ 答案 /试题/教案
9	建筑工程招投标与合同管理	978-7-301-16802-8	程超胜	30.00	2012.9	2	pdf/ppt

序号	书名	书号	编著者	定价	出版时间	印次	配套情况
10	工程招投标与合同管理实务	978-7-301-19035-7	杨甲奇等	48.00	2011.8	3	pdf
11	工程招投标与合同管理实务	978-7-301-19290-0	郑文新等	43.00	2012.4	2	ppt/pdf
12	建设工程招投标与合同管理实务	978-7-301-20404-7	杨云会等	42.00	2012.4	2	ppt/pdf/答案/习题库
13	工程招投标与合同管理	978-7-301-17455-5	文新平	37.00	2012.9	1	ppt/pdf
14	工程项目招投标与合同管理(第2版)	978-7-301-24554-5	李洪军等	42.00	2014.12	2	ppt/pdf/答案
15	工程项目招投标与合同管理(第2版)	978-7-301-22462-5	周艳冬	35.00	2014.12	3	ppt/pdf
16	建筑工程商务标编制实训	978-7-301-20804-5	钟振宇	35.00	2012.7	1	ppt
17	建筑工程安全管理	978-7-301-19455-3	宋　健等	36.00	2013.5	4	ppt/pdf
18	建筑工程质量与安全管理	978-7-301-16070-1	周连起	35.00	2014.12	8	ppt/pdf/答案
19	施工项目质量与安全管理	978-7-301-21275-2	钟汉华	45.00	2012.10	1	ppt/pdf/答案
20	工程造价控制(第2版)	978-7-301-24594-1	斯　庆	32.00	2014.8	1	ppt/pdf/答案
21	工程造价管理	978-7-301-20655-3	徐锡权等	33.00	2013.8	3	ppt/pdf
22	工程造价控制与管理	978-7-301-19366-2	胡新萍等	30.00	2014.12	4	ppt/pdf
23	建筑工程造价管理	978-7-301-20360-6	柴　琦等	27.00	2014.12	4	ppt/pdf
24	建筑工程造价管理	978-7-301-15517-2	李茂英等	24.00	2012.1	4	pdf
25	工程造价案例分析	978-7-301-22985-9	甄　凤	30.00	2013.8	1	pdf/ppt
26	建设工程造价控制与管理	978-7-301-24273-5	胡芳珍等	38.00	2014.6	1	ppt/pdf/答案
27	建筑工程造价	978-7-301-21892-1	孙咏梅	40.00	2013.2	1	ppt/pdf
28	★建筑工程计量与计价(第2版)	978-7-301-22078-8	肖明和等	58.00	2014.12	5	pdf/ppt
29	★建筑工程计量与计价实训(第2版)·	978-7-301-22606-3	肖明和等	29.00	2014.12	4	pdf
30	建筑工程计量与计价综合实训	978-7-301-23568-3	龚小兰	28.00	2014.1	1	pdf
31	建筑工程估价	978-7-301-22802-9	张　英	43.00	2013.8	1	ppt/pdf
32	建筑工程计量与计价——透过案例学造价(第2版)	978-7-301-23852-3	张　强	59.00	2014.12	3	ppt/pdf
33	安装工程计量与计价(第3版)	978-7-301-24539-2	冯　钢等	54.00	2014.8	3	pdf/ppt
34	安装工程计量与计价综合实训	978-7-301-23294-1	成春燕	49.00	2014.12	3	pdf/素材
35	安装工程计量与计价实训	978-7-301-19336-5	景巧玲等	36.00	2013.5	4	pdf/素材
36	建筑水电安装工程计量与计价	978-7-301-21198-4	陈连姝	36.00	2013.8	1	ppt/pdf
37	建筑与装饰装修工程工程量清单	978-7-301-17331-2	翟丽旻等	25.00	2012.8	4	pdf/ppt/答案
38	建筑工程清单编制	978-7-301-19387-7	叶晓容	24.00	2011.8	2	ppt/pdf
39	建设项目评估	978-7-301-20068-1	高志云等	32.00	2013.6	2	ppt/pdf
40	钢筋工程清单编制	978-7-301-20114-5	贾莲英	36.00	2012.2	2	ppt / pdf
41	混凝土工程清单编制	978-7-301-20384-2	顾　娟	28.00	2012.5	1	ppt / pdf
42	建筑装饰工程预算	978-7-301-20567-9	范菊雨	38.00	2013.6	2	pdf/ppt
43	建筑工程安全监理	978-7-301-20802-1	沈万岳	28.00	2012.7	1	pdf/ppt
44	建筑工程安全技术与管理实务	978-7-301-21187-8	沈万岳	48.00	2012.9	1	pdf/ppt
45	建筑工程资料管理	978-7-301-17456-2	孙　刚等	36.00	2014.12	5	pdf/ppt
46	建筑施工组织与管理(第2版)	978-7-301-22149-5	翟丽旻等	43.00	2014.12	3	ppt/pdf/答案
47	建设工程合同管理	978-7-301-22612-4	刘庭江	46.00	2013.6	1	ppt/pdf/答案
48	★工程造价概论	978-7-301-24696-2	周艳冬	31.00	2015.1	1	ppt/pdf/答案
建　筑　设　计　类							
1	中外建筑史(第2版)	978-7-301-23779-3	袁新华等	38.00	2014.2	2	ppt/pdf
2	建筑室内空间历程	978-7-301-19338-9	张伟孝	53.00	2011.8	1	pdf
3	建筑装饰CAD项目教程	978-7-301-20950-9	郭　慧	35.00	2013.1	2	ppt/素材
4	室内设计基础	978-7-301-15613-1	李书青	32.00	2013.5	3	ppt/pdf
5	建筑装饰构造	978-7-301-15687-2	赵志文等	27.00	2012.11	6	ppt/pdf/答案
6	建筑装饰材料(第2版)	978-7-301-22356-7	焦　涛等	34.00	2013.5	2	ppt/pdf
7	★建筑装饰施工技术(第2版)	978-7-301-24482-1	王　军	37.00	2014.7	2	ppt/pdf
8	设计构成	978-7-301-15504-2	戴碧锋	30.00	2012.10	2	ppt/pdf
9	基础色彩	978-7-301-16072-5	张　军	42.00	2011.9	2	pdf
10	设计色彩	978-7-301-21211-0	龙黎黎	46.00	2012.9	1	ppt
11	设计素描	978-7-301-22391-8	司马金桃	29.00	2013.4	2	ppt
12	建筑素描表现与创意	978-7-301-15541-7	于修国	25.00	2012.11	3	Pdf
13	3ds Max效果图制作	978-7-301-22870-8	刘　晗等	45.00	2013.7	1	ppt
14	3ds max室内设计表现方法	978-7-301-17762-4	徐海军	32.00	2010.9	1	pdf

序号	书名	书号	编著者	定价	出版时间	印次	配套情况
15	Photoshop 效果图后期制作	978-7-301-16073-2	脱忠伟等	52.00	2011.1	2	素材/pdf
16	建筑表现技法	978-7-301-19216-0	张 峰	32.00	2013.1	2	ppt/pdf
17	建筑速写	978-7-301-20441-2	张 峰	30.00	2012.4	1	pdf
18	建筑装饰设计	978-7-301-20022-3	杨丽君	36.00	2012.2	1	ppt/素材
19	装饰施工读图与识图	978-7-301-19991-6	杨丽君	33.00	2012.5	1	ppt
20	建筑装饰工程计量与计价	978-7-301-20055-1	李茂英	42.00	2013.7	3	ppt/pdf
21	3ds Max & V-Ray 建筑设计表现案例教程	978-7-301-25093-8	郑恩峰	40.00	2014.12	1	ppt/pdf
	规 划 园 林 类						
1	城市规划原理与设计	978-7-301-21505-0	谭婧婧等	35.00	2013.1	2	ppt/pdf
2	居住区景观设计	978-7-301-20587-7	张群成	47.00	2012.5	1	ppt
3	居住区规划设计	978-7-301-21031-4	张 燕	48.00	2012.8	2	ppt
4	园林植物识别与应用	978-7-301-17485-2	潘利等	34.00	2012.9	1	ppt
5	园林工程施工组织管理	978-7-301-22364-2	潘利等	35.00	2013.4	1	ppt/pdf
6	园林景观计算机辅助设计	978-7-301-24500-2	于化强等	48.00	2014.8	1	ppt/pdf
7	建筑·园林·装饰设计初步	978-7-301-24575-0	王金贵	38.00	2014.10	1	ppt/pdf
	房 地 产 类						
1	房地产开发与经营(第2版)	978-7-301-23084-8	张建中等	33.00	2014.8	2	ppt/pdf/答案
2	房地产估价(第2版)	978-7-301-22945-3	张 勇等	35.00	2014.12	2	ppt/pdf/答案
3	房地产估价理论与实务	978-7-301-19327-3	褚菁晶	35.00	2011.8	2	ppt/pdf/答案
4	物业管理理论与实务	978-7-301-19354-9	裴艳慧	52.00	2011.9	1	ppt/pdf
5	房地产测绘	978-7-301-22747-3	唐春平	29.00	2013.7	1	ppt/pdf
6	房地产营销与策划	978-7-301-18731-9	应佐萍	42.00	2012.8	2	ppt/pdf
7	房地产投资分析与实务	978-7-301-24832-4	高志云	35.00	2014.9	1	ppt/pdf
	市 政 与 路 桥 类						
1	市政工程计量与计价(第2版)	978-7-301-20564-8	郭良娟等	42.00	2015.1	6	pdf/ppt
2	市政工程计价	978-7-301-22117-4	彭以舟等	39.00	2015.2	1	ppt/pdf
3	市政桥梁工程	978-7-301-16688-8	刘 江等	42.00	2012.10	2	ppt/pdf/素材
4	市政工程材料	978-7-301-22452-6	郑晓国	37.00	2013.5	1	ppt/pdf
5	道桥工程材料	978-7-301-21170-0	刘水林等	43.00	2012.9	1	ppt/pdf
6	路基路面工程	978-7-301-19299-3	偶昌宝等	34.00	2011.8	1	ppt/pdf/素材
7	道路工程技术	978-7-301-19363-1	刘 雨等	33.00	2011.12	1	ppt/pdf
8	城市道路设计与施工	978-7-301-21947-8	吴颖峰	39.00	2013.1	1	ppt/pdf
9	建筑给水排水工程技术	978-7-301-25224-6	刘 芳等	46.00	2014.12	1	ppt/pdf
10	建筑给水排水工程	978-7-301-20047-6	叶巧云	38.00	2012.2	1	ppt/pdf
11	市政工程测量(含技能训练手册)	978-7-301-20474-0	刘宗波等	41.00	2012.5	1	ppt/pdf
12	公路工程任务承揽与合同管理	978-7-301-21133-5	邱 兰等	30.00	2012.9	1	ppt/pdf/答案
13	★工程地质与土力学(第2版)	978-7-301-24479-1	杨仲元	41.00	2014.7	1	ppt/pdf
14	数字测图技术应用教程	978-7-301-20334-7	刘宗波	36.00	2012.8	1	ppt
15	水泵与水泵站技术	978-7-301-22510-3	刘振华	40.00	2013.5	1	ppt/pdf
16	道路工程测量(含技能训练手册)	978-7-301-21967-6	田树涛等	45.00	2013.2	1	ppt/pdf
17	桥梁施工与维护	978-7-301-23834-9	梁 斌	50.00	2014.2	1	ppt/pdf
18	铁路轨道施工与维护	978-7-301-23524-9	梁 斌	36.00	2014.1	1	ppt/pdf
19	铁路轨道构造	978-7-301-23153-1	梁 斌	32.00	2013.10	1	ppt/pdf
	建 筑 设 备 类						
1	建筑设备基础知识与识图(第2版)	978-7-301-24586-6	靳慧征等	47.00	2014.12	2	ppt/pdf/答案
2	建筑设备识图与施工工艺	978-7-301-19377-8	周业梅	38.00	2011.8	4	ppt/pdf
3	建筑施工机械	978-7-301-19365-5	吴志强	30.00	2014.12	5	pdf/ppt
4	智能建筑环境设备自动化	978-7-301-21090-1	余志强	40.00	2012.8	1	pdf/ppt
5	流体力学及泵与风机	978-7-301-25279-6	王 宁等	35.00	2015.1	1	ppt/pdf/答案

　　如您需要更多教学资源如电子课件、电子样章、习题答案等，请登录北京大学出版社第六事业部官网 www.pup6.cn 搜索下载。
　　如您需要浏览更多专业教材，请扫下面的二维码，关注北京大学出版社第六事业部官方微信（微信号：pup6book），随时查询专业教材、浏览教材目录、内容简介等信息，并可在线申请纸质样书用于教学。

　　感谢您使用我们的教材，欢迎您随时与我们联系，我们将及时做好全方位的服务。联系方式：010-62750667，yangxinglu@126.com，pup_6@163.com，lihu80@163.com，欢迎来电来信。客户服务 QQ 号：1292552107，欢迎随时咨询。